高 等 学 校 环 境 类 教 材

U0203776

环境工程微生物学实验

刘旻霞　编著

清華大学出版社
北京

内 容 简 介

环境工程微生物学实验是环境工程微生物学课堂教学的一个重要环节,具体的实验操作能加深学生理解课堂讲授的内容,掌握微生物的基本特征,培养学生解决实际问题的能力。本书内容涉及显微镜技术、微生物的形态观察、培养与分离、菌种保藏、数量及大小测定,兼顾微生物学原理和基本实验操作,同时教材中的实操范例更增加了教材的可读性和实用性。

本书可作为高等院校环境工程、环境科学、环境生态工程、给水排水科学与工程等专业本科生、研究生的教材或参考书,也可供从事相关专业的环境科学研究人员、环境治理工程技术人员参考阅读。

图书在版编目(CIP)数据

环境工程微生物学实验 / 刘旻霞编著. -- 北京 : 清华大学出版社,2024. 8. --(高等学校环境类教材).

ISBN 978-7-302-67107-7

Ⅰ. X172-33

中国国家版本馆 CIP 数据核字第 2024KC4925 号

责任编辑:王向珍
封面设计:陈国熙
责任校对:赵丽敏
责任印制:沈 露

出版发行:清华大学出版社
    网 址:https://www.tup.com.cn,https://www.wqxuetang.com
    地 址:北京清华大学学研大厦 A 座   邮 编:100084
    社 总 机:010-83470000   邮 购:010-62786544
    投稿与读者服务:010-62776969,c-service@tup.tsinghua.edu.cn
    质量反馈:010-62772015,zhiliang@tup.tsinghua.edu.cn
印 装 者:三河市龙大印装有限公司
经 销:全国新华书店
开 本:185mm×260mm   印 张:16   字 数:388 千字
版 次:2024 年 8 月第 1 版   印 次:2024 年 8 月第 1 次印刷
定 价:49.80 元

产品编号:106032-01

前　言

党的十八大以来，以习近平同志为核心的党中央把生态文明建设摆在全局工作的突出位置，全方位、全地域、全过程加强生态环境保护，实现了由重点整治到系统治理、由被动应对到主动作为、由全球环境治理参与者到引领者、由实践探索到科学理论指导的重大转变，美丽中国建设迈出重大步伐。建立以自然及人类之间的物质循环为基础的社会体系，成为21世纪"环境革命"的核心思想。生态环境保护——这项人类掀起的漫长而艰难的保护地球行为，涉及意识领域、技术领域及恢复治理等众多领域。

微生物在环境保护及恢复治理领域中扮演至关重要的角色，是转变环境治理方式的关键点。在土壤修复、污水处理、废物资源化、大气污染治理等方面起到不可替代的作用。在此背景下，编者依据自身多年从事环境微生物课程的教学实验经验，并结合前人的著作资料汇编此书，旨在帮助读者深入了解微生物在环境工程中的应用和作用机制，通过一系列的实验操作，使读者掌握微生物在环境污染治理中的原理和机制，对理解环境微生物的基本理论具有重要意义。该课程要求读者将理论与工程实践紧密结合，是一门实践性很强的课程。因此，大量的课程实验巩固了读者对基本知识和基本技能的掌握与理解。

本书内容涵盖了微生物的培养、观察、保存等基础性实验，以及微生物在废水处理、土壤修复及空气污染治理等方面的应用性实验，此外还有基于DNA、RNA的提取与测定的现代技术实验等。全书遵循了显微镜技术、微生物的形态观察、培养与分离、菌种保藏、数量及大小测定这一主线，实验设计由简单到复杂，循序渐进，其内容既注重培养学生对基本理论、基本技能的理解和掌握，同时也加强了学生综合能力和创新意识的训练与提升。

本书可供高等院校环境工程、环境科学、环境检测、给水排水等专业的本科生和研究生作为专业基础课教材使用，也可供与环境保护有关的科技人员、管理人员参考。本书在编写过程中参考了国内外许多专家、学者的优秀教材及研究成果，从中得到许多启发和教益，在此深表谢意。

由于编者理论与实践水平有限，本书难免存在疏漏与不足之处，恳请广大读者不吝指正。

编　者
2024 年 1 月

目 录

绪　　论

　　建设美丽中国是全面建设社会主义现代化国家的重要目标。中国式现代化具有许多重要特征,其中之一就是我国现代化是人与自然和谐共生的现代化,注重同步推进物质文明建设和生态文明建设。党的二十大报告深刻阐明了人与自然和谐共生是中国式现代化的重要特征,对新时代新征程推动绿色发展,促进人与自然和谐共生做出重大战略部署,充分彰显了以习近平同志为核心的党中央推进美丽中国建设的坚强意志和坚定决心。而环境治理是实现绿色可持续发展的重要环节,环境微生物治理在环境治理中扮演着重要的角色。微生物在自然界中具有分解、降解有机物质的能力,可以帮助净化土壤、水体和空气中的污染物质。因此,利用微生物进行环境治理可以有效地降解有机污染物、重金属和其他有害物质,从而减轻环境压力,保护生态系统的健康。环境微生物还被广泛应用于污水处理、土壤修复、废水处理和生物降解等领域。通过利用微生物的生物学特性,可以高效地处理各种类型的污染物,减少对环境的负面影响。与传统的化学方法相比,环境微生物治理通常更具成本效益,且对环境友好,因为它不会产生新的化学废物。总的来说,环境微生物治理在环境治理中的地位重要且不可或缺,它为我们提供了一种可持续的、生物学上的解决方案,有助于改善环境质量并保护生态平衡。

　　在漫长的人类文明发展历史长河中,无数的科学家、科技爱好者为推动人类科技的发展贡献出了自己的时间,有的甚至是生命,这不但给人们造成了伤痛,也是人类财富的极大损失,作为新时代的学生,祖国、世界文明发展的继承者与推动者,我们要从学生时代开始养成严格遵守实验室规则,在确保自身人身安全的基础上学习科学知识,这样才能够更好、更快、更有效地为祖国科研、科技文明做出自己的贡献。

实验1.1　环境微生物实验安全须知

1.1.1　实验须知

　　教学实验是教学实践的重要组成部分,是不断提高学生动手能力及操作技能的主要教学形式。环境工程微生物学实验是一门操作技能较强的课程,通过具体的实验操作掌握微生物学实验的一套基本技术,树立严谨、求实的科学态度,提高观察问题、分析问题和解决问题的能力。为了更好地进行实验,保证实验教学质量和实验室的安全,必须注意以下事项:

1. 预习
　　做到认真阅读有关的实验教材,对实验的主要内容、目的和方法等有所了解,并初步熟悉实验的主要环节,做好各项准备工作。

2．记录

实验课开始,教师对实验内容的安排及注意问题进行讲解,学生必须认真听讲,并做必要的记录;实验中,更要及时、准确地做好现场记录,作为完成实验报告的重要依据。

3．示教

实验中有示教内容,尤其是形态学实验,可帮助学生了解实验的难点,加深印象,以便能在有限时间内获得更多知识。

4．操作与观察

实验应按要求独立操作与观察,包括显微镜的使用技术、微生物的染色和纯培养等技术,都必须做到规范操作。还有微生物学实验中最重要的环节之一就是无菌操作,必须严格要求,反复练习,以达到一定的熟练程度。实验中,要认真注意观察实验现象和实验结果,结合微生物学理论知识,去比较、分析、说明问题。

5．实验报告

实验结束后,整理现场记录的有关内容,对实验结果作总结,完成实验报告。

1.1.2　实验规则

1．无菌操作要求

(1) 进行微生物接种时必须穿实验服。

(2) 接种环境样品时,必须穿戴专用的实验服、帽及拖鞋,实验服、帽及拖鞋应放在无菌室缓冲间,工作前经紫外线消毒后使用。

(3) 接种环境样品时,应在进无菌室前用肥皂洗手,然后用75%乙醇棉球将手擦干净。

(4) 接种时所用的移液枪头、平皿及培养基等必须经消毒灭菌后使用;打开包装未使用完的器具,放置后不能再使用;金属用具应高压灭菌或将95%乙醇点燃烧灼后使用。

(5) 从包装中取出移液枪头时,枪头尖部不能触及其他物体,使用移液枪接种于试管或平皿时,枪头尖不得触及试管或平皿边缘外侧。

(6) 接种样品、转接菌种时必须在酒精灯前操作,接种菌种或样品时,打开的试管及试管塞都要通过火焰消毒。

(7) 接种前,接种环(针)的全部金属丝均须经火焰烧灼灭菌。

2．无菌间使用要求

(1) 无菌间内应保持清洁,工作后用2%~3%甲酚皂溶液(来苏水)擦拭工作台面消毒,台面上不得存放与实验无关的物品。

(2) 无菌间使用前后应将门关紧,打开紫外灯,如采用室内悬吊紫外灯消毒,需使用30 W紫外灯,距离在1 m处,照射时间不少于30 min。使用紫外灯时,应注意不得直接在紫外线下操作,以免引起灼伤。灯管每隔两周需用酒精棉球轻轻擦拭,除去上面的灰尘和油垢,以减少其对紫外杀菌效果的影响。

(3) 在无菌间内处理样品或接种菌种时,不得随意出入,如需要传递物品,可通过小窗传递。

(4) 在无菌间内如需安装空调,则应有过滤装置。

3．培养基制备要求

培养基制备的质量将直接影响微生物生长。虽然各种微生物对其营养要求不完全相同,培养目的也不相同,但各种培养基的制备都有其基本要求。

(1) 根据培养基配方的成分按量称取,然后溶于蒸馏水中,用前对使用的试剂药品进行质量检验。

(2) pH 测定及调节：pH 测定要在培养基冷却至室温时进行,因在热或冷的情况下,其 pH 有一定差异。培养基 pH 一定要准确,否则会影响微生物的生长或结果的观察。但需注意的是高压灭菌可使一些培养基的 pH 降低或升高,故灭菌压力不宜过高或次数太多,以免影响培养基的质量,指示剂、去氧胆酸钠、琼脂等一般在调完 pH 后再加入。

(3) 培养基需保持澄清,以便观察细菌的生长情况。如配好的培养基出现浑浊现象,要认真检查培养基配方及各营养成分的添加量。

(4) 盛装培养基不宜用铁、铜等容器,使用洗净的中性硬质玻璃容器为好。

(5) 培养基的灭菌既要达到完全灭菌的目的,又要注意防止不耐热营养成分的分解破坏,一般 121 ℃、15 min 即可。培养基中如含有糖类、明胶等不耐高温物质,则应采用低温灭菌或间歇法灭菌,一些不能加热的试剂,如亚碲酸钾、2,3,5-氯化三苯基四氮唑(TTC)、抗生素、维生素等,应使用过滤方式除菌,待基础培养基高压灭菌冷却至 50 ℃左右再加入。

(6) 每批培养基制备好后,应做无菌生长试验及所检菌株生长试验。如果是生化培养基,使用标准菌株接种培养,观察生化反应结果,应呈正常反应。培养基不应储存过久,必要时可置于 4 ℃冰箱存放。

(7) 使用培养基试剂盒时,需根据产品说明书进行配制。每批商品需用标准菌株进行生长试验或生化反应观察,确认无问题后方可使用。

(8) 每批制备的培养基所用化学试剂、灭菌情况、相应菌株生长试验结果及相关制作人员等应做好记录,以备查询。

4．样品采集及处理要求

(1) 采样应注意无菌操作,采样容器必须灭菌。容器灭菌不得使用甲酚皂溶液或新洁尔灭、酒精等消毒剂,更不能盛放此类消毒剂或抗生素类药物,以避免杀死样品中的微生物。所用剪、刀、匙等用具也需灭菌后方可使用。

(2) 样品采集后应立即送往实验室进行检验,样品存放时间一般不超过 3 h,如路程较远,可保存在 1～5 ℃环境中,如需冷冻的样品,则在冻存状态下送检。

(3) 液体样品接种时,应充分混合均匀,按量吸取进行接种。

(4) 固体样品可称取 5 g,置于 95 mL 无菌生理盐水或其他溶液中,用均质器搅碎混匀后,按量吸取接种。

5．有毒有菌污染物处理要求

微生物实验所用实验器材、培养物等未经消毒处理,一律不得带出实验室。

(1) 实验室使用过的污染材料及废弃物应放在严密的容器内,并集中存放在指定地点,统一进行高压灭菌。

(2) 被微生物污染的培养物,必须经 121 ℃、30 min 高压灭菌。

(3) 使用过的移液枪头,应放在利器盒中,统一进行高压灭菌。

（4）涂片染色时用来冲洗载玻片的液体,一般可直接冲入下水道,病原菌的冲洗液必须收集在烧杯中,经高压灭菌后方可倒入下水道,染色的载玻片放入 5％甲酚皂溶液中浸泡 24 h 后,煮沸洗涤。

（5）台面、地面如被溅出的培养物污染,应立即用 5％甲酚皂溶液或石炭酸液喷洒和浸泡被污染部位,浸泡 30 min 后再擦拭干净。

（6）被污染的实验服,应放入专用消毒袋内,经高压灭菌后方能洗涤。

（7）微生物实验中的一次性手套及沾染 EB（致癌物质）的物品应统一收集和处理,不得丢弃在普通垃圾箱内。

实验1.2 环境微生物实验安全防护

1.2.1 生物材料分类与实验室安全等级

实验室使用生物材料时,可能会对实验室工作人员和环境安全造成一定的威胁,因此,工作人员必须按照既定标准规范正确处理这些生物材料。这些标准包括《实验室生物安全通用要求》(GB 19489—2008)、《病原微生物实验室生物安全通用准则》(WS 233—2017)等。

国家根据病原微生物的传染性和感染后对个体或者群体的危害程度,将病原微生物分为四类。

1. 一类病原微生物

一类病原微生物是指能够引起人类或者动物患非常严重疾病的微生物,以及我国尚未发现或者已经宣布消灭的微生物。这类微生物的实验室操作应该在 BSL-4 级实验室进行。

2. 二类病原微生物

二类病原微生物是指能够引起人类或者动物患严重疾病,比较容易直接或者间接在人与人、动物与人、动物与动物间传播的微生物。这类微生物的实验室操作应该在 BSL-3 级实验室进行。

3. 三类病原微生物

三类病原微生物是指能够引起人类或者动物疾病,但一般情况下对人、动物或者环境不构成危害,传播风险有限,实验室感染后很少引起严重疾病并且具备有效治疗和预防措施的微生物。这类微生物的实验室操作应该在 BSL-2 级实验室进行。BSL-2 级或者以上级别的实验必须张贴生物危害安全标志。

4. 四类病原微生物

四类病原微生物是指在一般情况下不会引起人类或者动物疾病的微生物。这类微生物的实验操作在 BSL-1 级实验室进行。

每类生物安全防护实验室根据所处理的微生物及其毒素的危害程度各分为四级（BSL-1、BSL-2、BSL-3 和 BSL-4）,如表 1-1 所示。根据安全等级的不同,实验室工作人员必须具备一定的处理潜在危险材料的技能。在标准的实验室程序中,如移液、混合和离心过程中形成的气溶胶是造成感染的最大潜在风险,为了尽量减少生物气溶胶感染的风险,需要使用一些特殊设备,如生物安全柜、高压灭菌锅等,或者使用专用的实验室。传染性物质可能包括细菌、病毒、细胞培养物、寄生虫或特定类型的真菌。根据现有的安全标准，工作人员除需要通过特殊的培训来学习处理这些传染性物质外，还需要有良好的安全意识和规范的安全操作习惯。

表 1-1　病原微生物材料分类与实验室安全等级

病原微生物分类	生物危害性	实验室防护能力	实验室安全等级	实验室用途
四类	无、很低	无、很低	BSL-1	基础教学、研究
三类	中	有	BSL-2	一般健康服务
二类	高	较高	BSL-3	特殊的诊断、研究等
一类	很高	高	BSL-4	危险病原体研究等

1.2.2　环境微生物实验的个人防护

环境微生物实验所接触的生物材料属于最低安全级别（BSL-1），这种材料对健康的成年人不构成或仅具有低风险，并且对实验室人员和环境造成最小的潜在危害。BSL-1 级实验室不必与建筑物的其余部分分开，实验室工作人员可以直接在实验台上进行工作，不需要使用生物安全柜等特殊安全设备。标准的微生物学实验规程通常足以保护实验室工作人员和建筑物中的其他员工。例如，不允许用口吸移液管，并且应避免飞溅和气溶胶形成；溢出物必须立刻清理，每次工作完成后，工作台面等都应该做清理工作；实验室中不允许进食、吸烟；离开实验室时，必须脱下实验服，不得穿着实验服进入办公区。

为了保护自己，工作人员需穿戴护目镜、手套和实验服。

1. 眼睛防护

1）安全防护眼镜

在所有易发生潜在眼损伤（由物理、化学或生物因素引起）的生物安全实验室中工作时，必须采取眼防护措施。此要求不仅适用于在实验室中长时间工作的人员，同时也适用于进入实验室进行仪器设备维修保养的工作人员。

安全防护眼镜种类很多，有防尘眼镜、防冲击眼镜、防化学眼镜和防辐射眼镜等多种。环境微生物学实验室经常使用的安全防护眼镜主要是防化学溶液眼镜和防辐射眼镜。

（1）防化学溶液的防护眼镜

主要用于防御有刺激性或腐蚀性的溶液对眼睛的化学损伤。可选用普通平光镜片，镜框应有遮盖，以防溶液溅入。通常用于实验室、医院等场所，一般医用眼镜即可通用。

（2）防辐射的防护眼镜

用于防御过强的紫外线等辐射对眼睛的危害。镜片采用能反射或吸收辐射线，且能透过一定可见光的特殊玻璃制成。镜片镀有光亮的铬、镍、汞或银的金属薄膜，可以反射或吸收辐射线；蓝色镜片吸收红外线，黄绿镜片同时吸收紫外线和红外线，无色含铅镜片吸收 X 射线和 γ 射线。

安全防护眼镜能够保护工作人员避免受到大部分实验室操作所带来的损害，但是对某些特殊的操作，如腐蚀性液体喷溅或细小颗粒飞溅，只佩戴安全防护眼镜显然是不够安全的。又如在用铬酸类溶液洗涤玻璃器皿、碾磨物品，或在使用玻璃器皿进行极具爆破或破损危害（如在压力或温度突然增加或降低的情况下）的实验室操作时，有必要保护整个面部和喉部,应该佩戴防护面罩。

2）洗眼装置

实验室内应配备紧急洗眼装置(图 1-1)。洗眼装置应安装在实验室内的水池边上,并保持洗眼水管的畅通,便于工作人员紧急时使用。工作人员应掌握其操作方法。当在实验工作中遵循了所有应注意的事项以后,如发生腐蚀性液体或生物危险液体喷溅至工作人员的眼睛中,工作人员(或在同学的帮助下)应该在就近的洗眼装置用大量缓流清水冲洗眼睛表面至少 15 min。

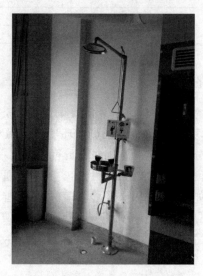

图 1-1　实验室紧急洗眼装置

建议工作人员在生物安全实验室中工作时不佩戴隐形眼镜,因为如果腐蚀性液体溅入眼睛,本能反射会使眼睑关闭而导致取出隐形眼镜更为困难。因此,如果可能的话,在眼睛受到损害前卸下隐形眼镜。另外,实验室中某些水汽能透过隐形眼镜渗入镜片的背面并引起广泛的刺激。再者,镜片会阻碍眼泪洗去刺激物。如果在佩戴隐形眼镜时有化学水汽接触了眼睛,应该遵循以下几个处理步骤:

(1) 立即卸除隐形眼镜镜片;

(2) 用洗眼器持续冲洗眼睛至少 15 min;

(3) 及时去医院就诊。

2. 手部防护

1）防护手套

手部防护装备主要是手套。在实验室工作时应戴好手套以防止生物、化学品、辐射污染、冷和热、产品污染、刺伤、擦伤等危害。在生物安全实验室中处理化学溶剂、去垢剂或接触感染性物质时,必须使用合适的手套以保护工作人员免受污染物溅出或生物污染造成的伤害。如果手套被污染,则应该尽早更换。手套的选择应按所从事操作的性质,符合舒适、灵活、可握牢、耐磨、耐扎和耐撕的要求,并应对所涉及的危险提供足够的防护。应对实验室工作人员进行手套选择、使用前及使用后的佩戴及摘除等培训。然而必须清醒地认识到,迄今为止还没有一种手套能够保护工作人员免遭所有化学物质的损害。因此要合理选择不同用途的手套(表 1-2)。

表 1-2 各种材质手套优缺点比较

材质	优 点	缺 点
乳胶	成本低、物理性能好,重型款式具有良好的防切割性以及出色的灵活性	对油脂和有机化合物的防护性较差,有过敏的风险,易分解和老化
丁腈	成本低、物理性能出色、灵活性良好,耐划、耐刺穿、耐磨损和耐切割性能出色	对很多酮类、一些芳香族化学品以及中等极性化合物的防护性能较差
聚氯乙烯	成本低,物理性能不错,过敏反应的风险最低,适用于医疗、电子、卫生防护、家庭护理、美容美发等多个行业	有机溶剂会洗掉手套上的增塑剂,在手套聚合物上产生分子大小不同的"黑洞",从而可能导致化学物质的快速渗透
聚乙烯醇	非常坚固,有高度的耐化学性和良好的物理性能,具有良好的耐划破、耐刺穿、耐磨损和耐切割的性能	当接触到水和水基性溶液时会很快分解;与很多其他耐化学性手套相比不够灵活;成本高昂
氯丁橡胶	抗化性良好。对油性物、酸类(硝酸和硫酸)、碱类、广泛溶剂(如苯酚、苯胺、乙二醇)、酮类、制冷剂、清洁剂的抗化性极佳,物理性能中等。抗钩破、切割、刺穿	耐磨性不如丁腈或乳胶
丁基橡胶	灵活性好,对于中等极性有机化合物,如苯胺和苯酚、乙二醇醚、酮和醛等,具有出色的抗腐蚀性	对于包括烃类化合物、含氯烃和含氟烃等的非极性溶剂的防护性较差;成本高昂
皮革	对冷、热、火花飞溅、磨损、割、刺穿可进行一般性防护	
棉布	用于一般性防护	

环境微生物实验室一般使用乳胶(latex)、丁腈(nitrile)或聚氯乙烯(polyvinyl chloride,PVC)手套,用于对强酸、强碱、有机溶剂等有害物质的防护(表 1-2)。大多数实验人员使用乳胶手套,对乳胶手套及滑石粉过敏者可使用聚氯乙烯手套。使用耐热材料(皮制品)制成的手套可以接触高温物体,应该将该类手套放置在高压灭菌锅或干燥箱附近以方便使用。应该使用特殊的绝缘手套处理极冷的物体(如液氮或干冰)。

实验室工作人员在使用防护手套时应注意以下几点:

(1) 选用的手套应具有足够的防护作用。

(2) 使用前,尤其是一次性手套,要检查手套有无小孔或破损、磨蚀的地方,尤其要检查指缝。

(3) 使用中不要将污染的手套任意丢放。

(4) 摘取手套时一定要注意正确的方法。

(5) 戴手套前要治愈或罩住伤口,阻止细菌和化学物质进入血液。

(6) 戴手套前要洗净双手,摘掉手套后也要洗净双手,并擦点护手霜以补充天然的保护油脂。

有些化学物质不小心接触到会使皮肤出现发痒、疼痛、湿疹和各种皮炎,对肢体运动造成严重影响,所以实验室工作人员佩戴防护手套是十分必要的。

2) 防护手套的规范使用

佩戴、摘取防护手套一定要注意正确的方法,避免手套上沾染的微生物或有害物质接触到皮肤和衣服上,造成二次污染。

（1）防护手套的佩戴（图 1-2）

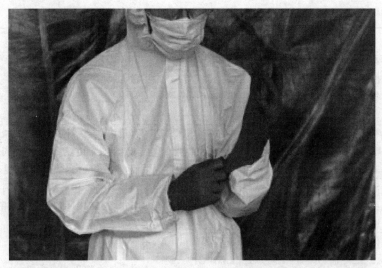

图 1-2　防护手套的佩戴

① 戴手套前要洗净双手；

② 从手套盒中抽出手套；

③ 首先将 1 只手套戴在左手上；

④ 再将另 1 只手套戴在右手上。

（2）防护手套的摘取

① 使用后，先将右手捏住左手手套腕部的外侧（注意不要伸到手套内侧）；

② 将右手手套向下拉；

③ 将手套脱下，使手套里朝外卷成一团；

④ 将脱下的左手手套握在右手中；

⑤ 将脱下手套的左手手指伸到右手手套腕部的内侧（注意不要用脱下手套的左手触摸手套的外表面）；

⑥ 将手套由里朝外向下拉；

⑦ 将脱下的左手手套包裹在右手手套内，形成 1 个由 2 只手套组成的袋状；

⑧ 将手套扔到塑料袋中，并洗净双手。安全是最重要却时常被忽略的问题，真正的安全不仅仅是遵守安全规程，更重要的是要把安全作为一种习惯，做好个人防护，时刻提醒自己"注意安全"。

3. 实验服的使用

防护服包括实验服、隔离衣、正压防护服以及围裙等。

1）实验服

实验服可在下列操作中使用：化学品或试剂的配制和处理；洗涤、触摸或在污染/潜在污染的工作台上面工作；实验室仪器设备的维修保养。一般在 BSL-1 级实验室中使用。

2）隔离衣

隔离衣包括外科式隔离衣和连体防护服。隔离衣为长袖背开式，穿着时应该保证颈部和腕部扎紧。当需要穿两件隔离衣时,里面1件采用前系带穿法,外面1件隔离衣采用后系带穿法。可以使用颈领口免系带(配松紧带)的隔离衣以方便穿衣。隔离衣适用于接触病原微生物的实验室操作人员。一般在 BSL-2 级和 BSL-3 级实验室使用。

3) 正压防护服

正压防护服具有生命支持系统,包括提供超量清洁呼吸气体的正压供气装置,防护服内气压相对周围环境为持续正压。正压防护服的生命支持系统有内置式和外置式两种,适用于涉及致死性生物危害物质或一类病原微生物的操作,如埃博拉病毒等,一般在 BSL-4 级实验室中使用。正压防护服的脱除次序为:解开颈部和腰部的系带;将隔离衣从颈处和肩处脱下;将外面污染面卷向里面;将其折叠或卷成包裹状;丢弃在消毒箱内。

4) 围裙

在实验室中需要使用大量腐蚀性液体洗涤物品,或对培养基等化学或生物学物质的溢出提供进一步防护时,应该在实验服或隔离衣外面穿上围裙(塑料或橡胶制品)加以保护。推荐在进行这些实验室操作或实验的任何时间穿高领、长至小腿或踝处的实验室橡胶围裙,或长袖、长至小腿或踝处的耐化学品和耐火的实验服。

实验室工作人员在穿戴防护服时应注意以下几点:

(1) 在实验室工作的人员应该一直或持续穿戴实验服、隔离衣或合适的防护服。

(2) 清洁的防护服应放置在专用存放处。污染的防护服应放置在有标志的防漏消毒袋中。

(3) 每隔适当的时间应更换防护服以确保清洁。

(4) 当防护服已被危险材料污染后应立即更换。

(5) 离开实验室区域之前应脱去防护服。

(6) 实验服前面应该能完全扣住,长袖、背面开口的隔离衣和连体衣比实验服更适合用于微生物实验室以及生物安全柜中的工作。在有可能发生危险物质,如化学或生物危害物质喷溅至工作人员身上时,应该在实验服或隔离衣外面再穿上具有高颈保护的塑料围裙。

(7) 所有身体防护装置(实验服、隔离衣、连体衣、正压防护服和围裙)均不得穿离实验室区域。

实验 1.3　环境微生物实验常用设备及操作流程

1.3.1　生物显微镜

生物显微镜主要用于观察微生物的形态、结构,测定微生物细胞的大小,进行微生物计数等研究的精密光学仪器。

1. 操作规程

(1) 实验时要把显微镜放在桌面上,镜座应距桌边缘6~7 cm,打开底部光源开关。

(2) 转动物镜转换器,使低倍镜头正对载物台上的通光孔。然后用双眼注视目镜内,调整光源强度,上调聚光镜,把虹彩光圈调至最大,使光线反射到镜筒内,这时视野内呈明亮状态。

(3) 将所要观察的载玻片放在载物台上,使被观察的部分位于通光孔正中央。

（4）先用低倍镜观察（物镜 10×、目镜 10×）。观察之前，先转动粗调旋钮，使载物台上升，使物镜逐渐接近载玻片。需要注意，不能使物镜触及载玻片，以防镜头将载玻片压碎。再转动粗调旋钮，使载物台慢慢下降，直到看到载玻片中材料的放大物像。

（5）如果在视野内看到的物像不符合实验要求（物像偏离视野），可慢慢左右移动标尺。移动时应注意载玻片移动的方向与视野中看到的物像移动的方向正好相反。如果物像仍不清晰，可以调节微调旋钮，直至物像清晰。

（6）如果需进一步使用高倍物镜观察，应在转换高倍物镜之前，把物像中需要放大观察的部分移至视野中央（将低倍物镜转换成高倍物镜观察时，视野中的物像范围缩小很多）。一般具有正常功能的显微镜，低倍物镜和高倍物镜基本同焦，在用低倍物镜观察清晰时，换高倍物镜应仍可以见到物像，但物像不一定很清晰，可以转动微调旋钮进行调节。

（7）在转换高倍物镜并且看清物像之后，可以根据需要调节光圈或聚光镜，使光线符合要求（一般将低倍物镜换成高倍物镜观察时，视野应稍变暗一些，所以需要调节光线强弱）。

（8）在标本上滴入 1 滴香柏油，并将油镜头旋转至固定卡口进行观察。

（9）慢慢旋转粗调旋钮，使载物台上升，在接近标本时，观察视野，同时利用粗调旋钮缓慢向下或向上调焦，直到视野中出现模糊标本图像后再用微调旋钮调节，直至将标本轮廓调节清晰，然后停止微调。

（10）观察结束后，切断电源，抬起物镜。先用擦镜纸擦去镜头上的香柏油，再用沾有二甲苯的擦镜纸擦一遍，最后再取干净的擦镜纸擦净。

（11）旋转粗调旋钮，将载物台降至最低固定位置，将镜头旋转至"八"字形固定卡口位置。

（12）将显微镜轻轻放回镜箱中。

2．注意事项

（1）取送显微镜时一定要一只手握住镜臂，另一只手托住底座。显微镜不能倾斜，以免目镜从镜筒上端滑出。取送显微镜时要轻拿轻放。

（2）观察时，不能随便移动显微镜的位置。

（3）标本表面滴上的香柏油不可太多，否则影响观察效果。

（4）在旋转粗调旋钮、移动载物台上升至接近标本时，必须小心调节，仔细观察，以免碰坏镜头，造成损失。

（5）转换物镜镜头时，不要拨动物镜镜头，应转动物镜转换器。

（6）使用高倍物镜观察时，不要用粗调旋钮调节焦距，以免移动距离过大，损伤物镜和载玻片。

（7）显微镜使用或存放时，必须避免灰尘、潮湿、过冷、过热及含酸或碱的蒸汽，存放的镜箱中应有硅胶干燥剂防潮。

（8）透镜表面有污垢时，可用清洁擦镜纸蘸少量二甲苯揩拭，切忌用酒精，否则，透镜下的胶将被溶解。

（9）显微镜结构精密，零件绝不能随意拆卸。

3．显微镜的维护

（1）必须熟练掌握并严格执行使用规程。

（2）凡是显微镜的光学部分，只能用特殊的擦镜纸擦拭，不能乱用他物擦拭，更不能用手指触摸透镜，以免汗液沾染透镜。

（3）保持显微镜的清洁，避免灰尘、水及化学试剂的污染。

（4）不得任意拆卸显微镜上的零件，严禁随意拆卸物镜镜头，以免损伤转换器螺口，或螺口松动后使低高倍物镜转换时不同焦。

（5）保持显微镜的干燥。

（6）用完后，必须检查物镜镜头上是否沾有水或试剂，如有则要擦拭干净，并且要把载物台擦拭干净，按规定放好。

1.3.2　超净工作台

微生物的培养都是在特定培养基中进行的无菌培养。超净工作台的主要用途是微生物的接种及处理时的无菌操作。

1. 使用标准

（1）根据环境的洁净程度，可定期（一般为 2～3 个月）将粗滤布拆下清洗或予以更换。

（2）定期（一般为 7 d）对超净工作台环境进行灭菌，同时，经常用纱布蘸上酒精或丙酮等有机溶剂将紫外杀菌灯外表面擦拭干净，保持表面清洁，否则会影响杀菌效果。

（3）当加大风机电压不能使操作风速达到 0.32 m/s 时，必须更换高效空气过滤器。

（4）更换高效空气过滤器时可打开顶盖，同时应注意过滤器上的箭头标志，箭头指向即为气流流向。

（5）更换高效空气过滤器后，应用尘埃粒子计数器检查四周边框密封是否良好，调节风机电压，使操作平均风速保持在 0.32～0.48 m/s。

2. 操作规程

（1）首先检查电源插头是否可靠地插入电源座中，接通工作台总电源开关。按动操作面板上的"电源"键开机，同时开启紫外杀菌灯，杀灭操作区内表面积累的微生物，30 min 后关闭杀菌灯，再开始正式作业。

（2）新安装的或长期未使用的工作台，使用前必须先用超净真空吸尘器或不产生纤维的工具对工作台和周围环境进行清洁，再采用药物灭菌法和紫外线灭菌法进行灭菌处理。

（3）正式作业时，按动"照明"键，可开启荧光灯。工作台出厂时，已将其风速设定在"标准/STD"状态，即每次按动"电源"键开机时，风速自动进入"标准"状态运行。如遇特殊需求需要调节工作区风速时，可按照操作面板上的"高速"或"低速"键进行调节。"风速/AIR SPEED"指示 LED 光排显示，调节风速分别为"低、标准、高"时，对应"LO、STD、HI"光排显示段亮（绿色）。

（4）作业结束时，要保持风机运行 10 min 后再关闭。按住"电源"键，即可关闭荧光灯，停止风机运转。

3. 注意事项

（1）超净工作台运行正常时才能使用。

（2）使用中打开的玻璃观察挡板不能超过规定高度。

（3）工作台内应尽量少放器材或标本，不能影响后部压力排风系统的气流循环。

（4）所有工作必须在工作台面的中后部进行，并能够通过玻璃观察挡板看到。

（5）操作者不应反复移出或伸进手臂以免干扰气流。

（6）请勿将实验记录本、移液枪以及其他物品阻挡空气格栅。

（7）在超净工作台操作时，不能进行文字工作。

（8）操作区内的使用温度不得高于 60 ℃。

（9）平时要经常用消毒剂将紫外灯表面和工作区内表面擦干净，保证其灭菌效率。

1.3.3　高压蒸汽灭菌锅

高压蒸汽灭菌锅是一个密闭的、可以耐受一定压力的双层金属锅。一般在进行无菌操作前需要将操作器皿、培养基等在高压灭菌锅里进行灭菌。

1. 操作规程

（1）在灭菌锅内加 2 L 水，由于每灭菌 1 次会消耗一定的水量，故再次使用时应补充至额定水量。

（2）将待灭菌物包扎好后放入灭菌筒内的筛板上，包与包之间应留一定空隙，保证灭菌质量。

（3）将灭菌筒放入灭菌锅内，然后将容器盖与容器上的耳槽对正，并略旋紧手轮，使盖与容器密合。

（4）将电源插头插于电源座上，打开开关，加热指示灯亮，以示开始，随着加热的进行，压力表的指针会指示灭菌锅内的蒸汽压力，并开始灭菌计时。

（5）当达到灭菌设定时间，加热电源会自动关闭，指示灯熄灭。

（6）待压力表指针回到"0"位再开启灭菌锅盖（若灭菌物品是液态或玻璃容器，切勿在灭菌终止后立即排气，因为急速排气会引起沸腾的溶液溢出容器，甚至造成容器破碎）。

（7）灭菌结束后，拔掉电源插头。使用结束后将灭菌锅内的水及电热管上的水垢擦拭干净。

2. 注意事项

（1）应始终保证灭菌锅内有足够的蒸馏水，每次灭菌后应将灭菌筒筛板下积聚的冷凝水倒出。

（2）待灭菌的溶液或培养基应装在耐热或硬质玻璃瓶内，不要装得太满，一般装到容器体积的 1/2～3/4，瓶口用棉花塞、牛皮纸线绳（或硅胶塞、锡箔纸）包扎好。

（3）使用时，操作人员应经常观察压力表指针指示值，一旦发现压力表指针指示值超过 0.165 MPa，安全阀仍不能自动排气时，应立即切断电源，协调供应商或厂家相关人员对灭菌锅进行修理。

（4）若压力表回复至"0"位，锅盖仍不能开启，可能是内部压力低于外界气压所致，此时可以开启放气阀，使外界空气入内，即能将盖开启。

（5）压力表使用久后读数会不准确，应加以检修，检修后应与标准压力表对照，若仍不正常，应更换新表。

（6）平时保持灭菌锅清洁干燥，可以延长使用寿命。

1.3.4　恒温干燥箱

恒温干燥箱是实验室的常用设备，主要用于实验器皿的干热灭菌及培养皿、锥形瓶、烧杯的干燥。

（1）使用前开启箱门，将感温探头头部的保护帽去掉。

（2）接通电源，检查仪器是否通电、漏电，温控仪是否正常。

（3）把需干燥处理的物品放入干燥箱内，关好箱门。

（4）把电源开关拨至"1"处，此时电源指示灯亮，控温仪上有数字显示。

（5）温度设定。当所需加热温度与设定温度相同时不需要重新设定，反之则需要重新设定。先按控温仪的功能键"SET"进入温度设定状态，此时设定值（SV）设定显示灯闪烁，如需设定温度 150 ℃，而原设定温度为 26.5 ℃，则再按移位键"◀"，将光标移至显示器百位数字上，然后按加键"▲"，使百位上的数字从"0"升至"1"，百位设定后，移动光标依次设定十位、个位和分位数字，使设定温度显示为 150.0 ℃，按功能键"SET"确认，温度设定结束，程序进入定时设定。

（6）定时设定。当测量值（PV）窗显示 T1 时，进入定时设定，出厂 SV 窗为 0000，表示设定器不工作，如不需要设定时，即可按"SET"键退出，如需设定 1 h，可用移位键配合加键把 SV 窗设定为"0060"，定时 2 h，设定为"0120"，以此类推。设定结束后，按"SET"键确认退出。

（7）设定结束后，各项数据长期保存，此时干燥箱进入升温状态，加热指示灯亮，当箱内温度接近设定温度时，加热指示灯忽亮忽暗，反复多次，控制进入恒温状态。

（8）如使用定时功能需注意：只有第 1 次 PV＞SV 时，即箱内温度高于设定温度时，定时器开始工作，同时 SV 数码管末位上的 1 位小数点闪烁。定时结束，SV 窗显示"END"，末位小数点熄灭，同时加热器电源切断。

（9）重新使用定时功能时如需设定相同时长，在 SV 窗显示"END"的状态下，只要按下"SET"键复位即可，反之则重新设定。计时运行中重新设定时间无效。

（10）定时运行中，如要观察温度设定，按移位键"◀"即可转换。

（11）干燥结束后，关闭电源开关，让其自然冷却，如需立即打开箱门取出物品，小心烫伤。

（12）用毕后将仪器清理干净。

（13）若长时间不用，应将箱顶气阀关闭，并将保护帽套好。

1.3.5　恒温培养箱

恒温培养箱主要用于实验室微生物的培养，为微生物的生长提供一个适宜的环境。恒温培养箱的操作规程如下。

（1）使用前开启箱门，将感温探头头部的保护帽去掉，关闭箱门。

（2）接通电源，检查仪器是否通电、漏电、温控仪是否正常。

（3）温度设定。当所需加热温度与设定温度相同时不需要重新设定，反之则需要重新设定。先按控温仪的功能键"SET"进入温度设定状态，此时 SV 设定显示灯闪烁，如需设定温度 37.0 ℃，而原设定温度为 26.5 ℃，则再按移位键"◀"，将光标移至显示器十位数字上，然后按加键"▲"，使十位上的数字从"2"升至"3"，十位设定后，移动光标依次设定个位和分位数字，使设定温度显示为 37.0 ℃，按功能键"SET"确认，温度设定结束。

（4）设定结束后，各项数据长期保存，此时培养箱进入升温状态，加热指示灯亮。当箱内温度接近设定温度时，加热指示灯忽亮忽暗，反复多次，控制进入恒温状态。

（5）打开内外门，把需培养的物品放入培养箱，关好内外门，如内外门开门时间过长，箱内温度有些波动,属正常现象。

(6) 使用结束后,把电源开关拨至"0"位,将仪器清理干净。如无须立即取出物品,不要打开箱门。

1.3.6　冰箱

实验室冰箱主要用于菌种、培养基、微生物样品及低浓度试剂的保藏。

1. 使用标准

(1) 冰箱接入电源之前,应仔细核对冰箱的电压范围和电源电压是否一致。

(2) 冰箱线路必须接地,如果电器线路未接地,必须请电工将冰箱线路单独接地。

(3) 不可将汽油、酒精、胶黏剂等易燃、易爆品放入冰箱内,以免引起爆炸。

(4) 冰箱不能在有可燃性气体的环境中使用,如发现可燃气体泄漏,千万不可立即去拔电源插头或关闭温控器以及电灯开关,否则易产生电火花,引起爆炸。

(5) 切勿用水喷洒冰箱顶部,以免电器零件受损,发生危险。

(6) 清洁保养及搬动冰箱时必须切断电源,并小心操作,避免电器元件受损。

(7) 冰箱应放置在平坦、坚实的地面,如放置不平,可调节箱底四脚。

(8) 冰箱应放置在通风干燥、远离热源的地方,并避免阳光直射。

(9) 冰箱在日常使用时会结霜,当结霜特别严重时,可关机或关掉电源进行人工化霜,必要时可打开柜门加速霜层融化。

(10) 当冰箱搁置不用或长时间使用后箱内出现异味时,必须进行清理。

(11) 不可用酸、化学稀释剂、汽油、苯之类的试剂清洗冰箱任何部件。

(12) 冰箱内不要放食品,热的物品必须冷却至室温后,再放入冰箱。

2. 操作规程

(1) 首次通电或长时间不用重新通电时,由于冰箱内外温度接近,为迅速进入冷藏状态,可把温度调至最低,待冰箱连续运行 2~3 h,箱温降低后,再将温度调至适当值。

(2) 使用中,不要经常调动温度控制器。

1.3.7　恒温水浴锅

(1) 锅内加适量蒸馏水,至浸没电热管 3~5 cm。

(2) 接通电源,温度旋钮调到所需温度的指示处,开启电源,注意检查指示灯是否正常工作(灯亮表示加热),当加热到所需温度时(以锅上的温度计所指示温度为准),红灯灭绿灯亮,保持恒温。

(3) 温度调节旋钮所指示的数值,并非实际温度值,实际温度值以温度表所指示数值为准。因此,在加热过程中应根据温度表的指示,反复调节温度旋钮的数值,直到恒温为止。

(4) 经常观察锅内的蒸馏水量,若水量接近电热管平面时,应及时补充蒸馏水,以防水位低于电热管,造成干烧损坏设备。

(5) 定期对水浴锅内的水垢进行清除。

1.3.8　电子天平

(1) 使用前检查天平标准配置是否齐全,标准配置有电源交流适配器、秤盘、秤盘托架、防风罩固定圈、防风罩、保护盖等。

（2）选择最佳安放地点，确保安放位置稳定、无振动，尽可能保持水平，避免阳光直射，避免剧烈的温度波动，避免空气对流等。调节四只水平调节螺钮，使水平泡处在中间位置，保持天平水平状态。

（3）将交流电源适配器的插头插入天平上的插孔，另一端接通电源。

（4）开机，让天平空载并点击"ON"键，天平显示进行自检，待天平归零。

（5）将称量样品放在秤盘上，待显示稳定后，读取称量结果。

（6）去皮称量。将空容器放在天平秤盘上，显示该容器质量，点击"O/T"键，显示数字归零，加入所需称量样品后，显示数值即为样品质量。

（7）称量完毕，将天平先置零，再长按"OFF"键，直到显示屏上出现"OFF"再松开。

（8）操作结束后，拔掉电源，用干布或干刷子将天平清理干净，放归原位（避免与水接触）。

（9）天平要经常用配备的砝码进行校准。

（10）天平内应放置适量的干燥剂（如硅胶等）。

1.3.9　电热蒸馏水器

（1）开启水源，使冷却水器内有自来水流入杯内，并调整水流大小（水流过大，会溢出；过小则无法冷却与补充蒸馏水器中所需的水量）。当锅内水位到观察口时，即可开启电源，进行制水。

（2）制水过程中应有人员照看，随时注意冷却水流量的大小，防止因水流过大而溢出水流，过小或断水会烧坏蒸馏水器。

（3）停止制水时要先关闭电源，过 30 min 后再关闭冷却水源（冷却至桶体不烫后即可关闭冷却水源）。每次用后将蒸馏水器中的水从排水口放出，减少水垢的生成。

（4）蒸馏水器在使用一定时间后，应对加热锅内壁及加热管进行检查，及时清除水垢，以保证制水能力。

（5）储水箱内如有铁锈，应及时清除。

1.3.10　离心机

（1）将仪器放在坚固、平整的台面上，以免运转时产生位移。

（2）禁止在盖门上放置任何物品，以免出现凹凸不平，影响仪器的使用效果。

（3）经常检查离心管是否有裂纹、老化现象，如有应及时更换。

（4）将样品和离心管一起两两进行平衡，并对称放入离心机中（以免损坏仪器），并盖好安全盖。

（5）调节好离心时间，先从低转速调起，直至所需的转速，并让其自然停止。

（6）小心取出样品，不可剧烈摇晃，否则需重新离心。

（7）实验完毕后，将调速旋钮调为零，并将转头和仪器擦干净，以防试液沾染造成仪器腐蚀和损坏。

1.3.11　pH 计

（1）电源线插入电源插座，按下电源开关，预热 30 min。

（2）把选择开关旋钮调到 pH 挡,并调节温度补偿旋钮,使旋钮指示线对准溶液。

（3）用蒸馏水清洗电极,清洗后用滤纸吸干。

（4）在测量电极插座处插上复合电极。

（5）通常仪器在连续使用时,每天标定 1 次,标定步骤如下。

① 把斜率调节旋钮顺时针旋到底(即调到 100% 位置)。

② 把清洗过并用吸水纸吸干的电极插入 pH 为 6.86 的缓冲溶液中。

③ 调节定位调节旋钮,使仪器显示读数与该缓冲溶液当时温度下的 pH 一致(如用混合磷酸定位温度为 10 ℃时,pH 为 6.92)。

④ 用蒸馏水清洗电极,再插入 pH 为 4.00(或 pH 为 9.18)的标准溶液中,调节斜率旋钮使仪器显示读数与该缓冲溶液当时温度下的 pH 一致。

⑤ 重复上述步骤直至不用再调节定位或斜率两调节旋钮为止。

（6）测量,将电极插入样液内,待显示屏上的数字不再跳动为止。

（7）读数,记录数值。

（8）测量完毕,关闭电源。

1.3.12　快速混匀器

快速混匀器又叫旋涡振荡器,其操作规程如下。

（1）将仪器放置在较平滑的桌面上,注意吸好吸盘,最好放置在玻璃台面上,增强混匀效果,如果吸盘不好使用,可在吸盘内涂抹少量的水以增强吸附力。

（2）插入电源插头,拨动电源开关至"ON"位置,电源指示灯亮,电机即启动。手拿试管上端轻按在海绵(或橡胶)面上,并给予一定的压力,试管内溶液产生涡流,即开始混匀。

（3）混匀结束后,拨动电源开关至"OFF"位置,电源指示灯灭,拔掉电源,将混匀器放回原处。

1.3.13　分光光度计

（1）将分光光度计接通电源预热 20 min。

（2）将温度旋钮调至当时室内所示温度的刻度。

（3）通过打开和关闭吸光室的盖子,调节"零"和"满度"旋钮。

（4）重复调节,直至两个旋钮不再需要调动。

（5）将标准液/样液分别加入已用相应的标准液/样液洗过的比色皿中并将比色皿外部的液体用吸水纸吸干,尤其是光滑面需用吸水纸擦拭干净。

（6）将比色皿放入吸光室内,并盖好盖子,进行读数。

（7）读数完毕,将仪器擦拭干净并用蒸馏水将比色皿清洗干净。

1.3.14　电泳仪

电泳仪用于分离、鉴定核酸、蛋白质等生物大分子,也可以进行生物大分子的纯化。电泳仪的操作规程如下。

（1）打开电源开关,系统初始化,屏幕转成参数设置状态。

程序设置可通过"Mode"(模式)键选择：STD(标准)、TIME(定时)、VH(伏时)、STEP(分步);电泳实际工作程序可通过键盘输入：U(电压)、I(电流)、P(功率)、T(时间)。

（2）设置工作程序。

① 按模式键，将工作模式由标准转为定时模式。每按一下"Mode"键，其工作方式按下列顺序改变：STD→TIME→VH→STEP→STD。

② 先设置电压 U，按"Select"（选择）键，使其呈反显态，然后输入数字即可设置该参数的数值。

③ 设置电流 I，按"Select"键，先使 I 呈反显态，然后输入数字。

④ 设置功率 P，按"Select"键，先使 P 呈反显态，然后输入数字。

⑤ 设置时间 T，按"Select"键，先使 T 呈反显态，然后输入数字。如果输入错误，按"Delete"（清除）键，再重新输入。

⑥ 确认各参数无误后，按"Start"（启动）键，启动电泳仪输出程序。在显示屏状态栏中显示"Start!"并伴有蜂鸣声，提醒操作者电泳仪将输出高电压，注意安全。之后输出电压将逐渐升至设置值。同时在状态栏中显示"Run"，并有两个不断闪烁的高压符号，表示端口已有电压输出。在状态栏最下方，显示实际的工作时间（精确到秒）。

⑦ 每次启动输出时，仪器自动将此时的设置数值存入"M0"号存储单元。以后需要调用时可以按"READ"（读取）键，再按"0"键，最后按"OK"（确定）键，即可按照已存储的工作程序执行。

⑧ 电泳结束，仪器显示"END"，并连续蜂鸣提醒。此时按任意键可停止蜂鸣。

1.3.15　PCR 仪

PCR（聚合酶链式反应，polymerase chain reaction）是利用 DNA 聚合酶对特定基因做体外的大量合成，基本上是利用 DNA 聚合酶进行专一性的连锁复制。利用目前常用的技术，可以将一段基因复制为原来的 100 亿～1000 亿倍。根据 DNA 扩增的目的和检测的标准，PCR 仪可分为普通 PCR 仪、梯度 PCR 仪、原位 PCR 仪、实时荧光定量 PCR 仪等类型。

1. 操作规程

（1）开机

打开电源，Power 指示灯变为红色，PCR 仪自检后进入主界面。

（2）程序编辑

以下面的程序为例：94 ℃ 3 min，(94 ℃ 1 min，55 ℃ 1 min，72 ℃ 1.5 min)30 个循环(cycles)，72 ℃ 5 min 在主界面下，用 Select 的左右键移动光标至 Enter 选项，点击"Proceed"键选择进入，在 Name 后输入程序名，然后在 Control method 中选择"Calculated"进入 Step 1，选择温度"Temp"，输入 94 ℃ 及反应时间 3 min，将光标移至"YES"处（或"NO"处），单击"Proceed"键对该步骤进行确认（或重新设置）。依照提示进入 Step 2，按照 Step 1 设置的方法输入温度（94 ℃）、时间（1 min），确认。依次类推进入 Step 3(55 ℃ 1 min)，Step 4(72 ℃ 1.5 min)，Step 4 设置结束后进入 Step 5，选择"go to"Step 2，并在 additional cycles 处输入剩余的循环数（29），确认后进入 Step 6，继续按照 Step 1 设置的方法输入温度（72 ℃）、时间（5 min），进入 Step 7 后，选择"END"，程序设置结束。

程序设置过程中如涉及温度梯度，则选择"Gradient"，输入最高温度（upper temp）及最低温度（lower temp），按照 PCR 仪自动形成的温度梯度，在相应的位置放置反应管。在主界面下进入 LIST 选项可调出编辑好的程序进行预览，也可以进入 EDIT 选项中对已有的程序进行修改。

（3）样品放置

将样品放入 PCR 仪中,同时应确保顶盖已经完全拧松,盖上顶盖,将滑轮向左拧紧。

（4）程序运行

在主界面下将光标移动至 RUN 选项,点击"Proceed"键进入,调出已经编辑好的程序（双头 PCR 仪需通过左边的"Block"键选择 A 头或 B 头）,在 Vessel Type 选项中选择"Tubes",键入反应液的体积（volume）,选择"Heated Lid",进入运行状态。运行状态下长按 Select 的右键可预知反应剩余时间（est remain）。

（5）关机

程序结束后返回主界面,关闭 PCR 仪开关,将滑轮向右拧松,打开顶盖,取出反应管。

2．注意事项

（1）PCR 仪应放置在坚固的水平平台上,外界电源系统电压要匹配,并要求有良好的接地线。

（2）环境温度保持在 23 ℃左右,湿度保持在 60%左右。

（3）应配备功率≥3000 W 的稳压器。

（4）PCR 反应的要求温度与实际分布的反应温度是不一致的,当检测发现各孔的平均温度差偏离设置温度 1～2 ℃时,可以运用温度修正法纠正 PCR 实际反应温度差。

（5）PCR 反应过程的关键是升、降温过程的时间控制,要求越短越好,当 PCR 仪的降温过程超过 60 s,就应该检查仪器的制冷系统,对风冷制冷的 PCR 仪要较彻底地清理反应底座的灰尘,对利用其他制冷系统制冷的 PCR 仪应检查相关的制冷部件。

（6）一般情况如能采用温度修正法纠正仪器的温度时,不要轻易打开或调整仪器的电子控制部件,必要时要请专业人员修理或参照仪器电子线路详细图纸进行维修。

（7）使用时应严格遵守上述操作步骤。

（8）应定期清洁维护。

（9）PCR 仪器需要定期检测,周期视制冷方式而定,一般至少半年 1 次。

实验1.4　微生物学实验常用器皿

1.4.1　常用器皿的种类

1）试管（test tube）

微生物学实验室所用玻璃试管,其管壁较化学实验用的试管厚,这样在塞试管塞时,管口才不会破损。试管的形状要求没有翻口,否则微生物容易从试管塞与管口的缝隙间进入试管而造成污染。目前使用较多的试管塞为海绵硅胶塞,也有用铝制或塑料制的试管帽。有的实验要求尽量减少试管内的水分蒸发,则需使用螺口试管,试管盖为螺口胶木或塑料帽。试管的大小可根据用途的不同来选择,使用较多的有下列 3 种型号:

（1）大试管（约 18 mm×180 mm,即直径×高度）可盛倒培养皿用的培养基,亦可作制备琼脂斜面用（需要大量菌体时用）。

（2）中试管[（13～15）mm×（100～150）mm]盛液体培养基或作琼脂斜面用,亦可用于病毒等的稀释和血清学试验。

（3）小试管[（10～12）mm×100 mm]一般用于糖发酵试验或血清学试验以及其他节

省材料的试验。

2）杜氏小管（Durham's tube）

杜氏小管又称发酵小套管，是在观察细菌在糖发酵培养基内产气情况时，小试管内套的一倒置的小套管（约 6 mm×36 mm）。

3）培养皿（culture dish）

常用的培养皿，皿底直径 90 mm，高 15 mm。皿盖较皿底稍大一圈。除玻璃培养皿外使用较多的还有一次性塑料培养皿。一次性培养皿通常都用 γ 射线杀过菌，可直接使用。在培养皿内倒入适量固体培养基制成平板，可用于分离、纯化、鉴定菌种以及测定抗生素、噬菌体的效价等。

4）锥形瓶（erlenmeyer flask）与烧杯（beaker）

锥形瓶有 100 mL、250 mL、500 mL、1000 mL 等不同规格，常用于培养基灭菌及微生物振荡培养等。烧杯有 50 mL、100 mL、250 mL、500 mL、1000 mL 等不同规格，常用于配制培养基及各种试剂。一些实验室在进行振荡培养时，也会使用坂口瓶（sakaguchi flask）。在振荡过程中，坂口瓶的通气量要好于锥形瓶。

5）载玻片（slide）与盖玻片（coverslip）

普通载玻片大小为 75 mm×25 mm，用于微生物涂片、染色，作形态观察等。盖玻片大小为 18 mm×18 mm。

6）双层瓶（double bottle）

由内外两个玻璃瓶组成：内层小锥形瓶盛放香柏油，供利用油镜头观察微生物时使用；外层瓶盛放二甲苯，用于擦净油镜头。

7）滴瓶（dropping bottle）

用来装各种染料、生理盐水等。

8）接种工具

接种工具有接种环（inoculating loop）、接种针（inoculating needle）、接种钩（inoculating hook）、接种铲（inoculating shovel）、玻璃涂棒（glass spreader）等。制造环、针、钩、铲的金属可用铂或镍，原则是软硬适度，能经受火焰反复烧灼，又易冷却。接种细菌和酵母菌用接种环，环的内径约 2 mm，环面应平整。接种某些不易和培养基分离的放线菌和真菌，有时用接种钩或接种铲，接种钩丝的直径要求粗一些，约 1 mm。用涂布法在琼脂平板上分离单个菌落时需用玻璃涂棒，也可用不锈钢制涂棒。

9）移液枪（pipette）及移液枪头（pipette tips）

移液枪主要用于吸取微量液体，故又称微量吸液器或微量加样器。移液枪外形如图 1-3 所示，除塑料外壳外，主要部件有按钮、弹簧、活塞和可装卸的枪头。按动按钮，通过弹簧使活塞上下活动，从而吸进和放出液体。其特点是容量固定，使用时不用观察刻度，操作方便、迅速。一般每支移液枪固定 1 种容量，微生物学实验室一般使用 10～200 μL、100～1000 μL、5000 μL 等不同容量的移液枪，每种规格的移液枪都有其固定枪头。每个移液枪在一定的范围内可根据需要调节容积（切勿超出量程，如 10～200 μL 移液枪最多吸取量为 200 μL）。当调节固定后，每吸 1 次，容量都是固定的。用毕只需调换枪

图 1-3　移液枪外形

头即可,枪头通常为一次性使用。枪头有专用枪头盒。移液枪可用 75% 乙醇消毒,切勿用高压灭菌锅消毒。

10) 小离心管(microcentrifugal tube)

常见小离心管有 0.2 mL、0.5 mL 和 1.5 mL 三种,0.2 mL 离心管主要用于 PCR 扩增,1.5 mL 离心管主要用于离心、稀释样品、保藏菌种等。

1.4.2　玻璃器皿的清洗

清洁的玻璃器皿是实验得到正确结果的先决条件,因此,玻璃器皿的清洗是实验前的一项重要准备工作。清洗方法根据实验目的、器皿的种类、所盛放的物品、洗涤剂的类别及沾污程度等的不同而有所不同。

1) 新玻璃器皿的洗涤

新购置的玻璃器皿含游离碱较多,应先在酸溶液内浸泡数小时,后用蒸馏水冲洗干净。酸溶液一般为 2% 的盐酸或洗涤液。

2) 使用过的玻璃器皿的洗涤

(1) 试管、培养皿、锥形瓶、烧杯等可用海绵试管刷(瓶刷)蘸上洗洁精或去污粉等洗涤剂刷洗,然后用蒸馏水充分冲洗干净。洗洁精和去污粉较难冲洗干净而且常在器壁上附有一层微小粒子,故要用自来水充分冲洗多次甚至 10 次以上,或先用稀盐酸摇洗 1 次,再用蒸馏水润洗,然后倒置于铁丝框内或有空心格子的木架上,在室内晾干(亦可盛于框内或搪瓷盘上,放烘箱烘干)。

装有固体培养基的器皿应先将其内的培养基刮去,然后洗涤。带菌的器皿在洗涤前先浸泡在 2% 甲酚皂溶液或 0.25% 新洁尔灭消毒液内 24 h 或煮沸 30 min,再用洗洁精或去污粉等进行洗涤。带病原菌的培养物要先进行高压蒸汽灭菌,然后将培养物倒去,再进行洗涤。

盛放一般培养基用的器皿经上述方法洗涤后,即可使用,若需精确配制化学试剂,或科研用的精确实验,要求自来水冲洗干净后,再用蒸馏水淋洗 3 次,晾干或烘干后备用。

(2) 用过的载玻片与盖玻片上如滴有香柏油,要先用皱纹纸擦去或浸在二甲苯内摇晃 n 次,使油垢溶解,再在肥皂水中煮沸 5~10 min,用软布或脱脂棉花擦拭,再用自来水冲洗,然后在稀洗涤液中浸泡 0.5~2 h,用自来水冲去洗涤液,最后用蒸馏水冲洗数次,待水分蒸发后浸于 95% 乙醇中保存备用。使用时在火焰上烧去酒精。

1.4.3　空玻璃器皿的包装

(1) 培养皿的包装

培养皿通常用数层旧报纸包好,再用细线扎紧。一般以 10 套培养皿作 1 包。包好后进行干热灭菌。如将培养皿放入不锈钢平皿桶内进行干热灭菌,则不必用纸包扎。不锈钢平皿桶里面有 1 个装培养皿的带底框架,可从桶内提出,用于装取培养皿。

(2) 试管和锥形瓶等的包装

先用海绵硅胶塞将试管(锥形瓶)塞好,然后在硅胶塞与管口(瓶口)的外面用两层报纸包好,并用细线扎紧,进行干热灭菌。

空的玻璃器皿一般用干热灭菌,若需湿热灭菌,则要多用几层报纸包扎,外面最好再加一层牛皮纸。如果试管使用铝制试管盖,则不必包扎,可直接干热灭菌。如果是塑料盖,则需湿热灭菌。

第 2 章

显微镜技术

显微镜是人类最伟大的发明之一。显微镜的发明,打开了人类观察微生物世界的大门,人们第一次看到了数以百计的"新的"微小动物和植物,以及从人体到植物纤维等各种东西的内部构造。从列文虎克开始,胡克、施旺麦丹、马尔比基、格鲁等对显微镜的发展做出了不可磨灭的贡献。在狭小而神秘的显微镜世界里,科学家们展现了卓越的科研精神。他们以一颗对微观世界的好奇心为驱动,投身于追寻真理的征程;他们面对种种困难与挑战时,从不轻易放弃,而是以不懈的努力与毅力,不断推动科学的发展。人们借助显微镜的力量,如同打开了一扇通向未知的大门,他们目睹了细胞的微妙结构和微生物的奥秘世界,将目光聚焦于微小的细节,追求看似平凡却蕴藏巨大意义的发现。

实验 2.1　普通光学显微镜的结构与使用

普通光学显微镜简称光学显微镜(light microscope),以平均波长为 550 nm 的可见光作为光源,能分辨的两点距离约为 0.22 μm。多数细菌的个体大于 0.25 μm,因此可在光学显微镜下观察。由于许多细菌的大小与光学显微镜的分辨率处于同一个数量级,为了看清细菌的形态与结构,经常使用油镜来提高显微镜的分辨率。在光学显微镜的使用中,油镜的使用是一项十分重要的操作技术。

1．目的要求

(1) 了解普通光学显微镜的基本构造和工作原理。

(2) 学习并掌握普通光学显微镜,重点是油镜的使用技术和维护知识。

(3) 在油镜下观察细菌的几种基本形态。

(4) 采用悬滴法在高倍镜下观察细菌运动。

2．实验原理

1) 普通光学显微镜的构造

普通光学显微镜的成像原理主要是通过物镜和目镜两组透镜系统来实现放大,其主要是由机械系统和光学系统两部分组成(图 2-1)。

(1) 机械系统

机械系统包括镜座、镜臂、镜筒、物镜、转换器、载物台、调节器等。

① 镜座:显微镜的基座,可使显微镜平稳地放置在平台上。

② 镜臂:用以支持镜筒,也使显微镜平稳地放置在平台上。

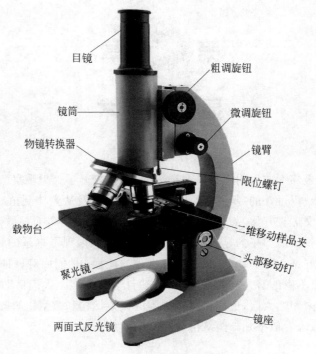

图 2-1　普通光学显微镜的构造

③ 镜筒：连接接目镜（简称目镜）和接物镜（简称物镜）的金属圆筒。镜筒上端插入目镜，下端与物镜转换器相接。镜筒长度一般固定，通常是 160 mm。有些显微镜的镜筒长度可以调节。

④ 物镜转换器：一个用于安装物镜的圆盘，位于镜筒下端，其上装有 3～5 个不同放大倍数的物镜。为了使用方便，物镜一般按由低倍到高倍的顺序安装。转动物镜转换器可以选用合适的物镜。转换物镜时，必须用手旋转圆盘，切勿用手推动物镜，以免松脱物镜而损坏。

⑤ 载物台：又称镜台，是放置标本的地方，呈圆形或方形。载物台上装有压片夹，可以固定被检标本；装有标本移动器，转动螺旋可以使标本前后和左右移动。有些标本移动器上刻有标尺，可指示标本的位置，便于重复观察。

⑥ 调节器（粗调旋钮和微调旋钮）：又称调焦装置，用于调节物镜与标本间的距离，使物像更清晰。粗调旋钮转动一圈可使镜筒升降约 10 mm，微调旋钮转动一圈可使镜筒升降约 0.1 mm。

（2）光学系统

光学系统包括目镜、物镜、聚光镜、反光镜等。

① 目镜：安装在显微镜筒上，供实验者用双眼进行标本观察。它的功能是把物镜放大的物像再次放大。一般使用的显微镜有 2～3 个目镜，其上刻有"5 ×""10 ×""15 ×""20 ×"等数字符号（图 2-2），即表示放大 5 倍、10 倍、15 倍、20 倍。不同放大倍数的目镜，其口径统一，与镜筒的口径也一致，可互换使用。

② 物镜：功能是把标本放大，产生一个倒立的放大实像。物镜可分为低倍镜（4 ×或 10 ×）、中倍镜（20 ×）、高倍镜（40 ×～60 ×）和油镜（100 ×）。一般油镜上刻有 OI（oil immersion）或 HI（homogenous immersion）字样，有的刻有一圈红线或黑线，以示区别。物

镜上通常标有放大倍数,数值孔径(numerical aperture,NA)、工作距离(物镜下端至盖玻片间的距离,mm)及盖玻片厚度等参数(图 2-3)。以油镜为例,100/1.25 表示放大倍数为 100倍,数值孔径为 1.25;160/0.17 表示镜筒长度 160 mm,盖玻片厚度≤0.17 mm。

图 2-2　不同规格目镜

图 2-3　物镜

③ 聚光镜:又称聚光器,它的功能是把平行的光线聚焦于标本上,增强照明度。聚光镜安装在镜台下,可上下移动。使用低倍物镜(简称低倍镜)时应降低聚光镜,使用油镜时则应升高聚光镜。聚光镜上附有虹彩光阑(俗称光圈),通过调整光阑孔径的大小,可以调节进入物镜光线的强弱。在观察透明标本时,光圈宜调得相对小一些,这样虽会降低分辨率,但可增强反差,便于看清标本。

④ 反光镜:普通光学显微镜的取光设备,其功能是采集光线,并将光线射向聚光镜。反光镜安装在聚光镜下方的镜座上,可以在水平与垂直方向上任意旋转。反光镜的一面是凹面镜,另一面是平面镜。一般情况下选用平面镜,光量不足时可换用凹面镜。

显微镜成像原理(放大原理):光线→反光镜→遮光镜→通光孔→标本(一定要透明)→物镜的透镜(第一次放大成倒立实像)→镜筒→目镜(再放大成虚像)→眼。

2) 普通光学显微镜的性能

(1) 数值孔径

数值孔径(NA)又称开口率,是指介质折射率与镜口角 1/2 正弦的乘积,可用式(2-1)表示。

$$NA = n \sin \frac{\alpha}{2} \tag{2-1}$$

式中:n 为物镜与标本之间介质的折射率;α 为镜口角(通过标本的光线延伸到物镜边缘所形成的夹角)。

物镜的性能与物镜的数值孔径密切相关,数值孔径越大,物镜的性能越好。因为镜口角 α 总是小于 $180°$,所以 $\sin \frac{\alpha}{2}$ 的最大值不可能超过 1。又因为空气的折射率为 1,所以以空气为介质的数值孔径不可能大于 1,一般为 0.05～0.95。根据式(2-1)要提高数值孔径,一个有效途径就是提高物镜与标本之间介质的折射率。使用香柏油(折射率为 1.515)浸没物镜(即油镜)理论上可将数值孔径提高至 1.5 左右;实际数值孔径也可达 1.2～1.4。

（2）分辨率

分辨率是指分辨物像细微结构的能力。分辨率通常用可分辨出的物像两点间的最小距离（D）来表征（式（2-2））。D 值越小，分辨率越高。

$$D = \frac{\lambda}{2n\sin\frac{\alpha}{2}} \tag{2-2}$$

式中：λ 为光波波长。

比较式（2-1）和式（2-2）可知，D 可表示为：

$$D = \frac{\lambda}{2NA} \tag{2-3}$$

根据式（2-3），在物镜数值孔径不变的条件下，D 值的大小与光波波长成正比。要提高物镜的分辨率，可通过两条途径：①采用短波光源。普通光学显微镜所用的照明光源为可见光，其波长范围为 400～700 nm。缩短照明光源的波长可以降低 D 值，提高物镜分辨率。②加大物镜数值孔径。提高镜口角或者提高介质折射率 n，都能提高物镜分辨率。若用可见光作为光源（平均波长为 550 nm），并用数值孔径为 1.25 的油镜来观察标本，能分辨出的两点距离约为 0.22 μm。

（3）放大率

普通光学显微镜利用物镜和目镜两组透镜来放大成像，故又被称为复式显微镜。采用普通光学显微镜观察标本时，标本先被物镜第一次放大，再被目镜第二次放大。所谓放大率是指放大物像与原物体的大小之比。因此，显微镜的放大率（V）是物镜放大倍数（V_1）和目镜放大倍数（V_2）的乘积，即：

$$V = V_1 \times V_2 \tag{2-4}$$

如果物镜放大 40 倍，目镜放大 10 倍，则显微镜的放大率是 400 倍。常见物镜（油镜）的最高放大倍数为 100 倍，目镜的最高放大倍数为 15 倍，因此一般显微镜的最高放大率是 1500 倍。

（4）焦深

一般将焦点所处的像面称为焦平面。在显微镜下观察标本时，焦平面上的物像比较清晰，但除了能看见焦平面上的物像外，还能看见焦平面上面和下面的物像，这两个面之间的距离称为焦深。物镜的焦深与数值孔径和放大率成反比，数值孔径和放大率越大，焦深越小。因此，在使用油镜时需要细心调节，否则物像极易从视野中滑过而不能找到。

3. 实验器材

（1）菌种：培养 12～18 h 的枯草芽孢杆菌（*Bacillus subtilis*）斜面培养物 3～4 支。

（2）标本片：三种基本形态的细菌染色标本，特殊形态细菌染色标本（示范镜）。

（3）仪器及相关用品：显微镜、香柏油、二甲苯（或 1：1 的乙醚乙醇混合液）、擦镜纸。

（4）其他用品：盖玻片、凹玻片、吸水纸、酒精灯、接种环、牙签、凡士林。

4. 实验步骤

1）显微镜（油镜）操作

（1）领取并检查显微镜：按学号向实验指导老师领取显微镜，所有实验课均对号使用。从显微镜箱中取出显微镜时，用右手紧握镜臂，左手托住镜座，直立平移，轻轻放置在实验台上。检查各部件是否齐全,镜头是否清洁。若发现有问题应及时报告老师(镜头清洁液和洗液的配制见附录1)。

(2) 调节光源:良好的照明是保证显微镜使用效果的重要条件。将低倍镜旋转到工作位置,用粗调旋钮提升镜筒,使镜头距离载物台10 mm左右,降低聚光镜的位置,完全打开虹彩光阑,一边看目镜,一边调节反光镜镜面的角度(在正常情况下,一般用平面反光镜;若自然光线较弱,则可用凹面反光镜)。然后,调节聚光镜的位置(酌予升降),直至视野内得到均匀适宜的亮度。

(3) 低倍镜观察:使用低倍镜观察,视野较广,焦深较大,便于搜寻目标,因此宜从低倍镜开始观察。将载玻片标本(涂面朝上)置于载物台中央,用压片夹固定,并将标本部位移到正中,转动粗调旋钮,使镜头与标本的距离降到10 mm左右。然后,一边看目镜内的视野,一边调节粗调旋钮缓慢升高镜头,至视野内出现物像时,改用微调旋钮,继续调节焦距和照明,以获得清晰的物像,并将所需部位移到视野中央,再换中、高倍镜观察。

(4) 中、高倍镜观察:依次用中、高倍镜观察低倍镜下锁定的部位,并随着物镜放大倍数的增加,逐步提升聚光镜增强光线亮度。找出所需目标,将其移至视野中央。

(5) 油镜观察:将聚光镜提至最高点,转动转换器,移开高倍镜,使高倍镜和油镜呈"八"字形,在标本中央滴1小滴香柏油,把油镜镜头浸入香柏油中,微微转动微调旋钮,直至看清物像。如果油镜上升至离开油面还未看清物像,则需重新调节。可从侧面注视,小心地转动粗调旋钮将油镜重新浸在香柏油中,但不能让油镜压在标本上,更不能用力过猛,以免击碎玻璃,损坏镜头。

(6) 调换标本:观察新标本片时,必须重新从第(3)步开始操作。

(7) 用后复原:观察完毕,转动粗调旋钮提升镜筒,取下载玻片,先用擦镜纸擦去镜头上的香柏油,然后用擦镜纸蘸取少许二甲苯或1∶1的乙醚乙醇混合液(香柏油可溶于二甲苯及1∶1的乙醚乙醇混合液),擦去镜头上的残留油迹,再用干净的擦镜纸擦去残留的二甲苯(或1∶1的乙醚乙醇混合液),最后用细软的绸布擦去机械部件上的灰尘和冷凝水。降低镜筒,将物镜转呈"八"字形置于载物台上。降低聚光镜,避免聚光镜与物镜相碰。使反光镜垂直于镜座,以防受损。将显微镜放回显微镜箱中锁好,并放入指定的显微镜柜内。

2) 细菌形态观察

(1) 结合显微镜(油镜)的使用,观察三个细菌染色片(球菌、杆菌和螺旋菌),并绘图。

(2) 看示范镜,观察双球菌和四联球菌,并绘图。

3) 细菌运动性观察

有些细菌具有鞭毛,能在水中自由运动。细菌运动常用水浸片法和悬滴法观察。

(1) 水浸片法。用接种环取培养12～18 h的枯草芽孢杆菌菌悬液一环,置于干净的载玻片中央,盖上盖玻片(注意不能产生气泡),用低倍镜找出目标后,再换用中倍至高倍镜观察。

(2) 悬滴法。取一洁净的盖玻片,用牙签挑取少量凡士林,涂于盖玻片四角;再按无菌操作要求,用接种环从斜面底部取培养12～18 h的枯草芽孢杆菌菌悬液一环,置盖玻片中央(菌悬液呈水珠状);接着取凹玻片一块,将凹窝向下覆盖在带有菌悬液的盖玻片上;翻转凹玻片,使液滴悬于盖玻片表面。悬滴片制成后,先用低倍镜找到水滴,再换高倍镜观察,可以看到活跃的细菌运动。

5．注意事项

（1）不要擅自拆卸显微镜的任何部件，以免损坏设备。

（2）擦拭镜面请用擦镜纸，不要用手指或粗布，以保持镜面的光洁度。

（3）观察标本时，请依次用低倍、中倍、高倍镜，最后再用油镜。在使用高倍镜和油镜时，请不要转动粗调旋钮降低镜筒，以免物镜与载玻片碰撞而压碎载玻片或损伤镜头。

（4）观察标本时，请两眼睁开，一方面养成两眼轮换观察的习惯，以减轻眼睛疲劳；另一方面养成左眼观察、右眼注视绘图的习惯，以提高效率。

（5）取显微镜时，请用右手紧握镜臂，左手托住镜座，切不可单手拎镜臂，更不可倾斜拎镜臂。

（6）沾有有机物的镜片会滋生霉菌，请在每次使用后，用擦镜纸擦净所有的目镜和物镜，并将显微镜存放在阴凉干燥处。

6．问题与思考

（1）使用显微镜的油镜时，为什么必须使用镜头油？

（2）比较低倍镜及高倍镜和油镜在数值孔径、分辨率、放大率和焦深方面的差别。

（3）镜检标本时，为什么先用低倍镜观察，而不直接用高倍镜或者油镜观察？

实验 2.2　暗视野显微镜与荧光显微镜的结构与使用

2.2.1　暗视野显微镜

暗视野显微镜（dark field microscope）的分辨率比普通光学显微镜大。在检验中，主要用于未染色的螺旋体的形态和运动的观察；活体细菌虽可用于观察运动力，但一般较少用。

1．目的要求

（1）了解暗视野显微镜的构造和原理。

（2）掌握暗视野显微镜的使用方法。

2．实验原理

暗视野显微镜的基本原理是丁达尔效应。当一束光线透过黑暗的房间，从垂直于入射光的方向可以观察到空气中出现一条光亮的灰尘"通路"，这种现象即丁达尔效应。暗视野显微镜在普通的光学显微镜上换装暗视野聚光镜后，由于该聚光镜内部抛物面结构的遮挡，照射在待检物体表面的光线不能直接进入物镜和目镜，仅散射光能通过，因此视野是黑暗的。暗视野显微镜由于不将透明光射入直接观察系统，无物体时，视野暗黑，不可能观察到任何物体；当有物体时，以物体衍射回的光与散射光等在暗的背景中明亮可见。在暗视野下观察物体，照明光大部分折回，由于物体（标本）所在的位置结构和厚度不同，光的散射性和折光等都有很大的变化。

暗视野显微镜常用来观察未染色的透明样品。这些样品因为具有和周围环境相似的折射率，不易在一般明视野之下看清楚，于是利用暗视野提高样品本身与背景之间的对比。这种显微镜能见到 $4\sim200\text{ nm}$ 的微粒子，但只能看到物体的存在、运动和表面特征，不能辨清物体的细微结构。

3．实验器材

（1）菌种：酿酒酵母。

（2）仪器及相关用品：暗视野显微镜、二甲苯(或 1∶1 的乙醚乙醇混合液)、香柏油、擦镜纸、无光油、载玻片、盖玻片、吸水纸、酒精灯、1 mL 注射器。

4．实验步骤

（1）选厚薄在 1.0～1.2 mm 的干净载玻片一块,滴上酿酒酵母悬液,加盖玻片(注意切勿有气泡存在)。

（2）将聚光镜光圈调至 1.4。

（3）光源的光圈孔调至最大。

（4）在聚光镜上放一大滴香柏油,将标本置于载物台上,旋上聚光镜使油与载玻片接触(不能有气泡发生)。

（5）用低倍物镜及 7×目镜进行配光对准物体。调节聚光镜的高度,首先在载玻片上出现一个中间有一黑点的光圈,最后为一光亮的光点,光点越小越好,由此点将聚光镜上下移动时均使光点增大。

（6）换上所需目镜和高倍镜,缓慢上升物镜进行调焦,至视野中心出现发光的样品。

（7）在盖玻片上滴一滴香柏油,并将油镜转至应在位置调节配光,进行观察。

5．注意事项

（1）进行暗视野观察时,聚光镜与载玻片之间滴加的香柏油要充满,否则照明光线于聚光镜上面进行全面反射,达不到被检物体,从而不能得到暗视野照明。

（2）在进行暗视野观察标本前,一定要进行聚光镜的中心调节和调焦,使焦点与被检物体一致。

（3）由于暗视野聚光镜的数值孔径较大(NA = 1.2～1.4),焦点较浅,过厚被检物体无法调在聚光镜焦点处,一般载玻片厚度为 1.0 mm 左右,盖玻片厚度宜在 0.16 mm 以下,同时载玻片、盖玻片应清洁,无油脂及划痕,否则会严重扰乱最终的物像。

6．问题与思考

（1）试述暗视野显微镜的工作原理,与普通光学显微镜结构与工作原理有何不同?

（2）试述暗视野显微镜的功能。

2.2.2　荧光显微镜

荧光显微镜(fluorescence microscope)是以紫外光或蓝紫光作为光源的显微镜,通过它可以看清发出荧光的细胞结构和部位。它常用于荧光素标记标本的观察和非透明样品中的微生物计数。

1．目的要求

（1）了解荧光显微镜的构造和原理。

（2）掌握荧光显微镜的使用方法。

2．实验原理

荧光显微镜与普通光学显微镜基本相同,其主要区别在于光源和激发块。

荧光显微镜利用一个高发光效率的点光源,经过滤色系统发出的一定波长的光(如紫外光 365 nm 或蓝紫光 420 nm)作为激发光,激发标本内的荧光物质发射出各种不同颜色的荧光。通过物镜和目镜的放大,我们可以观察到发出荧光的细胞结构和部位。通过荧光显微镜物镜看到的颜色不是标本的本色,而是荧光的颜色。荧光显微镜分透射式和落射式 2 种。透射式荧光显微镜的光源位于标本的下方,激发光本身不进入物镜,有荧光进入物镜,视野较暗。落射式荧光显微镜的光源位于标本的上方,视野较亮,对透明和非透明样品都能进行观察。荧光显微镜及其显微照片如图 2-4 所示。

图 2-4　荧光显微镜及其显微照片

3. 实验器材

(1) 菌种:甲酸甲烷杆菌(*Methanobacterium formicicum*)液体培养物(2~3 支)。

(2) 仪器及相关用品:荧光显微镜、香柏油、二甲苯(或 1∶1 的乙醚乙醇混合液)、擦镜纸、无光油、载玻片、盖玻片、吸水纸、酒精灯、1 mL 注射器。

4. 实验步骤

下面以观察甲酸甲烷杆菌为例说明荧光显微镜的使用方法。

(1) 用 1 mL 注射器取少量甲酸甲烷杆菌培养基制成水浸片。

(2) 将水浸片放至载物台的夹紧器上。

(3) 开启荧光显微镜稳压器,然后按下启动钮,开启紫外灯(注意:高压汞灯启动 15 min内不得关闭,关闭 3 min 内不得再启动)。

(4) 将激发滤光片转至激发光波长 V,分色片调到 V,选用 495 nm 或 475 nm 波阻挡滤光片。

(5) 选用 UVFL 40、UVFL 100 荧光物镜镜检。

(6) 在水浸片上加无荧光油,先用 40 ×物镜,再用 100 ×物镜调焦镜检。甲酸甲烷杆菌发出淡黄绿色荧光。

(7) 受紫外光照射后,荧光物质发出的荧光强度随时间延长而逐渐减弱,镜检时应经常更换视野。

(8) 镜检完毕,取下载玻片,做好荧光显微镜的清洁和存放工作。

5. 注意事项

（1）使用透射式荧光显微镜时,应注意光轴中心的调整。

（2）镜检应在暗室中进行,并尽量缩短时间。

（3）启动高压汞灯,等待 15 min,汞灯稳定后方可使用。不要频繁开启高压汞灯。若在短时间内多次开启,高压汞灯寿命会大大缩短。

（4）镜检标本时,宜先用可见光观察,锁定物像后再换荧光观察,这样可延长荧光消退时间。

（5）根据被检标本荧光的色调,选择恰当的滤光片。

（6）紫外线可损伤眼睛,应避免直视激发光。所以,在未装荧光遮光板时不要用眼观察,以免引起眼的损伤。

（7）光源附近禁止放置易燃物品。

6. 问题与思考

（1）试述荧光显微镜的工作原理。

（2）试述荧光显微镜的功能。

（3）荧光显微镜的两种滤光片各起什么作用?

实验 2.3　相差显微镜与电子显微镜的结构与使用

2.3.1　相差显微镜

细菌标本没有染色时,菌体的折光性与周围背景相近,在光学显微镜下不易看清。相差显微镜(phase contrast microscope)是一种能将光线通过透明标本后产生的光程差(即相差位)转化为光强差的特殊显微镜。以相差显微镜观察标本,可以克服光学显微镜的缺陷,看清活细胞及其细微结构,并产生立体感。

1. 目的要求

（1）了解相差显微镜的构造和原理。

（2）掌握相差显微镜的使用方法。

2. 实验原理

1) 相差显微镜的工作原理

光线通过透明标本时,光的波长(颜色)和振幅(亮度)不会发生明显的变化。因此,采用普通光学显微镜观察未经染色的标本,一般难以分辨细胞的形态和内部结构。然而,由于细胞各部分的折射率和厚度不同,光线穿过标本时,直射光和透射光会产生光程差,并由此导致光波相位差。通过相差显微镜上的特殊装置环状光阑和相板,利用光的干涉原理,可将光波的相位差转变为人眼可以察觉的振幅差,即明暗差。视野上的明暗差可增强检视物的对比度,从而看清在普通光学显微镜下不易看到的活细胞及其细微结构,或不染色的切片组织,有时也可用于观察缺少反差的染色样品。

2) 相差显微镜的构造

在构造上,相差显微镜有不同于普通光学显微镜的 4 个特殊之处:

（1）环状光阑（annular diaphragm）：位于光源与聚光镜之间，作用是使透过聚光镜的光线形成空心光锥，聚焦到标本上。

（2）相位板（phase plate）：在物镜中加了涂有氟化镁的相位板，可将直射光或衍射光的相位推迟 $\lambda/4$。分为两种：A＋相板：将直射光推迟 $\lambda/4$，两组光波合轴后光波相加，振幅加大，标本结构比周围介质更加亮，形成亮反差（或称负反差）；B＋相板：将衍射光推迟 $\lambda/4$。两组光线合轴后光波相减，振幅变小，形成暗反差（或称正反差），标本结构比周围介质更加暗。

（3）合轴调节望远镜：也称辅助目镜或定中心望远镜，特制的低倍望远镜，用于调节环状光阑的像，使其与相板共轭面完全吻合。

（4）绿色滤光片：缩小照明光线的波长范围，减小由于照明光线的波长不同引起的相位变化。

奥林巴斯（olympus）生物显微镜是从日本进口的一种双筒光学显微镜。它是目前微生物实验室中常用的研究工具。现以奥林巴斯生物显微镜为例介绍相差显微镜的构造。

奥林巴斯生物显微镜由照明系统、机械系统和光学系统组成（图 2-5）。

图 2-5　奥林巴斯生物显微镜

（1）照明系统包括电源插头、主开关、电压调节旋钮、保险丝、灯泡等。调节电压调节旋钮可以控制显微镜光源的亮度，随着电压增大，亮度也增大。

（2）机械系统包括镜座（底盘）、镜架（镜臂）、镜筒、载物台、物镜转换器、调节器等。镜座支撑整个显微镜。镜架连接显微镜各部分。镜架上的调节器（粗调旋钮和微调旋钮）可以调节镜筒的伸缩。粗调旋钮上设有重量调节环，顺时针旋转，可加重转动粗调旋钮所需的力量。粗调旋钮上还设有粗调锁挡，调节粗调旋钮把焦点对准标本后，固定粗调锁挡可限制粗调旋钮运动。换片后，将粗调旋钮调至粗调锁挡固定的位置上，可以快速对焦，只要调节微调旋钮就可找到清晰的物像。镜架上的载物台由夹紧器和十字调节钮组成，夹紧器（功能类似压片夹）用于固定载玻片标本，十字调节钮用于调节标本的前后左右移动。镜筒上部设有镜筒长补偿环，转动补偿环可以调节双目镜筒的视度差，拉动镜筒还可以调节双目镜筒间距。镜筒下部设有物镜转换器,可以选用不同放大倍数的物镜。

(3) 光学系统包括目镜、定中心望远镜、相差物镜、聚光镜、环状光阑、绿色滤光片等。奥林巴斯生物显微镜具有两个镜筒,两个目镜常用的放大倍数为 10 × 和 15 ×。定中心望远镜也称辅助目镜或合轴调整望远镜,是相差显微镜的一个重要部件。使用时拔出目镜,安装在镜筒上端,用以调节环状光阑与内装相板的重合,使环状光阑中心与相差物镜光轴处在一条直线上。相差物镜是相差显微镜的另一个重要部件。相板安装在物镜的后焦平面上,可改变直射光和透射光的振幅和相位。相差物镜上刻有红色"ph"或一个红圈标记,"ph"是 phase 的缩写,奥林巴斯相差物镜用红圈标记。常用的相差物镜放大倍数有 10 ×、20 ×、40 ×(弹簧加重)和 100 ×(弹簧加重)。聚光镜位于载物台下面,可上下移动,调节进入物镜光线的强弱。环状光阑位于聚光镜下面,也是相差显微镜的重要部件。环状光阑上有一环状的光线通道,来自光源的直射光只能从环状通道穿过,形成一个空心圆筒状的光柱,经过聚光镜照射到标本以后,一部分保持直射光,另一部分转变为透射光,产生相位差。环状光阑设置在一个转盘上,相差转盘的各相差物镜上刻有 10 ×、20 × 和 40 × 等字样,与不同放大倍数的物镜匹配。相差显微镜还有一个重要部件是绿色滤光片。插入绿色滤光片,可使光源波长一致,加强干涉效果。

3. 实验器材

(1) 菌种:培养 12~18 h 的枯草芽孢杆菌。

(2) 标本片:三种基本形态的细菌染色标本。

(3) 仪器及相关用品:显微镜、香柏油、二甲苯(或 1:1 的乙醚乙醇混合液)、擦镜纸。

(4) 其他用品:载玻片、盖玻片、吸水纸、酒精灯、接种环。

4. 实验步骤

奥林巴斯生物显微镜既可作为普通光学显微镜使用,也可作为相差显微镜使用。

1) 作为普通光学显微镜使用

(1) 接通电源。

(2) 打开主开关。

(3) 移动电压调整旋钮,使光亮度适中。

(4) 把载玻片标本安放到载物台的夹紧器上。

(5) 调节目镜镜筒间距和视度差。

(6) 松开粗调锁挡。

(7) 将环状光阑转盘调至 0 处(对准通光孔)。

(8) 选用低倍镜,旋转粗调旋钮和微调旋钮对焦。

(9) 锁定粗调锁挡。

(10) 换用中倍镜和高倍镜观察。

(11) 换用油镜观察,移开高倍镜,在载玻片标本上加一滴香柏油,将油镜浸至油滴中,调节聚光镜,旋转微调旋钮,直至见到清晰物像。

(12) 观察完毕,参照普通光学显微镜的要求用擦镜纸擦净镜头,将电压调节旋钮调至"0"处,关闭主开关,拔出电源插头。然后清理并收存好显微镜。

2) 作为相差显微镜使用

（1）相差设备的安装：取下原有聚光镜和物镜，安上相差聚光镜和相差物镜，并将环状光阑转盘调至 10 ×处，用 10 ×相差物镜调节光强。

（2）光源调节：接通电源，打开主开关，移动电压调整旋钮，使光亮度适中。将绿色滤光片插入滤光片支架中。

（3）标本放置：把载玻片标本安放至载物台的夹紧器上。

（4）目镜调整：调节目镜镜筒间距和视度差。

（5）视野调整：松开粗调锁挡，用 10 ×相差物镜观察，调焦至看清物像。打开或缩小虹彩光和光阑 1～2 次，可见明亮视野的面积跟着变化。调节虹彩光阑，使视野中央亮度较大且较均匀。

（6）中心轴调整：取下原有目镜，换上定中心望远镜。升降镜筒，至看清物镜中的相环。由于相板位置是固定的，而环状光阑的位置可变，因此可操纵相差聚光镜调节柄，使相环与环状光阑的亮环完全重合。

（7）样本观察：取下望远镜，放回目镜即可进行标本观察。

（8）中、高倍镜观察：依次用中、高倍相差物镜观察低倍镜下锁定的部位，并随着所用相差物镜放大倍数的增加，旋转相差环状光阑转盘以提高环状光阑的放大倍数，逐步提升聚光镜增强光线亮度。

（9）油镜观察：将聚光镜提升至最高点，相差环状光阑的放大倍数置于 100 ×，转动转换器，移开高倍镜，使高倍镜和油镜呈"八"字形，在标本中央滴一小滴香柏油，把油镜镜头浸入香柏油中，微微转动细调旋钮，直至看见清晰物像。如果在更换不同放大倍数的相差物镜时，物像看不清楚，则需重复步骤（6）和步骤（7）。

（10）用后复原：观察完毕，取下载玻片，用擦镜纸擦净镜头，将电压调节旋钮调至"0"处，关闭主开关，拔出电源插头。最后参照普通光学显微镜的要求，清理并收存好显微镜。

5. 注意事项

（1）载玻片厚度应控制在 1 mm 左右，盖玻片厚度不超过 0.17 mm。

（2）虹彩光阑应充分打开，以提高光强。

（3）不同型号的光学部件不能互换使用。

6. 问题与思考

（1）试述相差显微镜的光学原理。

（2）相差显微镜有哪些重要部件？它们各起什么作用？

2.3.2　电子显微镜

电子显微镜简称电镜，是以电子束代替光束成像，观察细微结构的电子仪器。1932 年由德国的 M. 诺尔和 E. 鲁斯卡发明。电子显微镜由镜筒、真空装置和电源柜三部分组成。按结构和用途主要分为透射式电子显微镜（transmission electron microscope，TEM，简称透射电镜）和扫描式电子显微镜（scanning electron microscope，SEM，简称扫描电镜），工作原理是在一个高真空系统中，由电子枪发射电子束，穿过被研究的试样，经电子透镜聚焦放大，在荧光屏上显示一个放大的像。电子显微镜比光学显微镜放大率更高。电子显微镜最高的分辨率可达 0.07 nm。

1. 目的要求
(1) 了解电子显微镜的构造和原理。
(2) 掌握电子显微镜的使用方法。

2. 实验原理

近年来,电子显微镜(简称电镜)的研究和制造有了很大的发展。一方面,电镜的分辨率不断提高,透射电镜的点分辨率达到 0.2～0.3 nm,晶格分辨率已经达到 0.1 nm 左右,通过电镜,人们已经能直接观察到原子像;另一方面,除透射电镜外,还发展了多种电镜,如扫描电镜、分析电镜等。

光学显微镜的发明为人类认识微观世界提供了重要的工具。随着科学技术的发展,光学显微镜因其有限的分辨率而难以满足许多微观分析的需求。20 世纪 30 年代后,电子显微镜的发明将分辨率提高到纳米量级(图 2-6),同时也将显微镜的功能由单一的形貌观察扩展到集形貌观察、晶体结构、成分分析等于一体。人类认识微观世界的能力从此有了长足的发展。

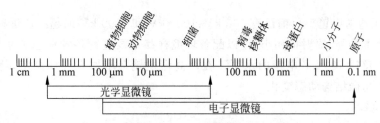

图 2-6　光学显微镜与电子显微镜的分辨率比较

1) 透射电镜

(1) 工作原理

在细胞生物学上,透射电镜可用于观察和研究细胞内部的亚显微镜结构、蛋白质、核酸等生物大分子的形态结构及病毒的形态结构。透射电镜以电子枪作为照明光源,从电子枪灯丝发射的电子束经聚光镜会聚照射到样品上。带有样品结构信息的透射电子(transmission electrons,TE)进入成像系统被各级成像透镜聚焦、放大后,投射在观察荧光屏上,形成透射电镜像。

(2) 主要优点

透射电镜分辨率高,可用来观察组织和细胞内部的超微结构以及微生物和生物大分子的全貌(图 2-7)。

(3) 透射电镜的结构

透射电镜主要由照明系统、样品室、成像系统、真空系统、观察与记录系统、电源及电器系统等六部分组成。

(4) 透射电镜分类

根据加速电压的大小透射电镜分为以下 3 种:

① 一般透射电镜。最常用的是 100 kV 电镜。这种电镜分辨率高(点 0.3 nm,晶格 0.14 nm),但穿透本领小,观察样品必须很薄(30～100 nm),如细胞和组织的超切片、复型

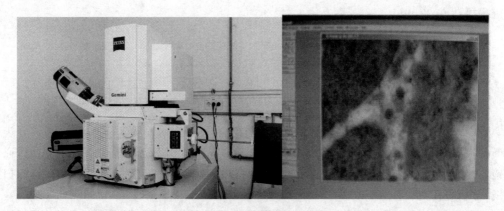

图 2-7   透射电镜及其显微照片

膜和负染样品等相当普及。

② 高压透射电镜。目前常用的是 200 kV 电镜。这种电镜对样品的穿透本领约为 100 kV 电镜的 1.6 倍,可以在观察较厚样品时获得很好的分辨本领,从而可以对细胞结构进行三维观察。

③ 超高压透射电镜。目前已有 500 kV、1000 kV 和 3000 kV 的超高压透射电镜。这类电镜具有穿透本领强、辐射损伤小、可以配备环境样品室及进行各种动态观察等优点,分辨率也已达到或超过 100 kV 电镜的水平。在超高压电镜上附加充气样品室,使人们可以观察活细胞内的超微结构动态变化。

2)扫描电镜

扫描电镜即扫描式电子显微镜,主要用于观察样品的表面形貌、割裂面结构、管腔内表面的结构等(图 2-8、图 2-9)。

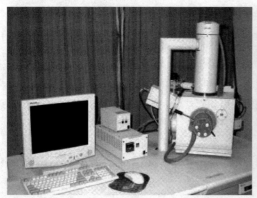

图 2-8   扫描电镜

(1)工作原理

利用电子射线轰击样品表面,引起二次电子等信号的发射,经检测装置接收后成像的一类电镜。

(2)主要优点

镜深长,所获得的图像立体感强,可用来观察生物样品的各种形貌特征。

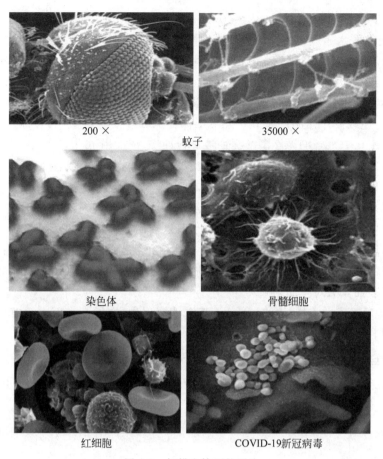

图 2-9　扫描电镜下的照片

（3）分类

① 一般扫描电镜。目前一般扫描电镜采用热发射电子枪,分辨率为 6 nm 左右；若采用六硼化电子枪,分辨率可提高到 4～5 nm。

② 场发射电子枪扫描电镜。由于场发射电子枪扫描电镜具有亮度高、能量分散少,阴极源尺寸小等优点,分辨率已达到 3 nm。场发射电子枪扫描电镜的另一个优点是可以在低加速电压下进行高分辨率观察,因此可以直接观察绝缘体而不发生充、放电现象。

③ 生物用扫描电镜。这种扫描电镜备有冰冻冷热样品台,可把含水生物样品迅速冷冻并对冰冻样品进行观察,可以减少化学处理引起的人为变化,使观察样品更接近于自然状态。如要观察内部结构,还可用冷刀把样品进行切开,加温使冰升华,并在其上喷镀一层金属再进行观察,所有这些过程都在扫描电镜中不破坏真空的状态下进行。

3. 实验器材

（1）菌种：大肠埃希氏菌斜面。

（2）试剂和溶液：乙醇、0.1 mol/L pH 7.2 磷酸盐缓冲液（缓冲液的配制见附录2）、醋酸异戊酯、液体 CO_2。

（3）仪器和其他物品：扫描电镜、真空喷镀仪、临界点干燥仪、盖玻片等。

4．实验步骤

（1）固定及脱水。进行扫描电镜观察时要求样品必须干燥，且表面可导电。生物样品已受损，在处理前应先进行固定。利用水溶性、表面张力低的乙醇进行梯度脱水，减少样品在干燥时因表面张力而发生变化。将大肠埃希氏菌菌苔涂在面积为 $4\sim6\ mm^2$ 盖玻片上，并标记有样品的一面。自然干燥后在普通光学显微镜下观察，菌体较密，但又不堆叠为适宜样品量。将上述载玻片样品放于 $0.1\ mol/L$、$pH\ 7.2$ 磷酸缓冲液中，在冰箱中固定过夜。固定结束后，用 0.15%、$pH\ 7.2$ 磷酸缓冲液进行冲洗，依次用 40%、70%、90% 和 100% 的乙醇进行脱水，每次脱水 $15\ min$。结束后，用醋酸异戊酯置换乙醇，或者采用离心洗涤法进行固定和脱水，再将样品涂在载玻片上。

（2）干燥。将上述制备样品放在临界点干燥仪中，并浸泡在液体 CO_2 中，加热到临界点温度以上，使样品汽化干燥。这一方法的原理是利用盛有液体的密闭容器，升高温度，加快蒸发速率，增大气相密度，降低液相密度；当气相和液相的密度相等时，界面消失，表面张力消失，此时的温度和压力即为临界点。用临界点较低的 CO_2 置换出生物样品内部的脱水剂，可以避免表面张力对样品的破坏。

（3）喷镀后观察。将样品载玻片置于真空喷镀仪中，在样品表面进行镀金。样品取出后即可放在扫描电镜中进行观察。

5．问题与思考

结合理论教学并查阅资料简述扫描电镜与透射电镜在原理、结构和应用方面的主要区别。

第 3 章

环境微生物的形态观察

环境微生物的形态观察对于微生物学研究和环境保护有多重意义。①物种鉴定和分类。微生物的形态特征可以用于鉴定和分类微生物物种。观察微生物形态特征,如细胞形状、大小、结构和颜色,有助于确定微生物所属的物种和属,对于了解微生物多样性和生物分类有重要意义。②生态特征研究。微生物的形态观察可以提供关于微生物的生态特征和生长环境的重要信息。通过观察微生物的形态变异、细胞表面的附属物、运动器官等特征,可以推断微生物的生长条件、适应性和生态交互关系等。③监测环境变化。微生物的形态观察可用于监测环境变化和评估环境健康状况。观察微生物的数量、群落结构、细胞形态等变化,可以为评估环境中的污染程度、富营养化程度、生物多样性等提供指示性信息。④疾病诊断和控制。微生物的形态观察有助于疾病的诊断和控制。观察病原微生物的形状、大小、结构等特征,可以帮助科学家确定病原微生物的类型,指导疾病的预防、诊断和治疗策略。⑤生物资源和应用研究。微生物的形态观察对于发现和研究新的生物资源和应用具有重要意义。通过观察微生物形态特征的变异,可以发现新的微生物物种或具有特殊形态特征的微生物,进而深入研究其生物活性和应用潜力。

环境微生物的形态观察在微生物学研究、环境保护和人类健康方面都具有广泛的意义,为我们理解微生物的多样性、生态特征和对环境的响应提供了重要的科学依据。本章实验通过显微镜等工具详细观察微生物的形态特征,如细胞形状、大小、结构、生长方式等,积累大量的观察数据,并进行科学分析和统计,以揭示微生物的形态变化与环境因素的关系,这些实验过程能够提高我们敏锐的观察力和细致入微的工作能力。

实验 3.1 细菌的简单染色法和革兰氏染色法

3.1.1 细菌的简单染色法

1. 目的要求

(1) 学习微生物涂片、染色的基本技术,掌握细菌的简单染色法。

(2) 初步认识细菌的形态特征。

(3) 巩固显微镜的使用方法和无菌操作技术。

(4) 学习油镜的使用方法。

2. 实验原理

简单染色法是利用单一染料对细菌进行染色的一种方法。此法操作简便,适用于菌体一般形状和细菌排列的观察。

常用碱性染料进行简单染色,这是因为:在中性、碱性或弱酸性溶液中,细菌细胞通常带负电荷,而碱性染料在电离时,其分子的染色部分带正电荷(酸性染料电离时,其分子的染色部分带负电荷),因此碱性染料的染色部分很容易与细菌结合使细菌着色。经染色后的细菌细胞与背景形成鲜明的对比,在显微镜下更易于识别。常用作简单染色的染料有:亚甲蓝染色液、草酸铵结晶紫染色液、碱性石炭酸复红染色液等。

当细菌分解糖类产酸使培养基 pH 下降时,细菌所带正电荷增加,此时可用伊红染色液、酸性石炭酸复红染色液或刚果红染色液等酸性染料染色。

3. 实验器材

(1)菌种:枯草芽孢杆菌和金黄色葡萄球菌 12~18 h 营养琼脂斜面培养物。

(2)染色剂:草酸铵结晶紫染色液。

(3)仪器或其他用具:显微镜、酒精灯、载玻片、接种环、双层瓶(内装香柏油和二甲苯)、擦镜纸、生理盐水等。

4. 实验步骤

1)涂片

取两块载玻片,各滴一小滴(或用接种环挑取 1~2 环)生理盐水(或蒸馏水)于载玻片中央,用接种环以无菌操作(图 3-1)。分别从枯草芽孢杆菌和金黄色葡萄球菌斜面上挑取少

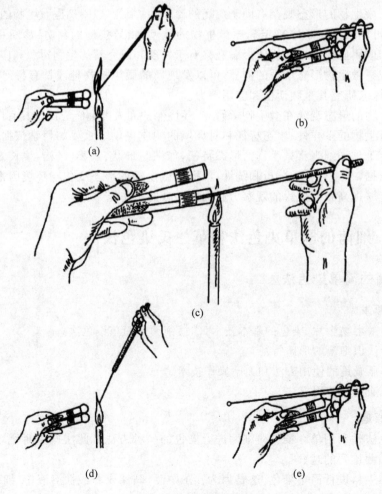

图 3-1　无菌操作过程

许菌体于水滴中,混匀并涂成薄膜。若用菌悬液(或液体培养物)涂片,可用接种环挑取 2～3 环直接涂于载玻片上(图 3-2)。

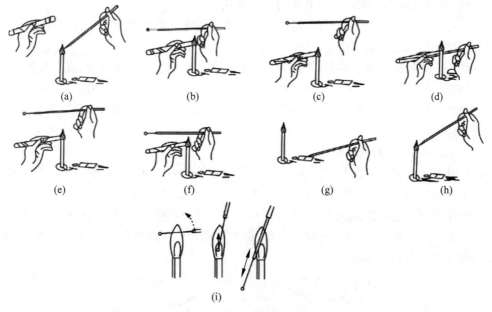

图 3-2　涂片、干燥和热固定

载玻片应洁净无油迹。滴生理盐水和挑取的菌不宜过多;涂片应涂抹均匀,不宜过厚。

2)固定

涂面朝上,通过火焰 2～3 次。

此操作过程称热固定,其目的是使细胞质凝固,以固定细胞形态,并使之牢固附着在载玻片上。

热固定温度不宜过高(以载玻片背面不烫手为宜),否则会改变甚至破坏细胞形态。

3)染色

将载玻片平放于载玻片搁架上,滴加染色液于涂片上(染色液刚好覆盖涂片薄膜为宜),草酸铵结晶紫染色液染色约 1 min。

4)水洗

倒去染色液,用蒸馏水冲洗,直至涂片上流下的水无色为止。

水洗时,不要直接冲洗涂面,而应使蒸馏水从载玻片的一端流下。水流不宜过急、过大,以免涂片薄膜脱落。

5)干燥

自然干燥,或用电吹风吹干,也可用吸水纸吸干。

6)镜检

涂片干燥后镜检。

涂片必须完全干燥后才能用油镜观察。

7)油镜的使用

(1)在高倍镜或低倍镜下找到要观察的样品区域,然后调节粗调旋钮下降载物台,将油镜转到工作位置。

（2）在待观察的样品区域滴加香柏油，从侧面注视，调节粗调旋钮将载物台小心地升高，直至油镜镜头浸在香柏油中并几乎与标本相接。

（3）调节照明使视野的亮度合适后，调节粗调旋钮将载物台缓缓下降，直至视野中出现物像并用微调旋钮使其清晰为止。

有时按上述操作还找不到目的物，则可能是由于载物台上升还未到位，或因载物台下降太快，以致眼睛捕捉不到一闪而过的物像。遇此情况，应重新操作。另外应特别注意不要在上升载物台时用力过猛，或调焦时误将粗调旋钮反方向转动而损坏镜头及载玻片。

8）油镜用毕后的处理

（1）下降载物台，取下载玻片。

（2）用擦镜纸拭去镜头上的镜油，然后用擦镜纸蘸少许二甲苯（香柏油溶于二甲苯）擦去镜头上残留的油迹，最后再用干净的擦镜纸擦去残留的二甲苯。

切忌用手或其他纸擦拭镜头，以免使镜头沾上污渍或产生划痕，影响观察。

（3）将物镜转成"八"字形，下降载物台，检查处理完毕后即可套上防尘袋。图 3-3 所示为细胞简单染色的操作步骤。

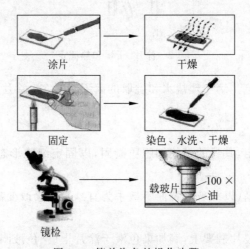

涂片　　　　　　干燥

固定　　　　　　染色、水洗、干燥

镜检　　　　　　载玻片　100×　油

图 3-3　简单染色的操作步骤

5. 实验报告

根据观察结果，绘出两种细菌的形态图。

6. 问题与思考

（1）你认为制备细菌染色标本时，应该注意哪些环节？

（2）为什么要求制片完全干燥后才能用油镜观察？

（3）你认为在显微镜下，霉菌、酵母菌、放线菌和细菌的主要区别是什么？

3.1.2　革兰氏染色法

1. 目的要求

（1）了解革兰氏染色法的原理。

（2）掌握革兰氏染色法的操作步骤。

2．实验原理

革兰氏染色法是 1884 年由丹麦病理学家 C. Gram 所创立的。用革兰氏染色法可将所有细菌区分为革兰氏阳性菌（G^+ 菌）和革兰氏阴性菌（G^- 菌）两大类，此法是细菌学上最常用的鉴别性染色法。

革兰氏染色法的主要步骤是先用草酸铵结晶紫染色液进行初染，再加媒染剂——碘液，以增加染料与细胞的亲和力，使草酸铵结晶紫和碘在细胞壁以内形成相对分子质量较大的复合物，然后用脱色剂（乙醇或丙酮）脱色，最后用沙黄液复染。凡细菌不被脱色而保留初染剂的颜色（紫色）者为 G^+ 菌，如被脱色后又染上复染剂的颜色（红色）者则为 G^- 菌。

该染色法之所以能将细菌区分为 G^+ 菌和 G^- 菌，是由这两类菌的细胞壁结构和成分的不同所决定的。G^- 菌的细胞壁中含有较多易被乙醇溶解的类脂质，而且肽聚糖层较薄，交联度低，故用乙醇或丙酮脱色时溶解了类脂质，增加了细胞壁的通透性，使草酸铵结晶紫和碘的复合物易于渗出，结果是细菌被脱色，再经沙黄液复染后细菌就染成红色。G^+ 细菌细胞壁中肽聚糖层较厚且交联度高，类脂质含量少，经脱色剂处理后反而使肽聚糖层的孔径缩小，通透性降低，因此细菌仍保留初染时的紫色。

3．实验器材

1）菌种

大肠埃希氏菌（*Escherichia coli*）、金黄色葡萄球菌（*Staphylococcus aureus*）斜面菌种各 1 支。

2）仪器

显微镜。

3）染色液

草酸铵结晶紫染色液、鲁氏（Lugol）碘液、95% 乙醇、0.5% 沙黄染色液。

4）材料

载玻片、香柏油、镜头清洁液、擦镜纸、吸水纸、染色缸等。

4．实验步骤

1）涂片

（1）常规涂片法：在干净的载玻片中央滴加一滴无菌水，再用接种环分别挑取少量大肠埃希氏菌和金黄色葡萄球菌与载玻片上的水滴均匀混合，并涂成薄的菌膜（注意挑取金黄色葡萄球菌的量应少于大肠埃希氏菌）。

（2）三区涂片法：在载玻片的左右端各加 1 滴水，用无菌接种环挑少量金黄色葡萄球菌与左边水滴充分混合成仅有金黄色葡萄球菌的区域，并将少量菌悬液延伸至载玻片的中央。再用无菌的接种环挑少量大肠埃希氏菌与右边水滴充分混合成仅有大肠埃希氏菌的区域，并将少量大肠埃希氏菌菌悬液延伸至载玻片中央，与金黄色葡萄球菌混合成含有两种细菌的混合区。

2）固定

手执载玻片一端，有菌膜的一面朝上，载玻片在微火上通过数次（用手指触摸涂片反面，以不烫手为宜），直至菌膜彻底干燥。待冷却后，再加染料。

3）染色

（1）初染：将载玻片置于载玻片搁架上，加草酸铵结晶紫染色液（加量以盖满菌膜为度），染色 1～2 min 后倾去染色液，用蒸馏水冲洗。

（2）媒染：滴加鲁氏碘液，染 1～2 min，蒸馏水冲洗。

（3）脱色：滴加 95% 乙醇，将载玻片稍摇晃几下即倾去乙醇溶液，如此重复 2～3 次，立即用蒸馏水冲洗，以终止脱色。

（4）复染：滴加 0.5% 沙黄染色液，染色 2～3 min，蒸馏水冲洗。最后用吸水纸轻轻吸干。

4）镜检

用油镜观察，区分出 G^+ 菌和 G^- 菌的细菌形态和颜色。

5）实验完毕后处理

（1）清洁显微镜：按实验细菌的简单染色方法进行。

（2）清洗染色载玻片：用洗衣粉水煮沸、清洗、沥干备用。

（3）菌种管的消毒和清洗：同前。

5. 注意事项

（1）革兰氏染色成败的关键是脱色时间，如脱色过度，G^- 菌也可被脱色而被误认为是 G^+ 菌。如脱色时间过短，G^- 菌也会被误认为是 G^+ 菌。脱色时间的长短还受涂片的厚薄、脱色时载玻片晃动的快慢及乙醇用量多少等因素的影响，难以严格规定。一般可用已知 G^+ 菌和 G^- 菌做练习，以掌握脱色时间。当要确定一个未知菌的革兰氏反应时，应同时做一张已知 G^+ 菌和 G^- 菌的混合涂片，以资对照。

（2）染色过程中勿使染色液干涸。用蒸馏水冲洗后，应甩去载玻片上的残水，以免染色液被稀释而影响染色效果。

（3）选用培养 18～24 h 菌龄的细菌为宜。若菌龄太老，由于菌体死亡或自溶常使 G^+ 菌转呈阴性反应。

6. 实验报告

将革兰氏染色法染色的结果记录于表 3-1 中。

表 3-1　革兰氏染色法染色结果

菌　　名	菌体颜色	菌体形态（图示）	G^+ 菌或 G^- 菌
大肠埃希氏菌			
金黄色葡萄球菌			

7. 问题与思考

（1）革兰氏染色法染色中哪一步最为关键，为什么？你如何控制这一步？

（2）不经复染这一步，能否区别 G^+ 菌和 G^- 菌？

（3）固定的目的之一是杀死菌体，这与用自然死亡的菌体进行染色有何不同？

3.1.3　革兰氏染色法（三步法）

1. 实验目的

掌握一种改良的革兰氏染色方法。

2．实验原理

自 1884 年丹麦病理学家 C. Gram 发明著名的革兰氏染色法后,100 多年来虽经过一些学者的多次改进,但都沿用 Gram 原来的四步法,基本原理也无改变。本实验介绍我国学者黄元桐等建立的,具有操作简便、结果可靠等优点的革兰氏染色三步法。

3．实验器材

1) 菌种

大肠埃希氏菌、金黄色葡萄球菌、细菌未知种(1 株)。

2) 试剂

(1) 草酸铵结晶紫染色液:同前。

(2) 碘液:碘 1 g,碘化钾 2 g,蒸馏水 100 mL。先取少量蒸馏水加入含碘和碘化钾的烧杯中,待碘完全溶解后加入全部蒸馏水,分装于滴瓶中备用。

(3) 石炭酸复红乙醇溶液:碱性石炭酸复红 0.4 g,95％乙醇 100 mL,溶解后装入滴瓶中备用。

3) 器皿

显微镜、载玻片、香柏油、镜头清洁液、擦镜纸、吸水纸、染色架、染色缸、洗瓶、接种环等。

4．实验步骤

1) 制片

在一片洁净载玻片上加蒸馏水一滴,然后用接种环分别挑取少量大肠埃希氏菌和金黄色葡萄球菌与上述水滴混匀,制成薄薄的细菌涂片,而后将此载玻片在煤气灯火焰上通过 3～4 次,使细菌固定在载玻片上。细菌未知种采用单菌涂片。

2) 染色和脱色

(1) 草酸铵结晶紫染色液染色:在上述的细菌涂片上加草酸铵结晶紫染色液(加量以覆盖菌膜为度),染 1～2 min,蒸馏水冲洗并除尽水滴。

(2) 媒染:在上述涂片上滴加碘液,染 1～2 min,蒸馏水冲洗,除尽水滴。

(3) 复染和脱色:在上述涂片上,滴加石炭酸复红乙醇溶液,维持 1 min,蒸馏水冲洗,用吸水纸轻轻吸干。

3) 镜检

用油镜观察上述涂片。

4) 实验完毕后处理

实验完毕后处理步骤同 3.1.2 节革兰氏染色法处理步骤。

5．注意事项

为取得可靠的实验结果,本法同样需要采用 18～24 h 菌龄的菌种。若取老培养物,则常可使 G^+ 菌转呈阴性反应。

6．实验报告

将上述 3 菌种的个体形态和革兰氏染色结果记录于表 3-2 中。

表 3-2　染色体结果

菌　　种	菌 体 颜 色	菌体形态(图示)	G^+菌或 G^-菌
大肠埃希氏菌			

续表

菌　种	菌 体 颜 色	菌体形态(图示)	G⁺菌或G⁻菌
金黄色葡萄球菌			
细菌未知种			

注：G⁺菌呈深紫色,G⁻菌呈浅红色。

7. 问题与思考

革兰氏染色法(三步法)为何能将细菌分为 G⁺菌和 G⁻菌两大类?

实验 3.2　细菌的芽孢、荚膜和鞭毛染色法

芽孢、荚膜和鞭毛是某些细菌的特殊结构,都是菌种分类鉴定的重要指标。

(1) 芽孢是某些细菌生长到一定阶段在菌体内形成的一个圆形或椭圆形的休眠体,它对不良环境具有很强的抗性。在合适条件下又能吸水萌发,重新形成一个新的菌体。芽孢的形状、大小及其在菌体内的位置都是鉴定细菌的重要依据。此外,由于芽孢具有很强的抗性,因此在生产上或科学实验中都以能否杀死芽孢作为高温及某化学药剂灭菌效果的评定指标。在一般实验室中通常用芽孢染色法来观察其形态。

(2) 荚膜是包裹在细胞壁外的一层(厚约 200 nm)疏松、胶黏状的物质,其成分通常是多糖,少数细菌的荚膜是由多肽或其他复合物组成。一般荚膜只包裹一个细菌,但有时许多细菌被一个共同的荚膜围成一团,就形成了菌胶团。有无荚膜也是鉴别细菌的特征之一。荚膜的折光率低,要用特殊的染色法才能看清楚。有荚膜的病原菌一般都有较强的致病力,在动物体内有抗白细胞吞噬的作用,如肺炎链球菌、炭疽芽孢杆菌等。也有些细菌如肠膜明串珠菌(*Leuconostoc mesenteroides*)荚膜的成分是葡聚糖,因此,在生产实践中人们就利用它来生产右旋糖酐,作为羧甲淀粉钠(代血浆),还可作为食品工业的增稠剂和生化实验用的分子筛凝胶等。

(3) 鞭毛是细菌的运动"器官",它由鞭毛丝、钩形鞘和基体三部分组成。除鞭毛丝之外,其余两部分结构只有在电子显微镜下才能观察到。然而,电子显微镜不是一般实验室常备的仪器,所以最常用的方法还是采用鞭毛染色法。经鞭毛染色后的涂片在普通光学显微镜下可以观察到鞭毛的外形、着生位置和数目。这些都是鉴定细菌的重要特征。如果仅为了解某菌是否有鞭毛,可做一个活菌的水浸片置于暗视野显微镜下,观察该菌是否有规则的运动,来判断该菌是否有鞭毛。

人们通常用相差显微镜来观察活细胞,因微生物细胞经染色后往往会失去活体细胞的自然状态,如细胞的形状和大小都会有些变化,并且有些细微的结构可能会被染料所遮盖,而这些结构特征又往往是微生物分类鉴定的重要依据,采用相差显微镜来观察活的透明的微生物细胞就可弥补上述缺陷。

3.2.1　细菌芽孢染色法

1. 目的要求

(1) 了解细菌芽孢染色法。

(2) 观察示范镜,识别细菌细胞中的芽孢。

2．实验原理

细菌的芽孢具有厚而致密的壁,渗透性低,不易着色,若用一般染色法只能使菌体着色而芽孢不着色(芽孢呈无色透明状)。芽孢染色法就是根据芽孢既难以染色而一旦着色后又难以脱色这一特点而设计的。所有的芽孢染色法都基于同一个原则:除用着色力强的染料外,还需要加热,以促使芽孢着色,再使菌体脱色,而芽孢上的染料则难以渗出,故仍保留原有的颜色,然后用对比度强的染料对菌体进行复染,使菌体和芽孢呈现不同的颜色,因而能更明显地衬托出芽孢,便于观察。

芽孢染色法是为了观察细菌芽孢而设计的一种特殊染色法。细菌芽孢含水量少,脂肪含量高,芽孢壁较厚,对染料的渗透性差,不易着色。但是,一旦着色则较难脱色。根据芽孢和菌体对染料亲和力的差异,先用一种弱碱性染料孔雀绿染色液,在加热的条件下使芽孢着色;再用自来水冲洗,菌体中的孔雀绿易被洗掉,而芽孢中的孔雀绿难以溶出;最后用碱性石炭酸复红染色液复染,菌体被染成红色,芽孢则呈绿色。

3．实验器材

(1) 菌种:苏云金芽孢杆菌(*Bacillus thuringiensis*)。

(2) 染色液:孔雀绿染色液、0.5%沙黄染色液。

(3) 仪器及相关用品:显微镜、香柏油、二甲苯(或 1∶1 的乙醚乙醇混合液)、擦镜纸、电炉。

(4) 其他用品:载玻片、盖玻片、吸水纸、酒精灯、火柴、接种环、镊子、小试管。

4．实验步骤

1) 改良的 Schaeffer-Fulton 氏染色法

(1) 制备菌悬液:加 1～2 滴无菌水于小试管中,用接种环从斜面上挑取 2～3 环的菌苔于试管中并充分打匀,制成浓稠的菌悬液。

(2) 加染色液:加 5% 孔雀绿染色液 2～3 滴于小试管中,用接种环搅拌使染色液与菌悬液充分混合。

(3) 加热:将此试管浸于沸水浴(烧杯)中,加热 15～20 min。

(4) 涂片:用接种环从试管底部挑取数环菌悬液于洁净的载玻片上,并涂成薄膜。

(5) 固定:将载玻片通过微火 3 次,直至干燥。

(6) 脱色:用蒸馏水冲洗,直至流出的水中无孔雀绿颜色为止。

(7) 复染:加 0.5% 沙黄染色液,染 2～3 min 后,倾去染色液,再用蒸馏水冲洗。

(8) 镜检:用油镜观察。

结果:芽孢为绿色,菌体为红色。

2) Schaeffer-Fulton 氏染色法

(1) 涂片:按常规法制一个涂片。

(2) 固定:在微火上通过 2～3 次,直至菌膜干燥。

(3) 染色。

① 加染色液:加 5%孔雀绿染色液于涂片处(染料以铺满涂片为止),然后将载玻片放在载玻片搁架上,再将搁架放在三角铁架上,用微火加热至染料冒蒸汽时开始计算时间,约维持 5 min。加热过程中要随时添加染色液,切勿让标本干涸。

② 水洗：待载玻片冷却后，用洗瓶中的蒸馏水轻轻地冲洗，直至流出的水中无孔雀绿颜色为止。

③ 复染：用 0.5% 沙黄染色液染色 2 min。

④ 水洗：蒸馏水冲洗，吸干。

（4）镜检：用油镜观察。

结果：芽孢为绿色，菌体为红色。

5. 注意事项

（1）供芽孢染色用的菌种应控制菌龄，使大部分芽孢仍保留在菌体内。巨大芽孢杆菌在 37 ℃条件下培养 12～14 h 效果最佳。

（2）改良法在节约染料、简化操作及提高标本质量等方面都较常规法优越，可优先使用。

（3）用改良法时，欲得到好的涂片，首先要制备浓稠的菌悬液，其次从小试管中挑取被染色的菌悬液时，应先用接种环充分搅拌，然后再挑取菌悬液，否则菌体沉于管底，涂片时菌体太少。

6. 实验报告

将芽孢染色法染色结果记录于表 3-3 中。

表 3-3　芽孢染色法染色结果

菌名	染色法	芽孢和菌体的颜色	图示芽孢的形态、大小和着生位置

7. 问题与思考

（1）芽孢染色法染色的原理是什么？用简单染色法能否观察到芽孢？

（2）在芽孢染色法染色片上为什么有时会出现大量游离芽孢？

3.2.2　细菌荚膜染色法

1. 目的要求

（1）了解细菌荚膜染色法。

（2）观察示范镜，识别细菌细胞外的荚膜。

2. 实验原理

荚膜是包在细胞壁外的一层胶状黏液性物质。它是细菌鉴定的重要特征之一。荚膜与染料的亲和力较弱，不易着色，进行复染时，菌体和背景着色，但荚膜不着色。因此，在菌体周围荚膜呈一透明圈。由于荚膜含水量在 90% 以上，制片时一般不加热固定，以免荚膜皱缩变形。

我们推荐下列 3 种方法：湿墨水法、干墨水法和 Tyler 法，其中以湿墨水法较简便，并且适用于各种有荚膜的细菌。如用相差显微镜检查则效果更佳。

3. **实验器材**

(1) 菌种：胶质芽孢杆菌(*Bacillus mucilaginosus*)，也称硅酸盐细菌。

(2) 染色液：绘图墨水，用滤纸过滤后储藏于瓶中备用。6% 葡萄糖水溶液。1% 甲基紫水溶液、甲醇。Tyler 法染色液：草酸铵结晶紫 0.1 g，蒸馏水 100 mL。20% $CuSO_4$ 水溶液。

(3) 仪器及相关用品：显微镜、香柏油、二甲苯(或 1:1 的乙醚乙醇混合液)、擦镜纸、电炉。

(4) 其他用品：载玻片、盖玻片、吸水纸、酒精灯、火柴、接种环、镊子、镜头清洁液。

4. **实验步骤**

1) 湿墨水法

(1) 制菌悬液：先加一滴墨水于洁净的载玻片中央，再挑少量菌体与其充分混匀。

(2) 加盖玻片：放一个清洁盖玻片于混合液上，然后在盖玻片上放一张滤纸，向下轻压，吸收多余的菌悬液。

(3) 镜检：用低倍镜或高倍镜观察。

结果：背景灰色，菌体较暗，在其周围呈现出一个明亮的透明圈即荚膜。

2) 干墨水法

(1) 制菌悬液：加 1 滴 6% 葡萄糖水溶液于洁净载玻片一端，挑少量钾细菌与其充分混合，再加 1 环墨水，充分混匀。

(2) 制片：左手执载玻片，右手另拿一张光滑的载玻片(作推片用)，将推片的边缘置于菌悬液前方，然后稍向后拉，当载玻片与菌悬液接触后，轻轻地向左右移动，使菌悬液沿推片接触后缘散开，然后以 30° 迅速而均匀地将菌悬液推向载玻片另一端，使菌悬液铺成一薄膜。

(3) 干燥：空气中自然干燥。

(4) 固定：用甲醇浸没涂片固定 1 min，立即倒去甲醇。

(5) 干燥：在煤气灯上方用文火干燥。

(6) 染色：用 1% 甲基紫水溶液染 1~2 min。

(7) 水洗：用蒸馏水清洗，自然干燥。

(8) 镜检：用低倍镜或高倍镜观察。

结果：背景灰色，菌体紫色，荚膜呈一个清晰透明圈。

3) Tyler 法

(1) 涂片：按常规涂片，可多挑些菌苔与蒸馏水充分混合，并将黏稠的菌悬液尽量涂开，但涂布面积不宜过大。

(2) 干燥：在空气中自然干燥。

(3) 染色：用 Tyler 法染色液染 5~7 min。

(4) 脱色：用 20% $CuSO_4$ 水溶液洗去草酸铵结晶紫，脱色要适度(约冲洗 2 遍)。用吸水纸吸干，并立即加 1~2 滴香柏油于涂片处，以防止 $CuSO_4$ 结晶的形成。

(5) 镜检：用低倍镜或高倍镜观察。

结果：背景蓝色，菌体紫色，荚膜无色或浅紫色。

5. **注意事项**

(1) 加盖玻片时不可有气泡，否则影响观察。

(2) 应用干墨水法时，涂片要在离火焰较高处，用文火干燥，不可使载玻片发热。

（3）采用 Tyler 法染色时，标本经染色后不可用水洗，必须用 20％ CuSO₄ 水溶液冲洗。

6. 实验报告

将荚膜染色法染色的结果记录于表 3-4 中。

表 3-4　荚膜染色法染色结果

染　色　法	菌体与荚膜的形态和颜色
湿墨水法	
干墨水法	
Tyler 法	

7. 问题与思考

（1）组成荚膜的成分是什么？涂片是否可用热固定，为什么？

（2）试述用 Tyler 法染色时，在涂片和脱色操作中应掌握哪些要领，有何经验教训？

3.2.3　细菌鞭毛染色法

1. 目的要求

（1）了解细菌鞭毛染色法。

（2）观察示范镜，识别细菌鞭毛。

2. 实验原理

细菌的鞭毛极细，直径 $0.01\sim0.02\ \mu m$，超出普通光学显微镜的分辨率，只有在电子显微镜下才能观察。但采用鞭毛染色法，可使鞭毛变粗，从而能在普通光学显微镜下观察其外形、着生部位和鞭毛数目。鞭毛染色法的基本原理是先用媒染剂处理，让它沉积在鞭毛表面，使鞭毛直径加粗，再进行染色。

生长鞭毛的细菌幼龄时具有较强的运动能力，衰老后鞭毛容易脱落。染色时，宜选幼龄菌。

3. 实验器材

（1）菌种：枯草芽孢杆菌（*Bacillus subtilis*）。

（2）染色液：鞭毛染色液（A 液和 B 液）、蒸馏水、硝酸银染色液（A、B 液）、Leifson 氏染色液（A、B、C 液）、Bailey 氏染色液（A、B 液）、齐氏石炭酸复红染色液（Ziehl's carbol-fuchsin）、氢氧化铵。

（3）仪器及相关用品：显微镜、香柏油、二甲苯（或 1：1 的乙醚乙醇混合液）、擦镜纸、恒温培养箱。

（4）其他用品：载玻片、盖玻片、吸水纸、酒精灯、火柴、接种环、镊子、试管、无菌水、斜面培养基。

4. 实验步骤

1）硝酸银染色法

（1）清洗载玻片：选择光滑无裂痕的载玻片，最好选用新的。为避免载玻片相互重叠，应将载玻片插在专用金属架上，再放入洗衣粉过滤液（洗衣粉煮沸后用滤纸过滤，以除去粗颗粒)中,煮沸 20 min。取出稍冷后用自来水冲洗,晾干。再放浓洗液中浸泡 5～6 d。使用前取出载玻片,用自来水冲去残酸,再用蒸馏水洗。将蒸馏水沥干后,放入 95％乙醇中脱水。过火后去除乙醇,立即使用。

(2) 配制染色液:

A 液:鞣酸 5 g,$FeCl_2 \cdot 4H_2O$ 1.5 g,蒸馏水 100 mL。待溶解后,加入 1％ NaOH 溶液 1 mL 和 15％甲醛溶液 2 mL。

B 液:硝酸银 2 g,蒸馏水 100 mL。

待硝酸银溶解后,取出 10 mL 做回滴用。往 90 mL B 液中滴加浓氢氧化铵溶液,当出现大量沉淀时再继续加氢氧化铵,直到溶液中沉淀刚刚消失变澄清为止。然后用保留的 10 mL B 液小心地逐滴加入,至出现轻微和稳定的薄雾为止(此操作非常关键,应格外小心)。在整个滴加过程中要边滴边充分摇荡。配好的染色液当日有效,4 h 内效果最好。

(3) 菌悬液的制备及涂片:菌龄较老的细菌鞭毛易脱落,所以在染色前应将普通变形杆菌在新配制的牛肉膏蛋白胨培养基斜面上(培养基表面湿润,斜面基部含有冷凝水)连续移接几代,以增强细菌的活动力。最后一代菌种放入 37 ℃恒温培养箱中培养 15～18 h。然后用接种环挑取斜面与冷凝水交接处的菌悬液数环,移至盛有 1～2 mL 无菌水的试管中,使菌悬液呈轻度混浊。将该试管放入 37 ℃恒温培养箱中静置 10 min(放置时间不宜太长,否则鞭毛会脱落),让幼龄菌的鞭毛松展开。然后挑若干环菌悬液于载玻片的一端,立即将载玻片倾斜,让菌悬液缓慢地流向另一端,用吸水纸吸去多余的菌悬液。涂片在空气中自然干燥。

(4) 染色:

① 滴加 A 液,染色 4～6 min。

② 用蒸馏水充分洗净 A 液。

③ 用 B 液冲去残水,再加 B 液于涂片上,用微火加热至冒气,维持 0.5～1 min(加热时应随时补充蒸发掉的染色液,不可使载玻片出现干涸区)。

④ 用蒸馏水洗,自然干燥。

⑤ 镜检:用油镜观察,并记录结果。

结果:菌体和鞭毛均呈深褐色至黑色。

2) Leifson 氏染色法

(1) 清洗载玻片:方法同硝酸银染色法。

(2) 配制染色液:

A 液:碱性石炭酸复红染色液 1.2 g,95％乙醇 100 mL。

B 液:鞣酸 3 g,蒸馏水 100 mL(如加 0.2％苯酚,可长期保存)。

C 液:NaCl 1.5 g,蒸馏水 100 mL。

染色液分别储藏于磨口玻璃瓶中,在室温下较稳定。使用前将上述溶液等体积混合,将混合液储藏于密封性良好的瓶中,置冰箱中可保存数周。在较高温度下因混合液易发生化学变化而使着色能力日益减弱。

(3) 菌悬液的制备及涂片:

① 菌悬液的制备同硝酸银染色法中的制备。

② 用记号笔在载玻片的反面划分 3～4 个相等区域。

③ 放 1 环菌悬液于每个小区的一端,将载玻片倾斜,让菌悬液流向另一边,并用滤纸吸

去多余的菌悬液。

④ 在空气中自然干燥。

（4）染色：

① 加染色液于第一区，使染料覆盖涂片区。隔数分钟后将染料加入第二区，以后依次类推（相隔时间可自行决定），其目的是确定最合适的染色时间，且节约材料。

在染色过程中要仔细观察，当整个载玻片出现铁锈色沉淀和染料表面出现金色膜时，即用水轻轻冲洗。一般约染色 10 min。

② 在没有倾去染料的情况下，就用蒸馏水轻轻地冲去染料，否则会增加背景的沉淀。

③ 自然干燥。

（5）镜检：用油镜观察，并记录结果。

结果：细菌和鞭毛均染成红色。

3）Bailey 氏染色法

（1）清洗载玻片：方法同硝酸银染色法中方法。

（2）配制染色液：

① 齐氏石炭酸复红染色液：碱性石炭酸复红乙醇液 0.3 g，95％乙醇 10 mL，5％苯酚液 100 mL。将染料溶于乙醇中，再加 5％苯酚液。

② 媒染液。

A 液：10％鞣酸水溶液 18 mL，6％ $FeCl_2$ 溶液 6 mL，将两液混合即成。此液必须在使用前 4 d 配好，可储藏 1 个月，临用前必须过滤。

B 液：A 液 3.5 mL，0.5％碱性石炭酸复红乙醇液 0.5 mL，浓 HCl 0.5 mL。此液必须按顺序配，应现配现用，超过 15 h 则效果不好，24 h 后则不可使用。

（3）菌悬液的制备及涂片：同硝酸银染色法中方法。

（4）染色：

① 加 A 液染色 5 min，然后倾去 A 液。

② 加 B 液染色 7 min。

③ 用蒸馏水轻轻地洗净染料。

④ 加齐氏石炭酸复红染色液，置恒温金属板上加热，至染色液微微冒气时开始计时，维持 1～1.5 min。

⑤ 用自来水将染料慢慢冲净。

⑥ 自然干燥。

（5）镜检：用油镜观察并记录结果。结果：细菌的菌体和鞭毛均呈红色。

5. 注意事项

（1）用于鞭毛染色的载玻片要特别洁净，否则会在涂片时影响菌悬液流动和鞭毛伸展。

（2）染色液必须每次配制，现配现用。

（3）鞭毛很容易脱落，在整个操作过程中需特别小心。

（4）硝酸银染色法比较容易掌握，但染色液必须每次配制，比较麻烦。

（5）Leifson 氏染色法受菌种、菌龄和室温等因素的影响，要掌握好染色条件必须经过一些摸索。其优点是染色液可保存较长时间。

（6）供染色用的载玻片必须认真清洗干净，否则会影响涂片的效果。

6. 实验报告

将鞭毛染色法染色的结果记录于表 3-5 中。

表 3-5　鞭毛染色法染色结果

菌名	染色法	鞭毛着生方式	菌体与鞭毛的颜色

7. 问题与思考

(1) 用于鞭毛染色法染色的细菌为什么要事先转接几代？

(2) 为了提高鞭毛的染色效果,应注意什么？

实验 3.3　真菌与放线菌的形态观察

3.3.1　真菌的形态观察

　　酵母菌和霉菌都属于真核微生物,酵母菌为单细胞个体,霉菌则由有隔或无隔的菌丝组成。酵母菌是单细胞个体,呈卵形。它具有细胞壁、细胞膜、细胞质和成形的细胞核,细胞质里有明显的液泡。霉菌的繁殖靠孢子,部分霉菌的孢子肉眼难辨,却很容易播散,它们可以随着大门、窗口、通风口等途径进入室内,还能附着在衣服、鞋子和宠物身上。部分霉菌适宜生长的温度稍高,其特点是菌丝体较发达,无较大的子实体,同其他真菌一样,也有细胞壁,寄生或腐生方式生存。有的霉菌使食品转变为有毒物质,有的可能在食品中产生毒素,即霉菌毒素。它对人体健康造成的危害极大,主要表现为慢性中毒、致癌、致畸、致突变作用。

3.3.1.1　酵母菌的形态和结构观察

1. 目的要求

(1) 学习并掌握酵母菌形态结构的观察方法。

(2) 加深理解酵母菌的形态特征。

2. 实验原理

　　酵母菌细胞一般呈卵圆形、圆形、圆柱形或柠檬形。酵母菌细胞核与细胞质有明显的分化,含有细胞核、线粒体、核糖体等结构,并含有肝糖粒和脂肪球等内含物。个体直径比细菌大几倍到十几倍。繁殖方式较复杂,无性繁殖主要是出芽繁殖,有些酵母菌能形成假菌丝。有性繁殖形成子囊及子囊孢子。

　　观察酵母菌个体形态时,应注意细胞形态。对于无性繁殖(芽殖或裂殖),应关注芽体在母体细胞上的位置,有无假菌丝等特征。对于有性繁殖,应关注所形成的子囊和子囊孢子的形态和数目。

3. 实验器材

(1) 菌种：酿酒酵母(*Saccharomyces cerevisiae*)液体培养物。

(2) 染色液：亚甲蓝染色液、碘液、福尔马林、0.5%苏丹Ⅲ染色液。

（3）仪器及相关用品：显微镜、香柏油、二甲苯（或1：1的乙醚乙醇混合液）、擦镜纸。

（4）其他用品：载玻片、盖玻片、吸水纸、酒精灯、火柴、接种环、镊子。

4．实验步骤

1）酵母菌形态和无性孢子的观察

采用无菌操作，以接种环在试管底部取一环酿酒酵母菌悬液，置于载玻片中央，盖上盖玻片。加盖玻片时，先将其一边接触菌悬液，再轻轻放下，避免产生气泡。用高倍镜观察酵母菌的形态（图3-4）。若用亚甲蓝染色液制成水浸片，可以区分死细胞和活细胞，死细胞呈蓝色，活细胞无色（活细胞能将亚甲蓝染色液还原为无色）。

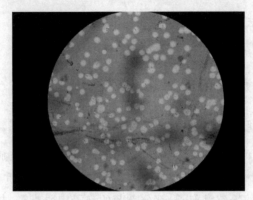

图3-4　高倍镜下酵母菌的形态

2）酵母菌肝糖染色

在洁净的载玻片上加一小滴碘液，用接种环从试管底部取一环酵母菌悬液，与载玻片上的碘液混合均匀，盖上盖玻片，镜检。菌体呈淡黄色，肝糖粒呈红褐色。在高倍镜下观察菌体形态、出芽、芽簇、肝糖粒，并绘图。

3）酵母菌脂肪粒染色

在洁净的载玻片上加一滴福尔马林，用接种环从试管底部取一环酿酒酵母和福尔马林混匀，静置5 min，加一滴亚甲蓝染色液，10 min后再加一滴苏丹Ⅲ染色液，盖上盖玻片，镜检，原生质呈蓝色，脂肪滴呈粉红色，而液泡无色。

5．注意事项

制片时，所取的菌体不宜太多，否则会影响观察。

6．实验报告

绘图并说明酵母菌的形态及结构特征。

7．问题与思考

（1）酵母菌与细菌细胞在形态、结构上有何区别？

（2）假丝酵母生成的菌丝为什么叫假菌丝？与真菌丝有何区别？

3.3.1.2　霉菌的形态和结构观察

1．目的要求

（1）学习并掌握霉菌形态结构的观察方法。

（2）观察霉菌的个体形态及其无性孢子和有性孢子。

2．实验原理

霉菌由许多交织在一起的菌丝构成。菌丝可分为基内菌丝和气生菌丝。气生菌丝能分化出繁殖菌丝。菌丝直径一般比细菌和放线菌菌丝大几倍到十几倍，制片后可用低倍或高倍镜观察。在显微镜下，见到的菌丝呈管状，有的没有横隔（如毛霉、根霉），有的有横隔将菌丝分割为多个细胞（如青霉、曲霉）。菌丝可分化出多种特化结构，如假根、足细胞等。无性繁殖产生无性孢子，有性繁殖产生有性孢子。图 3-5 所示为青霉的分生孢子头。

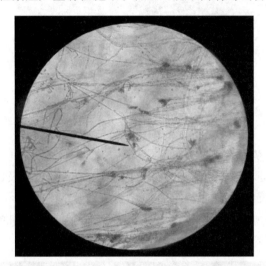

图 3-5　青霉的分生孢子头

由于霉菌菌丝体较大，孢子容易飞散，将菌丝体置于水中容易变形，制片时将其置于乳酸石炭酸溶液中，可保持菌丝体原形。观察时要注意菌丝的粗细、隔膜、特殊形态，以及无性孢子或有性孢子种类和着生方式，它们是鉴别霉菌的重要依据。

3．实验器材

（1）菌种：黄曲霉（*Aspergillus flavus*）、产黄青霉（*Penicillium chrysogenum*）、黑根霉（*Rhizopus nigricans*）、蓝色梨头霉（*Abisidia coerulea*）培养物。

（2）试剂：50％乙醇、蒸馏水、乳酸石炭酸溶液、亚甲蓝染色液、中性树胶。

（3）仪器及相关用品：显微镜、香柏油、二甲苯（或 1∶1 的乙醚乙醇混合液）、擦镜纸。

（4）其他用品：载玻片、盖玻片、吸水纸、酒精灯、火柴、接种环、镊子、解剖针、滴管。

4．实验步骤

（1）黄曲霉的形态观察

取一块洁净载玻片，在中央加一滴乙醇溶液，采用无菌操作，以解剖针挑取黄曲霉培养物少许（菌丝略带少量培养基），放在载玻片上的乙醇溶液中，再加入乙醇溶液和蒸馏水各一滴，重复一次，使分生孢子分散，便于观察细微结构。倾去乙醇溶液和蒸馏水，加一滴乳酸石炭酸溶液（防止细胞变形和干燥，便于长时间观察），盖上盖玻片，镜检。

先从低倍镜下找到标本，将观察目标移至视野中央，然后依次换成中倍镜和高倍镜，观察菌丝隔膜、足细胞、分生孢子梗、顶囊、小梗和分生孢子（图 3-6），绘图说明它们的形态和结构特点。

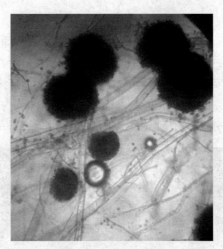

图 3-6 曲霉的分生孢子

(2)青霉的形态观察

利用平板插片法,可看到较为清晰的分生孢子梗、帚状分枝以及成串的分生孢子。平板培养基接种后,待菌落长出时,在平板上斜插无菌盖玻片(角度为 $30°\sim45°$)。培养后,青霉在盖玻片一侧长出一层薄薄的菌丝体。用镊子取下轻轻盖在滴有乳酸石炭酸溶液的载玻片上,即可镜检。青霉的形态如图 3-7 所示。

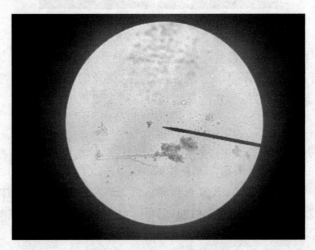

图 3-7 高倍镜下青霉的形态

要制成封闭标本片,可将制好的标本在温室中存放数日,蒸发一部分水分,然后用吸水纸擦净盖玻片周围(切勿移动盖玻片)。在盖玻片四周涂一圈中性树胶,风干后便可保存。

注意观察青霉菌丝的隔膜、分生孢子梗、小梗、分生孢子排列方式,并绘图。

(3)黑根霉的形态观察

取经 5 d 培养的黑根霉培养物,在低倍镜下观察培养皿盖上的菌丝体形态(假根、匍匐菌丝、孢囊梗、孢子囊等)并绘图。黑根霉形态如图 3-8 所示。

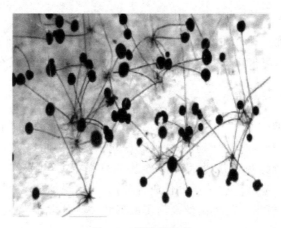

图 3-8　黑根霉形态

（4）接合孢子的观察

接合孢子是霉菌的一种有性孢子,由两条不同性别的菌丝特化的配子囊接合而成。黑根霉的接合孢子属于同宗配合,蓝色梨头霉的接合孢子属于异宗配合。取一块干净载玻片,滴加 1 滴蒸馏水或亚甲蓝染色液,用解剖针挑取菌丝少许,用 50% 乙醇浸润并用水洗涤,小心分散菌丝,加盖盖玻片后先用低倍镜,再换高倍镜,观察黑根霉(或梨头霉)接合孢子的形态并绘图。梨头霉的接合孢子形态如图 3-9 所示。

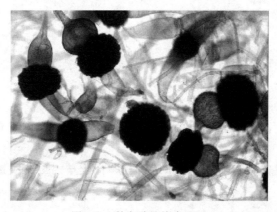

图 3-9　梨头霉的接合孢子

5．注意事项

（1）霉菌样品制片时,载玻片与盖玻片之间宜留一定缝隙,否则会影响对培养物结构层次的观察。

（2）镜检霉菌样品时,宜先用低倍镜沿琼脂块边缘寻找合适的视野,然后再用高倍镜观察。

6．实验报告

（1）绘图并说明青霉、黄曲霉和黑根霉 3 种菌丝的形态及结构特征。

（2）比较酵母菌的菌丝体形态及结构差异。

7．问题与思考

（1）霉菌的无性孢子和有性孢子各有几种？它们是怎样形成的？

（2）青霉、黄曲霉、黑根霉的菌丝、无性繁殖方式和有性繁殖方式有何异同？

3.3.2　放线菌的形态观察

放线菌是抗生素的主要产生菌，其形态是菌种鉴定和分类的重要依据。为此，人们设计了许多方法来培养和观察放线菌的形态特征。放线菌是由不同长短的纤细菌丝所形成的单细胞菌丝体。菌丝体分为两部分，即潜入培养基中的营养菌丝（或称基内菌丝）和生长在培养基表面的气生菌丝。有些气生菌丝分化成各种孢子丝，呈螺旋状、波浪状或分枝状等。孢子常呈圆形、椭圆形或杆形。气生菌丝及孢子的形状和颜色常作为分类的重要依据。

1．目的要求

（1）学习并掌握放线菌形态结构的观察方法。

（2）加深理解放线菌的形态特征。

2．实验原理

放线菌细胞一般呈无隔分枝丝状，菌丝呈各种颜色，有的还能分泌水溶性色素至培养基内。孢子丝生长到一定时期即产生成串的或单个的分生孢子。对于不同的放线菌，其孢子丝的着生方式和形状各不相同。由于存在大量孢子，菌落表面呈干粉状，从菌落的形态特点看，很容易与其他微生物类群区分开来。

3．实验器材

（1）菌种：青色链霉菌（*Streptomyces glaucus*）培养物。

（2）培养基：高氏1号琼脂培养基。

（3）染色液：石炭酸复红染色液、亚甲蓝染色液。

（4）仪器及相关用品：显微镜、香柏油、二甲苯（或1∶1的乙醚乙醇混合液）、擦镜纸、电炉、恒温培养箱。

（5）其他用品：载玻片、盖玻片、吸水纸、酒精灯、火柴、接种环、接种铲、镊子、培养皿、试管、解剖刀。

4．实验步骤

1）直接观察法

直接观察法常用于观察放线菌菌丝和孢子丝自然生长状况。在青色链霉菌平板培养物中，用解剖刀切下一小块培养基（长有菌丝体），放在洁净的载玻片上，选择菌苔边缘部位，在显微镜下依次用低倍镜、中倍镜、高倍镜直接观察，观察时需不断调节微调旋钮，仔细观察气生菌丝（较粗）、基内菌丝（较细）和孢子丝的形状，如分枝状况、孢子丝卷曲状况等，并绘图说明。

2）印片染色法

印片染色法常用于观察菌丝的细微结构。取一个洁净的载玻片，将其在酒精灯上微微加热，再将微热的载玻片放在青色链霉菌平板培养物上面轻轻压一下（不要移动载玻片，以防弄乱印痕），反转载玻片微微加热固定，用石炭酸复红染色液染色1 min，水洗，晾干，镜检。

3）插片法

（1）倒平板：溶化高氏 1 号琼脂培养基，降温至手能握住，倒平板，凝固待用。

（2）接种：用接种环从斜面上挑起放线菌孢子，在平板培养基约一半面积上做来回划线接种，接种量可大些，线可划得密些。

（3）插片：用无菌镊子取盖玻片，在划线接种的区域内以 45°插入琼脂培养基内。在另一半未曾划线接种的区域也以同样方式插上数块盖玻片。再用接种环挑孢子，沿盖玻片与培养基表面的钝角交线进行划线接种，接种线只划在盖玻片中央，以免菌丝蔓延到盖玻片背面。

（4）培养：倒置插片平板，在 28 ℃下培养 5 d。

（5）镜检：用镊子小心拔出盖玻片，将背面菌丝擦净（先插片后接种的可省去这一步）。然后将盖玻片有菌丝的一面向上放在洁净的载玻片上，用显微镜观察。

4）搭片法

（1）倒平板：溶化高氏 1 号琼脂培养基，降温至手能握住，倒平板，凝固待用。

（2）平板开槽：用接种铲在凝固的高氏 1 号琼脂培养基上开两个平行槽，宽 0.5 cm 左右。

（3）划线接种：用接种环从斜面挑起孢子在槽内边缘来回划线接种。

（4）搭片：在接种后的槽面上放置盖玻片。

（5）培养：在 28 ℃下培养 5 d。

（6）镜检：用镊子小心取出盖玻片，然后将盖玻片有菌丝的一面向下放在洁净的载玻片上用显微镜观察。

5．注意事项

（1）镜检时要特别注意放线菌的基内菌丝、气生菌丝的粗细和色泽差异。

（2）放线菌生长慢，培养时间长，在操作时应特别注意无菌操作，严防杂菌污染。

（3）经 0.1% 亚甲蓝染色液染色后，盖玻片上培养物的镜检效果更好。

6．实验报告

（1）绘图说明你所观察到的放线菌形态特征。

（2）画出菌体形态图。

7．问题与思考

（1）镜检时如何区分放线菌基内菌丝和气生菌丝？

（2）用插片法和搭片法制备放线菌标本的主要优点是什么？可否用此法来培养和观察其他微生物？

第 **4** 章

环境微生物的培养与分离

生长繁殖是微生物生命活动的重要内容之一。环境微生物的培养与分离是从自然环境中获取微生物样品,将其分离出单一种类的微生物,并在实验室条件下进行培养和研究。环境微生物是生态系统中不可缺少的组成部分,它们参与了许多基本生态和生物地球化学循环过程,如物质降解、土壤形成、气体交换等。因此,了解环境微生物的多样性、功能和分布对于生态学、环境保护和资源利用都非常重要。通过培养与分离可得到单一种类的微生物,这对于微生物学的研究也非常有意义。

获得纯培养的方法很多,用显微操作仪挑取单个细胞培养,可直接获得纯培养;但该法需要精密仪器和娴熟的操作技术。通常采用稀释法,包括稀释涂布平板法、稀释混合平板法和平板划线法,这些方法不需要特殊的仪器设备,且操作简便,是普通实验室中分离和纯化微生物的常规方法。培养基是人工配制的适合微生物生长繁殖或积累代谢产物的营养基质,用于培养和保存各种微生物。在自然界中,微生物的种类繁多,营养类型多样,再加上实验目的不尽相同,培养基的组分也不相同。通常,培养基包含水分、碳源、氮源、无机盐和生长因子等组分;且不同的微生物对 pH 的要求也不相同,细菌和放线菌一般用中性或微碱性的培养基,霉菌和酵母菌一般用偏酸的培养基。此外,配制好的培养基及其容器,实验操作的器械与工具等都含有各种微生物,均需要灭菌。

通过对本章实验的理论学习与实践操作,同学们可以提高实验设计时的严谨性。在培养与分离微生物的过程中,同学们需要设计合理的实验方案,选择适当的培养基和培养条件,以及有效的分离技术,尽可能地排除干扰因素,保证实验结果的准确性和可重复性。让我们以解密微生物的奥秘为目标,秉持着独立思考、不断创新及团队合作的精神,投入对微生物的培养与分离的工作中。

实验 4.1 培养基种类与配制程序

4.1.1 培养基的常规配制程序和种类

1. 实验目的
(1) 了解培养基配制的原理和培养基的种类。
(2) 掌握常规培养基配制程序。
(3) 了解培养基配制过程各环节的要求和注意事项。

2. 实验原理
正确掌握培养基的配制方法是从事微生物学实验工作的重要基础。由于微生物种类及代谢类型的多样性,微生物培养基的种类很多,它们的配方及配制方法虽各有差异,但一般培养基的配制程序却大致相同,如器皿的准备,培养基的配制与分装,棉塞的制作,培养基的灭菌,斜面与平板的制作及培养基的无菌检查等基本环节。

高压蒸汽灭菌是微生物学实验、发酵工业生产及外科手术器械等方面最常用的一种灭菌方法。一般培养基、玻璃器皿、无菌水、无菌缓冲液、金属用具、接种室的实验服及传染性标本等都可采用此法灭菌。

高压蒸汽灭菌是把待灭菌物品放在一个密封的高压蒸汽灭菌锅中,当锅内压力为 0.1 MPa时,温度可达到 121.3 ℃,一般维持 20 min,即可杀死一切微生物的营养体及其孢子。

高压蒸汽灭菌是依据水的沸点随蒸汽压的增加而上升,加压是为了提高蒸汽的温度(具体关系见附录3)。蒸汽压力与蒸汽温度关系及常用灭菌时间如表 4-1(培养基容积与加压灭菌所需时间见附录4)所示。

表 4-1　高压蒸汽灭菌时常用的灭菌压力、温度与时间

蒸汽压力/MPa	蒸汽灭菌温度/℃	灭菌时间/min
0.056	112.6	30
0.070	115.2	20
0.103	121.0	20

高压蒸汽灭菌技术关键是在压力上升之前需将锅内空气排尽。若锅内未排出的冷空气滞留锅内,压力表虽指 0.1 MPa,但锅内温度实际只有 100 ℃(空气排出程度与温度关系如表 4-2 所示),结果造成灭菌不彻底。

表 4-2　空气排出程度与温度关系

压力表读数/MPa	灭菌器内温度/℃				
	未排出空气	排出 1/3 空气	排出 1/2 空气	排出 2/3 空气	完全排出空气
0.034	72	90	94	100	109
0.069	90	100	105	109	115
0.103	100	109	112	115	121
0.138	109	115	118	121	126
0.172	115	121	124	126	130
0.206	121	126	128	130	135

待灭菌物品中的微生物种类、数量与灭菌效果直接相关。一般在小试管、锥形瓶中小容量的培养基,用 0.1 MPa 灭菌 20 min,大容量的固体培养基传热慢,灭菌时间适当延长(灭菌时间是指达到所要求的温度开始计算)。天然培养基含菌和芽孢较多,较合成培养基灭菌时间略长。

灭菌时的过高温度常对培养基造成不良影响,如:

(1) 出现混浊、沉淀(天然培养基成分加热沉淀出大分子多肽聚合物,培养基中 Ca^{2+}、Mg^{2+}、Fe^{2+}、Zn^{2+}、Cu^{2+}、Sb^{3+} 等阳离子与培养基中的可溶性磷酸盐共热沉淀)。

(2) 营养成分破坏或改变(酸度较高时淀粉、蔗糖、乳糖或琼脂灭菌过程易水解,pH 7.5、0.1 MPa 灭菌 20 min,葡萄糖破坏 20%,麦芽糖破坏 50%,若培养基中有磷酸盐共存,葡萄

糖转变成酮糖类物质,培养基由淡黄色变为红褐色,破坏更为严重)。

(3) pH 7.2时培养基中的葡萄糖、蛋白胨、磷酸盐在 0.1 MPa 灭菌 15 min 以上可产生对微生物生长的某种抑制物。

(4) 高压蒸汽灭菌后培养基 pH 下降0.2～0.3。

(5) 高压蒸汽灭菌过程会增加冷凝水,降低培养基成分浓度。对于前 3 种不良影响,可采用低压灭菌(如在 0.056 MPa、30 min 灭菌葡萄糖溶液),或将培养基中成分分别灭菌,临用前采用无菌混合(如磷酸盐与 Ca^{2+}、Mg^{2+}、Zn^{2+}、Cu^{2+} 等阳离子溶液)的方法,特殊情况时可采用间歇灭菌、过滤除菌(如维生素溶液)。工业发酵生产中常采用连续加压灭菌法(135～140 ℃,5～15 s)和连续蒸煮法。

3. 培养基的主要成分

水分占微生物细胞的 70%～90%,具有重要的生理功能。配制培养基可用天然水和蒸馏水。天然水含有微量杂质,可用作养料。蒸馏水不含杂质,可保证实验结果的准确性。

碳源是微生物的重要营养物质,用于合成细胞物质和提供生命活动所需的能量。配制培养基所用的碳源很多,其中最常用的碳源是葡萄糖,其他还有糖类(如蔗糖、麦芽糖、甘露醇、淀粉、纤维素)、脂肪、蛋白质、有机酸、醇类、烃类等。

氮源是组成细胞蛋白质的主要成分。除了某些固氮细菌能利用分子态氮外,其他微生物都需要化合态氮作为养料。配制培养基常用的无机氮有铵盐和硝酸盐;常用的有机氮有蛋白胨、牛肉膏、酵母膏、豆芽汁、氨基酸等。

许多矿物质(如磷、硫、钾、钙、镁、铁等)或是酶的成分,或是生理调节剂。配制培养基时,常用含有这些元素的盐类(如 K_2HPO_4、$MgSO_4 \cdot 7H_2O$、$CaCl_2 \cdot 2H_2O$、$FeSO_4 \cdot 7H_2O$、$FeCl_3 \cdot 6H_2O$、$MnSO_4 \cdot 4H_2O$ 等)来提供。如果采用天然的植物性或动物性物质制备培养基,则无须添加上述无机盐或添加部分无机盐,因为它们本身就含有这些元素。除非有特殊的营养需要,一般培养基不外加微量元素,天然水中以及其他配料中所含杂质已能满足要求。

一些微生物的生长需要外加生长因子(如维生素、氨基酸、碱基等),在配备培养基过程中,一般通过添加蛋白胨、酵母膏、牛肉膏等天然材料及其制品来满足。

4. 培养基的种类

根据不同的标准,可将培养基分为多种不同的类型。

(1) 根据组成成分,培养基可分为以下几种。

天然培养基:由化学成分还不清楚或化学成分不恒定的天然有机物(如蛋白胨、牛肉膏、玉米浆、血液、马铃薯等)为主要成分配制而成的培养基。

合成培养基:由化学成分完全了解的化学物质按一定比例配制而成的培养基。例如,由无机盐和各种有机化合物(糖、氨基酸、维生素等)配制而成的培养基。

(2) 根据物理状态,培养基可分为以下几种。

液体培养基:不加凝固剂,将各种培养基组分溶于水即成,培养基呈液体状态,常用于大量生产和增菌培养,如牛肉汤培养基。

固体培养基:加入2%左右的凝固剂,培养基呈固体状态;或直接将马铃薯块、胡萝卜条等固体表面用作培养基。常用于微生物的分离纯化和菌种保藏等,如牛肉膏蛋白胨培养基。

半固体培养基：加入 0.2%～0.5% 凝固剂,培养基呈半固体状态,常用于细菌运动能力的观察,如双糖铁培养基的高层部分。

(3) 根据实验目的和用途,培养基可分为以下几种。

基础培养基：可以无选择地满足一般微生物生长需要的培养基。

加富培养基：在基础培养基中添加一些特殊物质配成的培养基,可以满足营养要求比较苛刻的某些异养微生物的生长需要。

选择培养基：利用某一种或某一类微生物的特殊营养要求或特殊环境要求,在培养基中加入某些特殊物质配成的培养基,可以抑制非目的微生物的生长,同时促进目的微生物的生长。

鉴别培养基：利用微生物的生物化学特性,在培养基中加入某种化学试剂配成的培养基,可根据培养后发生的某些变化来区分不同类型的微生物。

5. 培养基的凝固剂

在配制固体或半固体培养基时,需要使用一定量的凝固剂。常用的凝固剂有琼脂、明胶和硅胶。

琼脂(agar)又叫洋菜,由海藻(主要是石花菜)提取制成,是一种多糖类化合物,主要成分是复杂的褐藻多糖硫酸酯钙盐。一般不能被用作营养物质,但也能被极少数细菌分解利用。琼脂是一种可逆性胶体,在实验常用的浓度下,加热到 96 ℃ 以上时成为溶胶,降温到 42 ℃ 以下时成为凝胶。

明胶(gelation)由动物胶原组织(如皮和肌腱等)经沸水溶解熬制而成,主要成分是蛋白质。由于这类蛋白质缺乏微生物所必需的氨基酸,营养价值不大。由明胶制成的培养基加热到 24 ℃ 以上溶化,降温到 20 ℃ 以下凝固。有些细菌能分解明胶而使其液化,可用于配制鉴别培养基。

硅胶(silica gel)是无机硅酸钠、硅酸钾和盐酸、硫酸进行中和反应而产生的胶体。由于硅胶完全由无机物组成,在分离和研究自养型微生物时,可用作培养基的凝固剂。但一旦凝固,硅胶即不再溶化。

6. 培养基的分装

根据不同需要,可将已配好的培养基分装入试管或锥形瓶内,分装时注意不要使培养基沾污管口或瓶口,造成污染。如操作不小心,培养基沾污管口或瓶口时,可用镊子夹一小块脱脂棉,擦去管口或瓶口的培养基,并将脱脂棉弃去。

(1) 试管的分装。取 1 个玻璃漏斗,装在铁架上,漏斗下连一根橡皮管,橡皮管下端再与另一支玻璃管相连,橡皮管的中部加一弹簧夹。分装时,用左手拿住空试管中部,并将漏斗下的玻璃管嘴插入试管内,以右手拇指及食指开放弹簧夹,中指及无名指夹住玻璃管嘴,使培养基直接流入试管内(图 4-1)。

装入试管培养基的量视试管大小及需要而定,若所用试管大小为 15 mm×150 mm 时,液体培养基可分装至试管高度 1/4 左右为宜;如分装固体或半固体培养基时,在琼脂完全溶化后,应

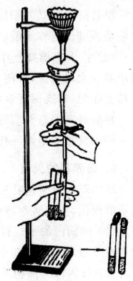

图 4-1　培养基的分装

趁热分装于试管中。用于制作斜面的固体培养基的分装量为管高的 1/3 为宜。

（2）锥形瓶的分装。用于振荡培养微生物时，可在 250 mL 锥形瓶中加入 50 mL 的液体培养基；若用于制作平板培养基时，可在 250 mL 锥形瓶中加入 150 mL 培养基，然后再加入 3 g 琼脂粉（按 2% 计算），灭菌时瓶中琼脂粉同时被溶化。

7. 棉塞的制作及试管、锥形瓶的包扎

为了培养好气性微生物，需提供优良通气条件，同时为防止杂菌污染，必须对通入试管或锥形瓶内空气预先进行过滤除菌。通常方法是在试管及锥形瓶口加棉塞等。

（1）试管棉塞的制作。制棉塞时，应选用大小、厚薄适中的普通棉花一块，铺展于左手拇指和食指扣成的圆孔上，用右手食指将棉花从中央压入圆孔中制成棉塞，然后直接压入试管或锥形瓶口。也可借用玻璃棒塞入，也可用折叠卷塞法制作棉塞（图 4-2）。

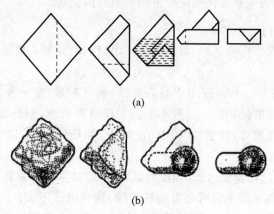

(a)

(b)

图 4-2　棉塞制作过程
(a) 纸片制作棉塞；(b) 棉花制作棉塞

制作的棉塞应紧贴管壁，不留缝隙，以防外界微生物沿缝隙侵入，棉塞不宜过紧或过松，塞好后以手提棉塞，试管不下落为准。棉塞的 2/3 在试管内，1/3 在试管外。

将装好培养基并塞好棉塞或盖好管帽的试管捆成一捆，外面包上一层牛皮纸。用铅笔注明培养基的名称及配制日期，灭菌待用。

（2）锥形瓶棉塞制作。通常在棉塞外包 1 层纱布，再塞在瓶口。有时为了进行液体振荡培养加大通气量，可用 8 层纱布代替棉塞包在瓶口。目前也有采用无菌培养容器封口膜直接盖在瓶口，既保证良好通气，过滤除菌又操作简便，故极受欢迎。

在装好培养基并塞好棉塞或包上 8 层纱布或盖好培养容器封口膜的锥形瓶口上，再包上 1 层牛皮纸并用线绳捆好，灭菌待用。

8. 培养基的灭菌

培养基经分装包扎后，应立即进行高压蒸汽灭菌，0.1 MPa 灭菌 20 min。如因特殊情况不能灭菌，则应暂存冰箱中。

（1）向锅内加水。打开灭菌锅盖，向锅内加适量蒸馏水（立式高压蒸汽灭菌锅从进水杯处加煮开过的水至最高水位的标示高度）。蒸馏水水量不足，灭菌锅易干。

（2）放入待灭菌物品。将待灭菌物品放入灭菌桶内，物品不要放得太紧和紧靠锅壁，以免影响蒸汽流通和冷凝水顺壁流入灭菌物品。

（3）盖好锅盖。将盖上的软管插入灭菌桶槽内,有利于罐内冷空气自下而上排出,加盖,上下螺栓口对齐,采用对角方式均匀旋紧螺栓,使锅密闭。

（4）排放锅内冷空气及升温灭菌。打开放气阀,加热（电加热或煤气加热或直接通入蒸汽）,自锅内开始产生蒸汽后 3 min 再关紧放气阀（或喷出气体不形成水雾）,此时蒸汽已将锅内的冷空气由排气孔排尽,温度随蒸汽压力增高而上升,待压力逐渐上升至所需温度时,控制热源,维持所需压力和温度,并开始计时,一般培养基控制在 0.1 MPa 灭菌 20 min;含糖等成分培养基控制在 0.056 MPa 灭菌 30 min 或 0.07 MPa 灭菌 20 min,关闭热源,停止加热,压力随之逐渐降低。

（5）灭菌完毕降温及后处理。待压力降至 0 时,慢慢打开放气阀（排气口）,开盖,立即取出灭菌物品。但压力未完全降至 0 处前,不能打开锅盖,以免培养基沸腾将棉塞冲出;也不可用冷水冲淋灭菌锅迫使温度迅速下降。所灭物品开盖后立即取出,以免凝结在锅盖和器壁上的水滴弄湿包装纸或落到被灭菌物品上,增加染菌率。斜面培养基自锅内取出后要趁热摆成斜面,灭菌后的空培养皿、试管、移液管等需烘干或晾干。若连续使用灭菌锅,每次需补足水分;灭菌完毕,除去锅内剩余水分,保持灭菌锅干燥。

9. 斜面和平板的制作

（1）斜面的制作。将已灭菌装有琼脂培养基的试管,趁热置于木棒上,使其呈适当斜度,凝固后即成斜面。斜面长度不超过试管长度 1/2 为宜。如制作半固体或固体深层培养基时,灭菌后应垂直放置至冷凝。

（2）平板的制作。将装在锥形瓶或试管中已灭菌的琼脂培养基溶化后,待冷至 50 ℃左右倾入无菌培养皿中。温度过高,皿盖上的冷凝水太多;温度低于 50 ℃,培养基易于凝固而无法制作平板。

平板的制作应在火旁进行,左手拿培养皿,右手拿锥形瓶的底部或试管,左手同时用小指和手掌将棉塞打开,灼烧瓶口,用左手大拇指将培养皿盖打开一缝,至瓶口正好伸入,倾入 10～12 mL 的培养基,迅速盖好皿盖,置于桌上,轻轻旋转平皿,使培养基均匀分布于整个平皿中,冷凝后即成平板。

（3）培养基的无菌检查。灭菌后的培养基一般需进行无菌检查。最好从中取出 1～2 管（瓶）,置于 37 ℃温箱中培养 1～2 d,确定无菌后方可使用。

（4）无菌水的制备。在每个 250 mL 的锥形瓶内装 99 mL 的蒸馏水并塞上棉塞。在每支试管内装 4.5 mL 蒸馏水,塞上棉塞或盖上塑料试管盖,再在棉塞上包 1 张牛皮纸。高压蒸汽灭菌,0.1 MPa 灭菌 20 min。

10. 实验设备与材料

（1）药品:牛肉膏、蛋白胨、NaCl、琼脂、蒸馏水、1 mol/L NaOH 溶液、1 mol/L HCl 溶液。

（2）仪器:天平或台秤、高压蒸汽灭菌锅、电炉、洁净操作台。

（3）玻璃器皿:移液管、试管、烧杯、量筒、锥形瓶、培养皿、玻璃漏斗等。

（4）其他物品:药匙、称量纸、记号笔、棉花、纱布、线绳、塑料试管盖、牛皮纸、报纸等。

11. 实验报告

（1）写出琼脂的化学特性、溶解温度及凝固温度。

（2）绘图表示棉塞的制作过程。

12. 问题与思考

(1) 配制培养基的基本要求有哪些？

(2) 培养基中各成分的主要作用是什么？

(3) 配制培养基的主要程序有哪些？

(4) 请分析牛肉膏蛋白胨培养基中各成分的作用。这种培养基的营养及 pH 适于哪种微生物生长？

(5) 为什么配培养基加蒸馏水？自来水中盐类多，营养成分比蒸馏水丰富，是否可用自来水配培养基？

(6) 棉塞太松、太紧有什么影响？吸管为什么要堵棉花？不堵行不行？为什么？要这么复杂包装吗？少包点行不行？

(7) 简述高压蒸汽灭菌注意事项及操作。

(8) 0.1 MPa 高压蒸汽灭菌的温度是多少？玻璃器皿应灭菌多长时间？

4.1.2 细菌、放线菌常用培养基的配制

1. 目的要求

(1) 了解半合成和合成培养基的配制原理。

(2) 学习和掌握牛肉膏蛋白胨培养基、LB 培养基(Luria-Bertani 培养基)和高氏 1 号琼脂培养基的配制方法。

2. 实验原理

牛肉膏蛋白胨培养基是一种广泛用于培养细菌的培养基。而 LB 培养基则是一种近年来用于培养基因工程受体菌(大肠埃希氏菌)的常用培养基。两者都属于半合成培养基。牛肉膏蛋白胨培养基的主要成分是牛肉膏、蛋白胨和 NaCl。而 LB 培养基的主要成分是胰蛋白胨、酵母提取物和 NaCl。它们分别提供微生物生长繁殖所需要的碳源、氮源、能源、生长因子和无机盐等。培养基都是水溶液，这是因为一切生物细胞都需要水，蒸馏水不含杂质，比自来水好，特别是配制合成培养基都必须用蒸馏水，配制天然培养基时可用自来水，但自来水中常含 Ca^{2+}、Mg^{2+} 离子，易与其他成分形成沉淀。

高氏 1 号琼脂培养基是一种用于培养放线菌的合成培养基。培养基中的可溶性淀粉作为碳源和能源，KNO_3 作为氮源，K_2HPO_4、$MgSO_4 \cdot 7H_2O$ 和 $FeSO_4 \cdot 7H_2O$ 作为无机盐等。

3. 实验器材

(1) 药品：牛肉膏、蛋白胨、NaCl、胰蛋白胨(bacto-tryptone)、酵母提取物(bacto-yeast extract)、可溶性淀粉、KNO_3、K_2HPO_4、$MgSO_4 \cdot 7H_2O$、$FeSO_4 \cdot 7H_2O$、琼脂等。

(2) 溶液：1 mol/L NaOH、1 mol/L HCl、1% $FeSO_4$ 溶液。

(3) 仪器：天平、高压蒸汽灭菌锅。

(4) 玻璃器皿：移液管、试管、烧杯、量筒、锥形瓶、培养皿、玻璃漏斗等。

(5) 其他物品：药匙、pH 试纸、称量纸、记号笔、棉花、纱布、线绳、塑料试管盖、牛皮纸、报纸等。

4．实验程序

1）牛肉膏蛋白胨培养基的配制

牛肉膏蛋白胨培养基的配方如表 4-3 所示，配制步骤如下。

表 4-3　牛肉膏蛋白胨培养基配方

组　分	含量（每 1000 mL 培养基）	灭 菌 条 件
牛肉膏	5 g	
蛋白胨	10 g	
NaCl	5 g	1.05 kgf/cm^2
琼脂	20 g	20 min
蒸馏水	1000 mL	
pH	7.2～7.4	

注：1 kgf/cm^2＝9.80665×10^4 Pa。

（1）材料用量的计算：根据配方及所需配制培养基的数量，称取或量取所需的材料。本实验中，先将配方中的各种材料配成浓缩液：10% 牛肉膏、10% 蛋白胨、10% NaCl。如果需要配制 300 mL 培养基，则吸取 10% 牛肉膏 15 mL，10% 蛋白胨 30 mL，10% NaCl 15 mL，称取琼脂 6 g。

（2）配制：将吸取的材料加入有刻度的搪瓷烧杯，用蒸馏水补足到 300 mL，并记下刻度。在电炉上加热溶解，并用玻璃棒搅匀。

（3）调节 pH：按照要求，将 pH 调至 7.4。从电炉上取下搪瓷杯，用玻璃棒蘸取少量培养基至 pH 试纸上，与比色卡对照得出 pH。根据偏差大小，分别滴入浓度 1 mol/L HCl 或 NaOH 溶液进行调节，并不断用 pH 试纸检测，直至达到预期的 pH。

（4）加入琼脂：在液体培养基中加入称好的琼脂 6 g，加热至沸腾，期间不断用玻璃棒搅拌，以防糊底，直至琼脂完全溶化。最后补足蒸发损失的水分。

（5）分装培养基：培养基的分装应当趁热在漏斗架上完成。在带有棉塞的试管中，每支分装 10 mL，共 10 支，用于制作斜面。带有铝盖的试管各装 10 mL，共 20 支，用于制作平板。

（6）包扎成捆：以 10 支为一捆，用防水纸包扎成捆，挂上标签，灭菌备用。

2）淀粉琼脂培养基的配制

淀粉琼脂培养基的配方如表 4-4 所示，如需配制 300 mL 培养基，操作步骤如下。

表 4-4　淀粉琼脂培养基配方

组　分	含量（每 1000 mL 培养基）	灭 菌 条 件
可溶性淀粉	20.0 g	
KNO$_3$	1.0 g	
K$_2$HPO$_4$	0.5 g	
MgSO$_4$·7H$_2$O	0.5 g	
NaCl	0.5 g	1.05 kgf/cm^2
FeSO$_4$·7H$_2$O	0.01 g	20 min
琼脂	20 g	
蒸馏水	1000 mL	
pH	7.2～7.4	

(1) 计算称量：吸取 1‰ KNO₃ 溶液 30 mL；1‰ K₂HPO₄ 溶液 15 mL；1‰ MgSO₄ 溶液 15 mL；1‰ NaCl 溶液 15 mL；1‰ FeSO₄ 溶液 0.3 mL 于搪瓷杯中，加蒸馏水补足至 300 mL，置电炉上加热。

(2) 淀粉预处理：用另一只搪瓷杯称取可溶性淀粉 6 g，从 300 mL 蒸馏水中取出少量加入淀粉中，用玻璃棒调成糊状，待前一只搪瓷杯内的培养基沸腾后，将淀粉糊加入培养基中，搅匀。

(3) 调节 pH：从电炉上取下搪瓷杯，按照配制细菌培养基的方法，用 NaOH 或 HCl 将 pH 调至 7.4。

(4) 加入琼脂 6 g：加热的同时，不断用玻璃棒搅拌，要求将底部的淀粉糊搅起来，以防糊底。加热至琼脂完全溶化。

(5) 趁热分装培养基：取 10 支无菌棉塞试管，各分装 10 mL，另取 20 支铝盖无菌试管，各分装 10 mL。

后续步骤同细菌培养基的配制。

5. 注意事项

(1) 由于配制培养基所需的材料较多，称取材料后，最好根据配方核对一遍，以免搞错。

(2) 配制培养基的过程中，各材料按照配方所列次序添加。所用容器的大小应为培养基配制量的两倍，以便操作。

(3) 溶化琼脂时，要控制火力，并不断搅拌，以免琼脂被烧焦或外溢。

(4) 用于分装培养基的容器应当洁净并经灭菌。分装培养基的动作要快，以防培养基凝结，如果分装量难以控制，可用装好等体积自来水的同规格试管作为参照。切勿让培养基沾污试管口，以免招致杂菌污染。

6. 实验报告

记录本实验配制培养基的名称、数量，并说明其配制过程，指明要点。

7. 问题与思考

(1) 在培养基中添加琼脂的作用是什么？

(2) 简述配制固体培养基加入琼脂后加热溶化的注意事项。

4.1.3　酵母菌、霉菌培养基的配制

1. 目的要求

(1) 了解合成培养基、半合成培养基和天然培养基的配制原理。

(2) 学习和掌握麦芽汁培养基、马铃薯葡萄糖培养基、豆芽汁葡萄糖培养基和察氏培养基的配制方法。

2. 实验原理

麦芽汁培养基和马铃薯葡萄糖培养基被广泛用于培养酵母菌和霉菌。马铃薯葡萄糖培养基有时也可用于培养放线菌。豆芽汁葡萄糖培养基也是培养酵母菌及霉菌的一种优良培养基。察氏培养基主要用于培养霉菌并观察形态。麦芽汁培养基为天然培养基，马铃薯葡萄糖培养基和豆芽汁葡萄糖培养基两者均为半合成培养基，而察氏培养基则为合成培养基。培养基配方中出现的自然 pH 指培养基不经酸、碱调节而自然呈现的 pH。

3．实验器材

（1）药品：葡萄糖、蔗糖、$NaNO_3$、K_2HPO_4、KCl、$MgSO_4 \cdot 7H_2O$、$FeSO_4 \cdot 7H_2O$、琼脂。

（2）仪器：天平、高压蒸汽灭菌锅。

（3）玻璃器皿：移液管、试管、烧杯、量筒、锥形瓶、培养皿、玻璃漏斗等。

（4）其他物品：药匙、pH 试纸、称量纸、记号笔、棉花、纱布、线绳、塑料试管盖、牛皮纸、报纸、新鲜麦芽汁、黄豆芽、马铃薯等。

4．实验内容

1）麦芽汁培养基的配制

（1）培养基成分：新鲜麦芽汁，一般为 10～15 波美度。

（2）配制方法：

① 用水将大麦或小麦洗净，浸泡 6～12 h，置于 15 ℃阴凉处发芽，上盖纱布，每日早、中、晚各淋水一次，待麦芽生长至麦粒的两倍时，使其停止发芽，晒干或烘干，研磨成麦芽粉，储存备用。

② 取 1 份麦芽粉加 4 份蒸馏水，在 65 ℃水浴锅中保温 3～4 h，使其自行糖化，直至糖化完全(检查方法是取 0.5 mL 的糖化液，加 2 滴碘液，如无蓝色出现，即表示糖化完全)。

③ 糖化液用 4～6 层纱布过滤，滤液如仍混浊，可用鸡蛋清澄清(用 1 个鸡蛋清，加蒸馏水 20 mL，调匀至产生泡沫，倒入糖化液中，搅拌煮沸，再过滤)。

④ 用波美比重计检测糖化液中糖浓度，将滤液用蒸馏水稀释到 10～15 波美度，调至 pH 6.4。如当地有啤酒厂，可用未经发酵、未加酒花的新鲜麦芽汁，加水稀释到 10～15 波美度后使用。

⑤ 如配固体麦芽汁培养基时，加入 2%琼脂，加热溶化，补足失水。

⑥ 分装、加塞、包扎。

⑦ 高压蒸汽灭菌。0.1 MPa 灭菌 20 min。

2）马铃薯葡萄糖培养基的配制

（1）马铃薯葡萄糖琼脂培养基成分，如表 4-5 所示。

表 4-5　马铃薯葡萄糖琼脂培养基成分

组　　分	含量(每 100 mL 培养基)	组　　分	含量(每 100 mL 培养基)
马铃薯浸汁(20%)	100 mL	琼脂	1.5～2 g
葡萄糖	2 g	自然 pH	

（2）配制方法：

① 配制 20%马铃薯浸汁。取去皮马铃薯 200 g，切成小块，加水 1000 mL。80 ℃浸泡 1 h，用纱布过滤，然后补足失水至所需体积。0.1 MPa 灭菌 20 min，即成 20%马铃薯浸汁，储存备用。

② 配制时，按每 100 mL 马铃薯浸汁加 2 g 葡萄糖，加热煮沸后加入 2 g 琼脂，继续加热溶化并补足失水。

③ 分装、加塞、包扎。

④ 高压蒸汽灭菌。0.1 MPa 灭菌 20 min。

3）豆芽汁葡萄糖培养基的配制

（1）豆芽汁葡萄糖培养基成分，如表 4-6 所示。

表 4-6　豆芽汁葡萄糖培养基成分

组　　分	含量（每 100 mL 培养基）	组　　分	含量（每 100 mL 培养基）
豆芽汁（10%）	100 mL	琼脂	1.5～2 g
葡萄糖	5 g	自然 pH	

（2）配制方法：

① 称新鲜黄豆芽 100 g，加水 1000 mL 煮沸约半小时，用纱布过滤，补足失水，即制成 10% 豆芽汁。

② 配制时，按每 100 mL 10% 豆芽汁加入 5 g 葡萄糖，煮沸后加入 2 g 琼脂，继续加热溶化，补足失水。

③ 分装、加塞、包扎。

④ 高压蒸汽灭菌。0.1 MPa 灭菌 20 min。

4）察氏（Czapck）培养基的配制

（1）察氏培养基成分，如表 4-7 所示。

表 4-7　察氏培养基成分

组　　分	含量（每 100 mL 培养基）	组　　分	含量（每 100 mL 培养基）
蔗糖	3 g	$FeSO_4 \cdot 7H_2O$	0.001 g
$NaNO_3$	0.3 g	琼脂	1.5～2 g
K_2HPO_4	0.1 g	蒸馏水	100 mL
KCl	0.05 g	自然 pH	
$MgSO_4 \cdot 7H_2O$	0.05 g		

（2）配制方法：

① 称量及溶化。量取所需水量的 2/3 左右加入烧杯中，分别称取蔗糖、$NaNO_3$、K_2HPO_4、KCl、$MgSO_4 \cdot 7H_2O$。依次逐一加入水中溶解。按每 100 mL 培养基加入 1 mL 0.1% 的 $FeSO_4$ 溶液。

② 定容。待全部药品溶解后，将溶液倒入量筒中，加水至所需体积。

③ 加琼脂。加入所需琼脂，加热溶化，补足失水。

④ 分装、加塞、包扎。

⑤ 高压蒸汽灭菌。0.1 MPa 灭菌 20 min。

5. 实验报告

请列表对比酵母菌和霉菌培养基配制过程的异同点。

6. 问题与思考

（1）麦芽汁培养基、马铃薯葡萄糖培养基、豆芽汁葡萄糖培养基、察氏培养基常用于培养哪类微生物？

（2）配制麦芽汁培养基时,如何检查麦芽粉水溶液糖化是否完全?

（3）何谓培养基的自然 pH?

4.1.4　几种常用鉴别培养基和选择培养基的配制

1. 目的要求

（1）了解选择培养基和鉴别培养基的配制原理。

（2）学习和掌握马丁氏琼脂培养基、含氨苄西林的 LB 培养基及伊红亚甲蓝琼脂培养基的配制方法。

2. 实验原理

马丁氏琼脂培养基及含氨苄西林的 LB 培养基两者均属选择培养基,伊红亚甲蓝琼脂培养基是一种鉴别培养基。

马丁氏琼脂培养基常用于从自然环境中分离真菌,培养基中的去氧胆酸钠和链霉素（30 U/mL）不是微生物的营养成分。由于去氧胆酸钠为表面活性剂,不仅防止霉菌菌丝蔓延,还可抑制 G^+ 菌生长,而链霉素对多数 G^- 菌具有抑制生长作用。孟加拉红则能抑制细菌和放线菌的生长,而对于真菌的生长则没有影响,从而达到分离真菌的目的。

含氨苄西林的 LB 培养基在基因工程研究中常用于筛选具有氨苄西林抗性的菌株。培养基中含有一定浓度（100 μg/mL 培养基）的氨苄西林,它能杀死培养基中一切不抗氨苄西林的细菌,而只有对氨苄西林具有抗性的细菌才能正常生长繁殖,从而达到快速筛选氨苄西林抗性菌株的目的。

伊红亚甲蓝琼脂培养基常用于检查乳制品和饮用水中是否含有致病性的肠道细菌。培养基中的伊红为酸性染料,亚甲蓝则为碱性染料。当大肠埃希氏菌发酵乳糖产生混合酸时,细菌带正电荷,与伊红染色,再与亚甲蓝结合生成紫黑色化合物。在此培养基上生长的大肠埃希氏菌呈紫黑色、带金属光泽的小菌落,而产气杆菌则形成呈棕色的大菌落。不能发酵乳糖的细菌产碱性物较多,带负电荷,与亚甲蓝结合,被染成蓝色菌落。

3. 实验器材

（1）药品:葡萄糖、蛋白胨、KH_2PO_4、$MgSO_4 \cdot 7H_2O$、胰蛋白胨、酵母提取物、NaCl、乳糖、K_2HPO_4、伊红、亚甲蓝、琼脂等。

（2）溶液:0.1%孟加拉红溶液、链霉素溶液（10000 U/mL）、2%去氧胆酸钠溶液、氨苄西林溶液（25 mg/mL）、2%伊红溶液、0.5%亚甲蓝溶液、1 mol/L NaOH 溶液、1 mol/L HCl 溶液等。

（3）仪器:天平、高压蒸汽灭菌锅。

（4）玻璃器皿:移液管、试管、烧杯、量筒、锥形瓶、培养皿、玻璃漏斗等。

（5）其他物品:药匙、pH 试纸、称量纸、记号笔、棉花、纱布、线绳、塑料试管盖、牛皮纸、报纸等。

4. 实验步骤

1）马丁氏琼脂培养基的配制

（1）马丁氏琼脂培养基成分,如表 4-8 所示。

表 4-8　马丁氏琼脂培养基成分

组　分	含量（每 100 mL 培养基）	组　分	含量（每 100 mL 培养基）
葡萄糖	1 g	孟加拉红（1 mg/mL）	0.33 mL
蛋白胨	0.5 g	琼脂	1.5～2 g
KH_2PO_4	0.1 g	蒸馏水	100 mL
$MgSO_4 \cdot 7H_2O$	0.05 g	自然 pH	

（2）配制方法：

① 称量。称取培养基各成分的所需量。

② 溶化。在烧杯中加入约 2/3 所需水量，然后依次逐一溶化培养基各成分。按每 100 mL 培养基加入 0.33 mL 的 0.1‰孟加拉红溶液。

③ 定容。待各成分完全溶化后，补足水量至所需体积。

④ 加琼脂。加入所需琼脂量，加热溶化，补足失水。

⑤ 分装、加塞、包扎。

⑥ 高压蒸汽灭菌。0.1 MPa 灭菌 20 min。

⑦ 临用前，加热溶化培养基，待冷至 60 ℃左右，按每 100 mL 培养基无菌操作加入 2 mL 的 2‰去氧胆酸钠溶液及 0.33 mL 的链霉素溶液（10000 U/mL），迅速混匀。

2）含氨苄西林的 LB 培养基的配制

（1）LB 培养基成分如表 4-9 所示。

表 4-9　LB 培养基成分

组　分	含量（每 100 mL 培养基）
蛋白胨	1 g
酵母提取物	0.5 g
NaCl	1 g
琼脂	1.5～2 g
蒸馏水	100 mL
pH	7.0
氨苄西林溶液（25 mg/mL）	0.4 mL（临用前加入）

（2）配制方法：

① 称量。称取培养基各成分的所需量，置于烧杯中。

② 溶化。加入所需水量 2/3 的蒸馏水于烧杯中，搅拌使药品全部溶化。

③ 调 pH。

④ 定容。

⑤ 加琼脂。加入所需琼脂量，加热溶化，补足失水。

⑥ 分装、加塞、包扎。

⑦ 高压蒸汽灭菌。0.1 MPa 灭菌 20 min。

⑧ 临用前，加热溶化培养基，待冷至 60 ℃左右，按每 100 mL 培养基无菌操作加入 0.4 mL 氨苄西林溶液（25 mg/mL），迅速混匀。

3）伊红亚甲蓝琼脂培养基的配制

（1）伊红亚甲蓝琼脂培养基成分，如表 4-10 所示。

表 4-10　伊红亚甲蓝琼脂培养基成分

组　　分	含量（每 100 mL 培养基）
乳糖	1 g
蛋白胨	0.5 g
NaCl	0.5 g
K_2HPO_4	0.2 g
2%伊红溶液	2 mL
0.5%亚甲蓝溶液	1 mL
琼脂	1.5～2 g
蒸馏水	100 mL
pH（先调 pH，再加伊红溶液、亚甲蓝溶液）	7.1

（2）配制方法：

① 称量。称取培养基各成分所需量。

② 溶化。在烧杯中加入约 2/3 所需水量，依次逐一溶化培养基各成分。

③ 定容。

④ 调 pH。

⑤ 按每 100 mL 培养基加 2 mL 2%伊红溶液和 1 mL 0.5%亚甲蓝溶液。

⑥ 加琼脂，加热溶化并补足失水。

⑦ 分装、加塞、包扎。

⑧ 高压蒸汽灭菌。乳糖在高温灭菌时易受破坏，故一般在 0.07 MPa 灭菌 20 min。

5. 实验报告

写出常用鉴别培养基与选择培养基的配制要点。

6. 问题与思考

（1）何谓选择培养基？何谓鉴别培养基？

（2）马丁氏琼脂培养基中的链霉素及孟加拉红各起什么作用？

（3）在 LB 培养基中加入氨苄西林，氨苄西林起什么作用？

（4）在伊红亚甲蓝琼脂培养基中的伊红、亚甲蓝起什么作用？

（5）配制马丁氏琼脂培养基时，为什么临用前才能加入链霉素溶液？

（6）配制含氨苄西林的 LB 培养基时，为什么临用前才能加入氨苄西林溶液？

实验 4.2　消毒与灭菌

消毒（disinfection）与灭菌（sterilization）两者的意义有所不同。消毒一般是指消灭病原菌和有害微生物的营养体，灭菌则是指杀灭一切微生物的营养体、芽孢和孢子。在微生物实验中，需要进行纯培养，不能有任何杂菌污染，因此对所用器材、培养基和工作场所都要进行严格的消毒和灭菌。

灭菌是指用物理或化学方法杀灭全部微生物的营养体、芽孢及孢子，以达到无菌状态的过程。消毒是指用物理化学方法杀死或除去特定环境中致病微生物的过程。物体经过消毒后,仍有少数微生物未被杀灭,消毒其实是部分灭菌。在微生物实验过程中,不能有杂菌污染。因此在实验前,需要进行消毒和灭菌工作。

4.2.1　高压蒸汽灭菌

1. 目的要求

(1) 了解高压蒸汽灭菌的基本原理及应用范围。

(2) 学习高压蒸汽灭菌的操作方法。

2. 实验原理

高压蒸汽灭菌是将待灭菌的物品放在一个密闭的加压灭菌锅内,通过加热,使灭菌锅隔套间的水沸腾而产生蒸汽。待水蒸气急剧地将锅内的冷空气从排气阀中驱尽,然后关闭排气阀,继续加热,此时由于蒸汽不能溢出,而增加了灭菌器内的压力,从而使沸点增高,得到高于 100 ℃的温度。导致菌体卵蛋白凝固变性而达到灭菌的目的。

在同一温度下,湿热的杀菌效力比干热大,其原因有:①湿热中细菌菌体吸收水分,卵蛋白较易凝固,因卵蛋白含水量增加,所需凝固温度降低(表 4-11);②湿热的穿透力比干热大;③湿热的蒸汽有潜热存在。1 g 水在 100 ℃时,由气态变为液态时可放出 2.26 kJ 的热量。这种潜热能迅速提高被灭菌物体的温度,从而增加灭菌效率,如表 4-12 所示。

表 4-11　卵蛋白含水量与凝固所需温度的关系

卵蛋白含水量/%	30 min 内凝固所需温度/℃
50	56
25	74～80
18	80～90
6	145
0	160～170

表 4-12　干热、湿热穿透力及灭菌效果比较

温度/℃	时间/h	透过布层的温度/℃			灭菌
		10 层	20 层	100 层	
干热 130～140	4	72	86	70.5	不完全
湿热 105.3	3	101	101	101	完全

使用高压蒸汽灭菌锅灭菌时,灭菌锅内冷空气的排出是否完全极为重要。因为空气的膨胀压大于水蒸气的膨胀压,所以,当水蒸气中含有空气时,在同一压力下,含空气蒸汽温度低于饱和蒸汽的温度,灭菌锅内留有不同分量空气时,压力与温度的关系如表 4-13 所示。

表 4-13　灭菌锅内留有不同分量空气时压力与温度的关系

压力数/MPa	全部空气排出时的温度/℃	2/3 空气排出时的温度/℃	1/2 空气排出时的温度/℃	1/3 空气排出时的温度/℃	空气不排出时的温度/℃
0.03	108.8	100	94	90	72
0.07	115.6	109	105	100	90
0.10	121.3	115	112	109	100
0.14	126.2	121	118	115	109

续表

压力数/ MPa	全部空气排出 时的温度/℃	2/3 空气排出 时的温度/℃	1/2 空气排出 时的温度/℃	1/3 空气排出 时的温度/℃	空气不排出 时的温度/℃
0.17	130.0	126	124	121	115
0.21	134.6	130	128	126	121

一般培养基用 0.1 MPa(相当于 15 lbf/in² 或 1.05 kgf/cm²),121.5 ℃,15～30 min 可达到彻底灭菌的目的。灭菌的温度及维持的时间随灭菌物品的性质和容量等具体情况而有所改变。例如,含糖培养基用 0.06 MPa,112.6 ℃灭菌 15 min,但为了保证效果,可将其他成分先行 121.3 ℃,20 min 灭菌,然后以无菌操作手续加入灭菌的糖溶液。又如,盛于试管内的培养基以 0.1 MPa,121.5 ℃灭菌 20 min 即可,而盛于大瓶内的培养基最好以 0.1 MPa,122 ℃灭菌 30 min。

实验中常用的非自控高压蒸汽灭菌锅有卧式(图 4-3)和手提式(图 4-4)两种。其结构和工作原理相同,本实验以手提式高压蒸汽灭菌锅为例,介绍其使用方法。有关自控高压蒸汽灭菌锅的使用可参照厂家说明书。

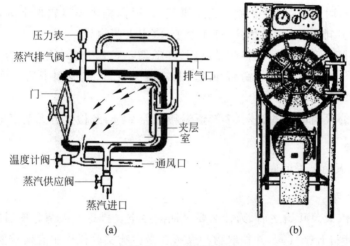

(a)　　　　　　　　(b)

图 4-3　卧式灭菌锅

(a) 示意；(b) 外形

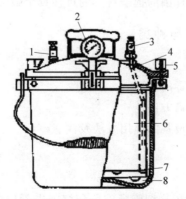

1—安全阀；2—压力表；3—放气阀；4—软管；5—紧固螺栓；6—灭菌桶；7—支架；8—水

图 4-4　手提式灭菌锅

3. 实验器材

牛肉膏蛋白胨培养基、培养皿(6 套一包)、手提式高压蒸汽灭菌锅等。

4. 操作步骤

(1) 首先将内层锅取出,再向外层锅内加入适量水,使水面与三角搁架相平为宜。切勿忘记加水,同时加水量不可过少,以防灭菌锅被烧干而引起炸裂事故。

(2) 放回内层锅,并装入待灭菌物品。注意不要装得太挤,以免妨碍蒸汽流通而影响灭菌效果。三角烧瓶与试管口端均不要与桶壁接触,以免冷凝水淋湿包口的纸而透入棉塞。

(3) 加盖,将盖上的排气软管插入内层锅的排气槽内。再以两两对称的方式同时旋紧相对的两个螺栓,使螺栓松紧一致,勿漏气。

(4) 用电炉或煤气加热,并同时打开排气阀,使水沸腾以排出锅内的冷空气。待冷空气完全排尽后,关上排气阀,让锅内的温度随蒸汽压力增加而逐渐上升。当锅内压力升到所需压力时,控制热源,维持压力至所需时间。本实验用 0.1 MPa,121.5 ℃,20 min 灭菌。

灭菌主要因素是温度而不是压力。因此锅内冷空气必须全排尽后,才能关上排气阀,维持所需压力。

(5) 灭菌所需时间到,切断电源或关闭煤气,让灭菌锅内温度自然下降,当压力表的压力降至"0"时,打开排气阀,旋松螺栓,打开盖子,取出灭菌物品。

压力一定要降至"0"时,才能打开排气阀,开盖取物,否则会因锅内压力突然下降,使容器内的培养基由于内外压力不平衡而冲出烧瓶口或试管口,造成塞子沾污培养基而发生污染,甚至灼伤操作者。

(6) 将取出的灭菌培养基放入 37 ℃恒温箱培养 24 h,经检查若无杂菌生长,即可待用。

5. 实验报告

检查培养基灭菌是否彻底。

6. 问题与思考

(1) 高压蒸汽灭菌开始之前,为什么要将锅内冷空气排尽? 灭菌完毕后,为什么待压力降低至"0"时才能打开排气阀,开盖取物? 灭菌在微生物实验操作中有何重要意义?

(2) 使用高压蒸汽灭菌锅灭菌时,怎样杜绝一切不安全的因素?

(3) 黑曲霉的孢子与芽孢杆菌的孢子对热的抗性哪个最强? 为什么?

4.2.2 灭菌和消毒的方法与种类

1. 目的要求

(1) 了解常用的灭菌和消毒的原理。

(2) 掌握常用的灭菌和消毒方法。

(3) 掌握灭菌和消毒仪器设备的使用方法及注意事项。

2. 实验原理

1) 干热灭菌

干热灭菌是利用高温使微生物细胞膜破坏和细胞内蛋白质变性达到灭菌目的,相对湿度通常在 2%以下。长时间干热可导致微生物细胞膜破坏、细胞内蛋白质变性和原生质干燥,使微生物永久失活。微生物细胞内蛋白质凝固性与其本身含水量有关。微生物受热时,环境与体内的含水量越高,蛋白质凝固越快,含水量越低、凝固越慢。因此,干热灭菌所需的温度很高,一般在 160～170 ℃,时间很长,一般是 1～2 h。

干热灭菌分为火焰直接灼烧和干热空气灭菌。火焰直接灼烧是将待灭菌物体(常用于接种针、接种环和涂布棒等)直接在火焰上灼烧以达到灭菌的目的。干热空气灭菌是将待灭菌物体放入电热恒温干燥箱内,在 160～170 ℃维持 1～2 h。实际灭菌过程中,可根据待灭菌物体的性质做适当调整。玻璃器皿和金属用具等可以用此法灭菌,但塑料制品、橡胶制品和培养基不适合。

2)湿热灭菌

湿热灭菌是利用高温蒸汽穿透的能力杀灭微生物。相同温度下湿热灭菌的效果比干热灭菌好,原因是蛋白质含水量多、凝固点低,湿热灭菌过程中,微生物吸收水分,蛋白质易凝固,此外,湿热穿透力比干热强,且湿热存在潜热,蒸汽液化也会放热,进而增强灭菌效果。

高压蒸汽灭菌法是利用加热密封的灭菌锅内的水和水蒸气的压力增加锅内蒸汽温度进而达到灭菌目的。具体过程是,加热灭菌料桶外锅体夹层中的水,使其沸腾,不断产生蒸汽,借蒸汽将锅内的空气经排气阀排尽,关闭排气阀,使锅体处于封闭状态。继续加热,锅内充满饱和蒸汽,由于蒸汽不能逸出,进而灭菌锅的压力增加,蒸汽沸点增大。当蒸汽压力达到 0.1 MPa,锅内温度就可以达到 121 ℃,于此温度下保持 20～30 min 即可将待灭菌物体内外带有的所有微生物的营养体、芽孢和孢子杀灭。若灭菌锅内的空气未排尽或只排出一半,由于空气的膨胀压大于蒸汽的膨胀压,相同压力下,其温度低于饱和蒸汽的温度,即如果灭菌锅内含有空气,虽然压力表指示压力值为 0.1 MPa,但锅内的温度并未达到 121 ℃。由此可见,灭菌锅内空气是否排尽将直接影响灭菌效果。培养基、生理盐水、缓冲液以及玻璃器皿等均可采用高压蒸汽灭菌法进行灭菌。

3)紫外灭菌

紫外灭菌是利用紫外灯进行灭菌。波长在 260～280 nm 内的紫外线有很强的杀菌作用,260 nm 的紫外线杀菌能力最强。人工生产的紫外灯可以产生波长 253.7 nm 的紫外线,杀菌能力强。紫外线灭菌的原理是利用紫外线被蛋白质与核酸吸收这一特性,使这些物质失活。另外,空气在紫外线的照射下产生的臭氧可以辅助杀菌。由于紫外线的穿透能力较弱,所以紫外线可用于空气的灭菌以及物体表面的灭菌。

为增强紫外线灭菌效果,打开紫外灯前,可以用石炭酸等消毒剂进行杀菌、无菌室内的桌椅可以用 2%～3%的甲酚皂擦拭消毒,再打开紫外灯,增强灭菌效果(常用消毒剂见附录 5)。

4)过滤除菌

过滤除菌利用微孔材料的静电吸附和机械阻力等将菌悬液体或气体进行抽气过滤。在微生物实验中,一些对热不稳定的物质如血清、维生素和抗生素等,采用过滤除菌法进行除菌。过滤除菌可除去细菌,但不能除去支原体和病毒等粒子。其最大特点是不破坏培养基的成分。过滤器的种类很多,主要分为以下几种。

(1)蔡氏滤器。蔡氏滤器由一个金属漏斗和石棉制成的滤板组成。细菌在通过石棉时由于过滤和吸附作用被截留,每次过滤必须用新的滤板。过滤时,将石棉滤板紧紧夹在上下两节滤器之间,待滤菌的溶液在滤器中被抽滤。滤板根据其孔径大小分为 3 种型号:EK-S 型、EK 型、K 型,孔径依次增大,孔径小的可用于过滤病毒,孔径大的可用于澄清溶液,孔径介于两者之间的可用于过滤除去细菌。蔡氏滤器是实验室中常用的滤器。

（2）滤膜滤器。滤膜滤器与蔡氏滤器结构相似,其滤膜采用醋酸纤维和硝酸纤维等制成。每张滤膜只能用一次。此法过滤的优点是滤速快,吸附性小,不足之处是滤液量小,一般适用于实验室溶液过滤除菌,滤膜孔径一般是 $0.45~\mu\mathrm{m}$。如果要除去病毒,则需要使用孔径更小的微孔滤膜。

（3）玻璃滤器。玻璃滤器由玻璃制作而成,滤板由玻璃细沙粉烧结而成,呈板状结构。根据孔径大小的不同,玻璃滤器分为很多类型,其中 G5、G6 用于截留细菌。玻璃滤器吸附量少,每次使用过后需要用水反复清洗,并在含 1% KNO_3 的浓硫酸溶液中浸泡 $24~\mathrm{h}$,再用蒸馏水冲洗。为检查是否冲洗干净,可以在冲洗液中滴加少许 $BaCl_2$,若不出现沉淀表示玻璃滤器被冲洗干净。

（4）姜伯朗氏滤器。姜伯朗氏滤器由素瓷制作而成,一端开口,待过滤的液体因负压作用由漏斗进入柱心,慢慢过滤,细菌被截留。其不足之处是滤速过慢。

3. 实验器材

（1）实验设备和仪器:高压蒸汽灭菌锅、烘箱、紫外灯、过滤器。

（2）待灭菌物品:包装好的玻璃器皿、待灭菌的培养基、生理盐水和试管等。

4. 操作步骤

1）干热灭菌

干热灭菌分为火焰直接灼烧和干热空气灭菌。

（1）火焰直接灼烧

将接种环、接种针和涂布棒等直接在火焰上灼烧。在无菌操作过程中,试管口和锥形瓶口也需要在火焰上进行灼烧灭菌。

（2）干热空气灭菌

① 将待灭菌物质放入烘箱内,物品不得贴近烘箱内壁。摆放均匀,不可过挤,利于热空气流通和灭菌温度的维持。

② 关闭烘箱门,接通电源,打开烘箱开关,设定温度在 $110\sim160~℃$。

③ 待温度升至设定温度后,维持 $1\sim2~\mathrm{h}$ 即可。

④ 切断电源,待其自然降温。

⑤ 烘箱内温度降至 $60~℃$ 以下,再打开烘箱门,取出灭菌物品,注意防护,并且小心烫伤。

2）湿热灭菌

将待灭菌物品放入高压蒸汽灭菌锅内,在 $121~℃$ 下维持 $20~\mathrm{min}$,具体操作见本实验的实验原理培养基的配制与灭菌中高压蒸汽灭菌锅的使用。

3）紫外灭菌

（1）在无菌室内或超净工作台内打开紫外灯,$30~\mathrm{min}$ 后将其关闭。

（2）牛肉膏蛋白胨培养基倒入 3 个平板,待其凝固后打开皿盖 $15~\mathrm{min}$,然后盖上皿盖于 $37~℃$ 培养 $24~\mathrm{h}$。

（3）检查平板上菌落数,如果不超过 4 个,则表明灭菌效果好,否则需要延长紫外灯照射时间。

4）过滤除菌

这里介绍蔡氏滤器的使用步骤。

（1）清洗和灭菌：将滤器拆开用水清洗干净，待晾干后组装，放入滤板拧上螺旋，再插入抽滤瓶口的软木塞上，并在滤器口包扎，然后进行灭菌（121 ℃下维持 20 min）。

（2）过滤装置检测：先将滤器和收集滤液的试管连接，防止渗漏进而影响抽滤效果或使滤液染菌。在负压泵和抽滤瓶之间装好安全瓶，用于抽滤带来的缓冲。在自来水龙头上安装抽气负压装置，以便加快抽滤速度，并检查是否存在漏气现象。

（3）安装滤器：移除滤器口的包装纸，拧上螺旋，防止漏气。

（4）连接实验装置：除去抽滤瓶口包装纸，与安全瓶连接，再将安全瓶与负压泵连接。

（5）加入待滤样品：向滤器内倒入待过滤除菌的液体，打开负压进行抽滤。

（6）抽滤：抽滤完成后，先断开安全瓶与抽滤瓶的连接，再关闭水龙头。

（7）收集滤液：在火焰附近打开抽滤瓶的塞子，取出滤液，并迅速塞上无菌塞。

（8）后处理：弃去用过的滤板，将滤器冲洗晾干，更换滤板，组装后备用。

5. 注意事项

（1）干热灭菌的温度不能超过 180 ℃，否则，易烧焦包住瓶塞的报纸或棉线，引起火灾。

（2）干热灭菌结束后，待温度降至 60 ℃以下再打开烘箱，否则温度骤降会导致玻璃器皿炸裂，造成危险事故。

（3）高压蒸汽灭菌时，实验人员不得擅自离开，要注意压力表和温度的示数，防止出现意外事故。

（4）紫外线对人的皮肤、眼结膜及视神经有一定的损害，实验时要注意防护。

（5）抽滤过程中一定要防止连接部位漏气，否则将影响实验效果甚至出现杂菌污染。

6. 实验报告

记录不同物品所用的灭菌方法及灭菌条件（温度、压力等）。

7. 问题与思考

（1）湿热灭菌和干热灭菌的原理是什么？

（2）常用的灭菌方法主要适用于哪些物品的灭菌？

（3）高压蒸汽灭菌锅的使用方法是什么？

（4）过滤除菌的装置有哪些？

实验 4.3　细菌的纯培养法

纯培养是指在固体平板上由单个细胞形成的群落或菌落。在自然界，微生物都是混杂的群体。目前，实验室中常用平板分离法获得纯培养，但待测样品很难完全分散成单个细胞。在固体平板上形成的菌落也可能来自两个或多个细胞。因此要确认平板上菌落是否属于单菌落或纯培养，还需要通过菌落以及个体的形态观察等加以鉴别。

平板分离法主要有稀释涂布分离法和平板划线分离法。稀释涂布分离法是将混杂的菌样经充分稀释后，将稀释的菌悬液涂布到固体平板上，使单个细胞也可能形成菌落，以获得纯培养；平板划线分离法是将稀释的菌悬液或经初步分离的固体培养物，在固体平板上划线和培养,以获得由单个细胞形成的菌落。

土壤是微生物生存的大本营,所含微生物的数量和种类都是极为丰富的。因此,土壤是发掘微生物资源的重要基地,从土壤中分离和纯化微生物,可获得许多有开发价值的菌株。

1. 目的要求

(1) 学习并掌握平板分离法的基本原理和操作要领。

(2) 熟悉细菌纯培养的检测方法。

2. 实验原理

从混杂的微生物群体中获得只含有某一种或某一株微生物的过程称为微生物的分离与纯化。常用的方法有:

1) 简易单细胞挑取法

它需要特制的显微操纵器或其他显微技术,因而其使用受到限制。简易单孢子分离法是一种不需要显微单孢操作器,直接在普通显微镜下利用低倍镜分离单孢子的方法。它采用很细的毛细管吸取较稀的萌发孢子悬浮液滴在培养皿盖的内壁上。在低倍镜下逐个检查微滴,将只含有一个萌发孢子的微滴放在一小块营养琼脂片上,使其发育成微菌落。再将微菌落转移到培养基中,即可获得仅由单个孢子发育而成的纯培养。

2) 平板分离法

该方法操作简便,普遍用于微生物的分离与纯化。其基本原理包括两方面:

(1) 选择适合于待分离微生物的生长条件,如营养、酸碱度、温度和氧等要求或加入某种抑制剂造成只利于该微生物生长,而抑制其他微生物生长的环境,从而淘汰一些不需要的微生物。

(2) 微生物在固体培养基上生长形成的单个菌落可以是由一个细胞繁殖而成的集合体。因此可通过挑取单菌落而获得一种纯培养。获取单个菌落的方法可通过稀释涂布平板或平板划线等技术完成。

值得指出的是从微生物群体中经分离生长在平板上的单个菌落并不一定保证是纯培养。因此,纯培养的确定除观察其菌落特征外,还要结合显微镜检测个体形态特征后才能确定,有些微生物的纯培养要经过一系列的分离与纯化过程和多种特征鉴定方能得到。

本实验采用牛肉膏蛋白胨培养基从土壤中分离不同类型的微生物。

3. 实验器材

(1) 培养基:牛肉膏蛋白胨培养基。

(2) 仪器或其他用具:酒精灯、无菌培养皿、无菌玻璃涂棒、无菌移液管、无菌量筒、移液枪、土样、无菌带玻璃珠三角烧瓶、无菌带硅胶塞试管、接种环等。

4. 实验步骤

(1) 倒平板:将牛肉膏蛋白胨培养基倒入 6 个培养皿。

右手持盛培养基的试管或三角瓶置火焰旁边,用左手将试管塞或封口膜轻轻地去除,试管或瓶口保持对着火焰;然后用右手边缘或小指与无名指夹住试管(瓶)塞(也可将试管塞或瓶塞放在左手边缘或小指与无名指之间夹住。如果试管内或三角瓶内的培养基一次用完,管塞或瓶塞则不必夹在手中)。左手拿培养皿并将皿盖在火焰附近打开一缝,迅速倒入培养基约 15 mL(图 4-5),加盖后轻轻摇动培养皿,使培养基均匀分布在培养皿底部,然后平置于桌面上,待冷凝后即为平板。

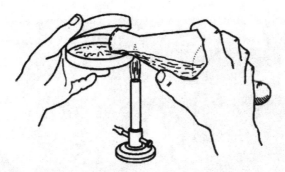

图 4-5　倒平板

（2）制备土壤稀释液：称取土样 5 g，放入盛 45 mL 无菌水并带有玻璃珠的三角烧瓶中，振摇约 20 min，使土样与水充分混合，将细胞分散。用 1 支 1 mL 无菌吸管从中吸取 1 mL 土壤悬液加入盛有 9 mL 无菌水的大试管中充分混匀，然后用无菌吸管从此试管中吸取 1 mL（无菌操作见图 4-6）加入另一盛有 9 mL 无菌水的试管中，混合均匀，以此类推制成 10^{-1}、10^{-2}、10^{-3}、10^{-4}、10^{-5}、10^{-6} 不同稀释度的土壤溶液。

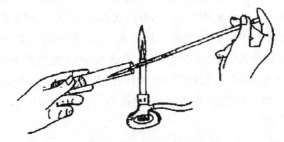

图 4-6　用移液管吸取菌悬液

（3）涂布：将上述培养基的三个平板底面分别用记号笔写上 10^{-4}、10^{-5} 和 10^{-6} 三种稀释度，然后用无菌吸管分别由 10^{-4}、10^{-5} 和 10^{-6} 三管土壤稀释液中各吸取 0.2 mL 对号放入已写好稀释度的平板中（图 4-7）。用无菌玻璃棒按图 4-8 所示在培养基表面轻轻涂布均匀。室温下静置 5～10 min，使菌悬液吸附进培养基。

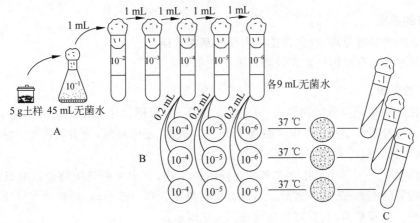

图 4-7　从土壤分离微生物操作过程

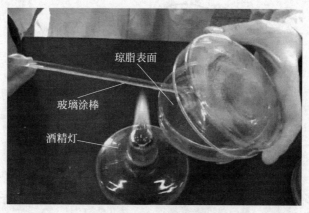

图 4-8　平板涂布操作

平板涂布方法：将 0.2 mL 菌悬液小心地滴在平板培养基表面中央位置(0.2 mL 的菌悬液要全部滴在培养基上,若吸管尖端有剩余,需将吸管在培养基表面轻按一下便可)。右手拿无菌涂棒平放在平板培养基表面,将菌悬液先沿一条直线轻轻来回推动,使之分布均匀,然后改变方向沿另一垂直线来回推动,平板内边缘处可改变方向用涂棒再涂布几次。

(4) 培养：将涂布好的牛肉膏蛋白胨平板倒置于 37 ℃温室中培养 2～3 d。

(5) 挑菌落：将培养后长出的单个菌落分别挑取少许细胞接种到牛肉膏蛋白胨斜面上,置于 37 ℃温室中培养,待菌苔长出后,检查特征是否一致,同时将细胞涂片后用显微镜检查是否为单一的微生物。若发现有杂菌,需再进行一次分离、纯化,直到获得纯培养。

5. 实验报告
绘制实验中得到的典型菌落形态。

6. 问题与思考
如何确定平板上某个单菌落是纯培养？请写出实验的主要步骤。

实验 4.4　苯酚降解菌的富集与纯化培养

1. 目的要求
(1) 学习并掌握分离、纯化微生物生长的基本技能。
(2) 学习筛选有机污染物高效降解菌的基本方法。

2. 实验原理
酚类化合物是一类原生质毒物,可使蛋白质凝固,长期饮用被酚污染的水会引起头晕、贫血及各种神经系统病症;水中含酚量达 4～15 mg/L 或更高时,会引起鱼类大量死亡。因此,利用微生物降解酚类等有机污染物备受关注。

活性污泥和土壤等环境中存在各种各样的微生物,其中有些微生物能以有机污染物作为其生长所需的能源、碳源或氮源。当以有机污染物为唯一碳源时,降解菌就可使有机污染物得以降解。以苯酚为例,其降解途径如图 4-9 所示。

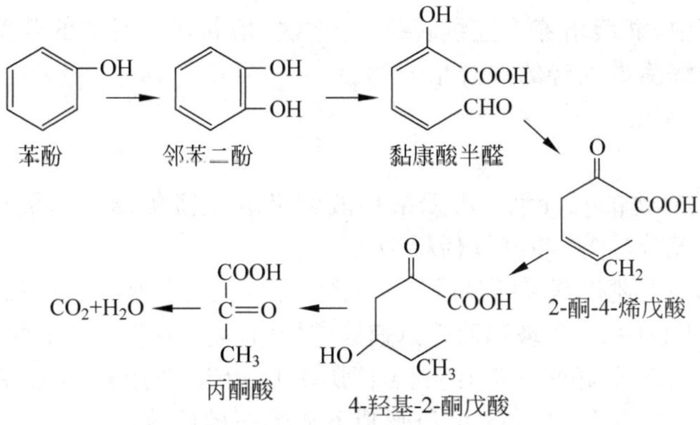

图 4-9　苯酚的降解途径

降解菌的分离包括三个环节：

（1）富集培养：采样后，取适量样品接种到以苯酚为唯一碳源的液体培养基中，经恒温振荡培养可使目标苯酚降解菌富集生长；

（2）分离培养：将经富集的菌悬液转到含苯酚的琼脂平板上，经涂布稀释法和平板划线法，可获得苯酚降解菌的纯培养；

（3）性能测试：将苯酚降解菌在以苯酚为唯一碳源的条件下进行降解实验，可筛选出高效的苯酚降解菌株。

3．实验器材

1）培养基与试剂

（1）富集和分离培养基：蛋白胨 0.5 g，磷酸氢二钾 0.1 g，$MgSO_4 \cdot 7H_2O$ 0.05 g，蒸馏水 1000 mL，pH 为 7.2～7.4，固体培养基添加琼脂 2％。

（2）苯酚标准液：将分析纯苯酚 1.0 g 溶于少量蒸馏水中，再稀释至 1000 mL，摇匀，得到苯酚标准母液，其浓度为 1 mg/mL；将此液稀释 10 倍，得到苯酚标准液。该溶液中酚浓度用 K_2CrO_4 标准溶液标定。

（3）四硼酸钠饱和溶液：将 $Na_2B_4O_7$ 40.0 g 溶于 1000 mL 热蒸馏水中，冷却后使用，此溶液的 pH 为 10.1。

（4）3％ 4-氨基安替比林溶液：将分析纯 4-氨基安替比林 3.0 g 溶于少量蒸馏水中，再稀释至 100 mL，置于棕色瓶内，冰箱保存，可用两周。

（5）2％过硫酸铵溶液：将分析纯过硫酸铵 $(NH_4)_2S_2O_8$ 2.0 g 溶于少量蒸馏水中，再稀释至 100 mL，置于棕色瓶内，冰箱保存，可用两周。

2）仪器与用具

（1）仪器：恒温培养箱、恒温振荡器、分光光度计和离心机。

（2）用具：无菌水、无菌的 50 mL 离心管、移液管（1 mL、10 mL 和 50 mL）、容量瓶（100 mL 和 250 mL）和培养皿（9 cm），玻璃棒、接种环和酒精灯等。

4．实验步骤

1）富集培养

（1）采集活性污泥或土样等，接种于装有 50 mL 液体培养基的三角瓶中，并加有玻璃珠和适量的苯酚，30 ℃振荡培养。

（2）待三角瓶中有细菌生长后，用无菌移液管吸取 1 mL，转接到另一个装有 50 mL 液体培养基的三角瓶中,继续培养。连续转接2～3次,培养基中所加的苯酚含量适度增加,最后可得到以苯酚降解菌占优势的混合培养物。

2) 平板分离和纯化

(1) 涂布分离:

① 制备混合培养物的稀释液:用无菌移液管吸取经富集培养的混合物0.1 mL,注入9.9 mL无菌水中,充分混匀,并继续稀释至10^{-6}。

② 涂平板:选择上述稀释液的最后3支试管,分别用无菌吸管吸取稀释液0.1 mL,置于加适量苯酚的固体平板中央,用玻璃涂棒迅速涂布均匀,盖好皿盖;每个稀释度2～3个重复。

③ 倒置培养:将涂布好的平板在室温下放置1～2 h,待所接菌悬液被培养基吸收后,倒置于恒温箱内,30 ℃培养24～48 h,以形成不同形态的菌落。

(2) 划线纯化:挑选生长良好的菌落,用接种环挑取少量菌苔在固体平板(含适量的苯酚)上划线;将划线后的平板倒置于恒温箱内,30 ℃培养24～48 h。

3) 转接培养

将纯化后的单菌落转移至补加适量苯酚的试管斜面,30 ℃恒温培养24～48 h。

4) 降解实验

用接种环取各斜面菌苔少量,分别接种于100 mL液体培养基中,于30 ℃恒温振荡培养20～24 h。

5) 酚含量测定

(1) 制作标准曲线:取100 mL容量瓶7只,分别加入100 mg/L苯酚标准溶液0 mL、0.5 mL、1.0 mL、2.0 mL、3.0 mL、4.0 mL和5.0 mL;每只容量瓶中加入四硼酸钠饱和溶液10 mL,3% 4-氨基安替比林溶液1 mL,再加入四硼酸钠饱和溶液10 mL,2%过硫酸铵溶液1 mL,再用蒸馏水稀释至刻度,摇匀。放置10 min后将溶液转移到比色皿中,560 nm处以试剂空白为参比测定吸光度,绘制标准曲线。

(2) 降解液的吸光度测定:取经降解的培养基30 mL,离心;取上清液10 mL于100 mL容量瓶中,加入四硼酸钠饱和溶液10 mL,3% 4-氨基安替比林溶液1 mL,再加入四硼酸钠饱和溶液10 mL,2%过硫酸铵溶液1 mL,再用蒸馏水稀释至刻度,摇匀;同时做空白对照。放置10 min后用分光光度计测定560 nm处的吸光度。

(3) 苯酚含量计算:由测得的吸光度从标准曲线获得苯酚的毫克数,再由公式(4-1)计算苯酚含量。

$$苯酚(mg/L) = \frac{查得苯酚的毫克数}{10} \times 1000 \tag{4-1}$$

5. 注意事项

(1) 用于分离培养的平板应提前24～48 h备好;待冷却后,须倒置于室温下或30 ℃恒温箱内,使平板的表面无水膜。

(2) 在涂布操作时,为加快涂布速度也可不更换无菌涂棒,但涂布顺序应按样品液的稀释度递减的顺序依次进行;涂布后,须待菌悬液被琼脂平板充分吸收(正面向上放置约2 h),再倒置于恒温箱内培养。

(3) 测定苯酚含量时,若样品的读数超过标准曲线的范围,必须将待测样液适度稀释,再测定。

6. 实验报告

绘制苯酚含量测定的标准曲线,并计算苯酚含量。

实验 4.5　微生物的分离与纯化技术

微生物的分离和纯化是环境微生物学领域最重要的基本操作之一。为了实现去除环境中不同污染物的目的,研究者往往需要从自然界混杂的微生物群体中分离出具有特殊功能的纯菌株,或通过诱变与遗传改造等技术筛选出高性能的重组菌株。上述得到纯培养物的过程就叫作微生物的分离纯化,目的是从混合的微生物群体中获得某种微生物单菌落。尽管分离纯化的目标菌种不同,但微生物分离和纯化的方法基本相似,大致可分为富集培养、纯种分离和性能测定等步骤。

传统的纯种分离方法以稀释涂布分离法和平板划线分离法为主。稀释涂布分离是指将富集后的培养基经过逐级稀释,得到 10^{-1}、10^{-2}、10^{-3}、10^{-4}、10^{-5}、10^{-6}、10^{-7}、10^{-8} 等不同稀释度的稀释液,再用涂布棒将菌悬液依次涂布接种到空白平板培养基上的方法。平板划线分离是通过不断划线而获得单菌落的分离方法,微生物数量会随着划线次数的增加而逐渐减少,直到得到单一菌种。

然而,人类生产和生活中已开发利用的微生物还不到自然界微生物总数的 1%。传统的分离纯化方法尽管在现阶段仍发挥着重要作用,但也不可避免地存在耗时长、劳动强度大、试剂用量多和筛选效率较低等缺点。近年来,基于自动化和仪器分析技术的高通量筛选平台突破了传统人工筛选在筛选时长和工作量等方面的限制,正逐步发展成为新一代菌株筛选分离的重要方法,微流控技术正是其典型代表之一。微流控(microfluidics)是一种利用微米量级的通道来处理纳升甚至皮升量级流体的科学技术。微流控芯片可生成靶向微流控液滴,进一步基于主动式或被动式分选技术进行液滴分离,即可实现在微体积、大小均一的液滴中对单细胞进行培养和筛选。目前,该技术已成为发掘新功能微生物菌种资源的重要手段,但在技术成熟度和分选方法上仍有待进一步突破。

4.5.1　环境中异养微生物的分离与纯化

1. 目的要求

(1) 了解从土壤或活性污泥中分离与纯化异养微生物的流程与方法。

(2) 熟练掌握平板划线分离技术。

2. 实验原理

1) 异养微生物的代谢特点

自然界中的微生物按照营养方式的不同可分为异养微生物(heterotrophic microorganism)和自养微生物(autotrophic microorganism)。异养微生物是指以有机物为碳源进行生长的微生物,根据所需能源的不同又可分为光能异养微生物和化能异养微生物。光能异养微生物需要以有机物作为电子供体,利用光能将二氧化碳还原为细胞物质,红螺菌属(*Rhodospirillum*)是最典型的光能异养微生物。化能异养微生物以有机碳化合物作为碳源和能源,自然界的大多数微生物均属于这一类型。

2) 土壤和活性污泥中的微生物群落组成

(1) 土壤中的微生物群落组成:土壤中有机质含量丰富,具有适宜微生物生长、代谢、繁殖等生命活动所需要的营养条件,因此土壤中微生物种类丰富,数量繁多,被认为是陆地生态系统中最大的生物多样性库之一。土壤微生物是土壤中存活的原核微生物和真核微生物的统称,主要包括细菌、真菌、放线菌、古菌,还有少量的显微藻类和原生动物。

细菌是土壤微生物的主体,占其微生物总量的 70%～90%。土壤中细菌的优势类群包括变形菌门(Proteobacteria)、拟杆菌门(Bacteroidetes)、酸杆菌门(Acidobacteria)、绿弯菌门(Chloroflexi)和放线菌门(Actinobacteria)等。真菌作为土壤中微生物的另一重要组成部分,参与土壤的腐殖化和矿质化过程,主要由子囊菌门(Ascomycota)和担子菌门(Basidiomycota)组成。土壤中的古菌主要包括广古菌门(Euryarchaeota)和奇古菌门(Thaumarchaeota),参与碳、氮和氢的生物地球化学循环。土壤中微生物的数量因土壤类型、季节、地理位置以及土壤的深度不同而异,即使同一地点同一类型土壤微生物,分布的数量也不均匀。研究表明,土壤所在地形类别、pH 等因素均对土壤微生物群落结构具有重要影响。

(2) 活性污泥中的微生物群落组成:活性污泥是微生物群体及它们所依附的有机物质和无机物质的总称。活性污泥中的微生物包括细菌、原生动物、真菌、古菌、藻类和病毒等。细菌是活性污泥中的主要类群,其数量可占活性污泥中微生物总量的 90%～95%。变形菌门、拟杆菌门、厚壁菌门、绿弯菌门、放线菌门和酸杆菌门是活性污泥中的优势门;陶厄氏菌属(Thauera)、硝化螺旋菌属(Nitrospira)、丛毛单胞菌属(Comamonas)、脱氯单胞菌属(Dechloromonas)、红育菌属(Rhodoferax)和噬酸菌属(Acidovorax)是活性污泥的优势菌属。

3) 微生物氮循环

微生物是自然界生物地球化学循环的基础,生态系统中微生物驱动的氮循环过程主要包括硝化作用、反硝化作用、厌氧氨氧化作用、硝酸盐异化还原为铵以及亚硝酸型甲烷厌氧氧化等过程。

硝化作用(nitrification)是指微生物在氧气作用下将氨态氮氧化为亚硝酸盐继而将亚硝酸盐氧化为硝酸盐的过程。第一步将氨态氮(NH_4^+)氧化为亚硝酸盐(NO_2^-)的过程由专性好氧的化能自养菌完成,参与该过程的微生物包括氨氧化细菌(ammonia-oxidizing bacteria,AOB)和氨氧化古菌(ammonia-oxidizing archaea,AOA)。第二步将亚硝酸盐(NO_2^-)氧化为硝酸盐(NO_3^-)的过程是由自养亚硝化细菌(nitrite-oxidizing bacteria,NOB)完成的。

传统反硝化过程(denitrification)是指在缺氧或厌氧条件下,硝酸盐被反硝化细菌还原成氧化亚氮或氮气的过程。大部分反硝化细菌是异养菌,它们能利用 NO_2^- 和 NO_3^- 为呼吸作用的最终电子受体,利用有机物为氮源和能源,进行无氧呼吸。其反应过程如下:$NO_3^- \rightarrow NO_2^- \rightarrow NO \rightarrow N_2O \rightarrow N_2$,参与反硝化作用的酶包括硝酸盐还原酶 NAR(对应编码基因为 narG、napA)、亚硝酸盐还原酶 NIR(对应编码基因为 nirS、nirK)、一氧化氮还原酶 NOR(对应编码基因为 norB)和氧化亚氮还原酶 NOS(对应编码基因为 nosZ)。

然而,近年来的研究表明反硝化作用也可在好氧条件下完成。最早给出好氧反硝化反应科学验证的是 Krul 和 Meiberg,最早筛选得到好氧反硝化细菌的是 Robertson 和 Kuenen,他们发现泛氧硫球菌(Thiosphaera pantotropha),现更名为脱氮副球菌(Paracoccus denitrificans)甚至可以在氧浓度达到 7 mg/L 的环境下进行反硝化作用。20 世纪 80 年代以来,人们已经不断在各种不同的环境下,诸如土壤、沟渠、活性污泥和沉积物中分离出好氧反硝化细菌,它们多分布在副球菌属(Paracoccus)、产碱菌属(Alcaligenes)、假单胞菌属(Pseudomonas)和睾酮丛毛单胞菌属(Comamonas)等。

　　厌氧氨氧化(anaerobic ammonium oxidation, ANAMMOX)是指 ANAMMOX 菌在缺氧条件下,以 NO_2^- 为电子受体,将 NH_4^+ 氧化为 N_2。一般认为,经典的厌氧氨氧化反应主要包括三个步骤:①在 cd1 型亚硝酸盐还原酶 NIR 作用下, NO_2^- 被还原为 NO;②在联氨合成酶 HZS 的作用下,NO 与 NH_4^+ 缩合成 N_2H_4;③在联氨水解酶 HDH 作用下, N_2H_4 被分解为 N_2。一般采用 $hzsB$ 作为标记 ANAMMOX 过程的功能基因。目前,已发现的厌氧氨氧化菌都属于浮霉菌门(Planctomycetes)浮霉状菌目(Planctomycetales)的厌氧氨氧化菌科(Anammoxaceae)。

　　硝酸盐异化还原为铵(dissimilatory nitrate reduction to ammonium, DNRA)是指硝酸盐氮被异化还原为铵的过程,主要包括两个步骤:①硝酸盐还原酶 NAR 将 NO_3^- 还原成 NO_2^-,编码该酶的基因为 $narG$、$napA$;②亚硝酸还原酶 NIR 将 NO_2^- 还原成 NH_4^+。DNRA 的 NIR 酶编码基因为 $nrfA$,其活性比反硝化的 NIR 更强。迄今发现的 DNRA 细菌多为专性厌氧异养菌和兼性厌氧异养菌,例如埃希氏菌属($Escherichia$)、克雷伯氏菌属($Klebsiella$)、柠檬酸杆菌属($Citrobacter$)、普通变形菌属($Proteu$)、脱硫弧菌属($Desulfovibri$)、沃里纳氏杆菌属($Wolinella$)、嗜血杆菌属($Haemophilus$)、无色杆菌属($Achromobacter$)、梭菌属($Clostridium$)、链球菌属($Streptococcus$)、亚黄色奈瑟氏菌属($Neisseriasubflava$)等,也有部分微嗜氧菌和严格好氧菌,如芽孢杆菌属($Bacillus$)、普氏单胞菌属($Pscudomonas$)、孢子弯曲杆菌属($Campylobacter sputorum$)等。

　　亚硝酸型甲烷厌氧氧化(nitrite-dependent anaerobic methane oxidation, N-DAMO)是在 2006 年由荷兰科学家发现的。他们在实验室条件下获得了一类能够利用亚硝酸盐为电子受体的甲烷氧化微生物富集培养物,证实了甲烷氧化可耦合亚硝酸盐的还原,此过程被称为亚硝酸型甲烷厌氧氧化。反硝化厌氧甲烷氧化反应的发现彻底颠覆了甲烷循环的传统模型,将地球碳循环和氮循环紧密联系起来,通过这一途径消耗的甲烷可能是被长期忽视的一种微生物汇。催化 N-DAMO 反应的微生物是一类新的微生物——甲基杆菌属($Methylobacterium$),隶属于新发现的细菌门(NC10),该门的细菌迄今都是不可培养的。

　　本实验将以从土壤和活性污泥系统中筛选传统反硝化细菌与好氧反硝化细菌为代表展示异养细菌的分离与纯化过程。首先使用富集培养基进行厌氧或好氧反硝化细菌的富集,通过平板划线分离得到纯菌株;然后对得到的纯菌株进行反硝化能力测定,筛选得到具有高效反硝化能力的菌株。

3. 实验器材

1) 实验材料

土壤样品或活性污泥。

2) 培养基

(1) 好氧反硝化培养基配制。

富集培养基:$NaNO_3$ 0.85 g/L;蛋白胨 0.6 g/L;牛肉膏 0.4 g/L;尿素 0.1 g/L; NaCl 0.03 g/L;KH_2PO_4 0.1 g/L;KCl 0.014 g/L;$MgSO_4 \cdot 7H_2O$ 0.02 g/L;$CaCl_2 \cdot 2H_2O$ 0.0185 g/L;pH 7.2。121 ℃高压灭菌 20 min,冷却待用。

分离培养基:L-天冬碱 1.0 g/L;KNO_3 1.0 g/L;KH_2PO_4 1.0 g/L;$FeSO_4 \cdot 7H_2O$ 0.06 g/L;$CaCl_2 \cdot 2H_2O$ 0.2 g/L;$MgSO_4 \cdot 7H_2O$ 1.0 g/L;琥珀酸钠 8.5 g/L;琼脂

16～18 g/L；溴百里酚蓝(又称BTB试剂,1‰溶解于酒精)1 mL；pH 7.0～7.3。121 ℃高压灭菌20 min,冷却待用。分离培养基中含有溴百里酚蓝作指示剂,当pH＞7.6时该培养基变蓝色,可据此判断培养基酸碱度的变化。

反硝化测试(DM)培养基：KNO$_3$ 1.0 g/L；琥珀酸钠 8.5 g/L；KH$_2$PO$_4$ 1.0 g/L；FeSO$_4$·7H$_2$O 0.06 g/L；CaCl$_2$·2H$_2$O 0.2 g/L；MgSO$_4$·7H$_2$O 1.0 g/L；pH 7.0～7.3。121 ℃高压灭菌20 min,冷却待用。

(2)厌氧反硝化培养基配制。

富集培养基：CH$_3$COONa 2.73 g/L；NaNO$_3$ 1.0 g/L；K$_2$HPO$_4$ 0.15 g/L；KH$_2$PO$_4$ 0.1 g/L；MgSO$_4$·7H$_2$O 0.1 g/L；FeSO$_4$·7H$_2$O 0.001 g/L；pH 7.5。121 ℃高压灭菌20 min,冷却待用。

分离培养基：厌氧反硝化的富集培养基加 20 g/L 的琼脂。

反硝化测试培养基：同厌氧反硝化的富集培养基。

3)实验仪器

超净工作台、高压灭菌器、恒温培养箱、厌氧手套操作箱、天平、离心机、摇床、分光光度计等。

4)实验工具

锥形瓶、血清瓶、玻璃珠、培养皿、移液枪、移液枪吸头(或移液管替代)、接种环、酒精灯、记号笔、标签纸、硅胶塞等。

4.实验步骤

1)样品的采集(可选择一种环境介质)

(1)土壤样品的采集：选定采样点后,用小铲铲去表层土 2～10 cm,然后向下(10～20 cm)取土样约 10 g。将土样装入预先准备好的无菌锥形瓶中,封口,记录采样信息,包括采样地点、采样日期、采样人、采样环境、天气等。取回土样后,应及时开展分离实验；如不能及时分离,需要将土样置于 4 ℃冰箱中保存。

(2)活性污泥的采集：采集污水处理厂生活污水处理工艺中的活性污泥,装入预先准备好的无菌锥形瓶中,封口,记录采样地点、采样日期、采样人、采样环境等采样信息。取回样品后应及时开展分离实验；如不能及时分离,需要将活性污泥置于 4 ℃冰箱中保存。

2)样品富集培养

(1)好氧反硝化细菌的富集：称取 20 g 土样(量取 20 mL 活性污泥),接种到装有200 mL 富集培养基的 500 mL 锥形瓶中(含 15～20 颗的玻璃珠),用 8 层纱布包好瓶口,于30 ℃、120 r/min 摇床振荡培养 3 d。富集完成后的土壤样品颗粒杂质较多,静置 5 min。以此锥形瓶中的菌悬液为菌种源,取出 10 mL 接种至新鲜的装有 200 mL 富集培养基的锥形瓶中,培养条件相同,每隔 3 d 转接一次,转接 3～4 次。

(2)厌氧反硝化细菌的富集：称取 20 g 土样(量取 20 mL 活性污泥),注入装有 200 mL富集培养基的 500 mL 血清瓶中,盖紧瓶盖使其密闭,在厌氧培养箱中 30 ℃恒温培养 3 d。以此血清瓶中的菌悬液为菌种源,取出 10 mL 接种至新鲜的装有 200 mL 富集培养基的血清瓶中,培养条件相同,每隔 3 d 转接一次,转接 3～4 次。整个转接过程均须在厌氧手套操作箱中完成。

3)分离与筛选

(1)好氧反硝化细菌的分离与筛选：用无菌移液枪移取约 0.1 mL 富集培养基,用涂布棒均匀涂布在 5～10 个分离培养基平板上,涂布均匀,倒置于 30 ℃恒温培养箱中培养 3～5 d,挑选周围变蓝的菌落反复划线纯化,直至获得单菌落作为初筛菌种。

(2) 厌氧反硝化细菌的分离与筛选:在厌氧手套操作箱中,用无菌移液枪移取约 0.1 mL 富集培养基,用涂布棒均匀涂布在 5～10 个分离培养基平板上,在厌氧培养箱 30～36 ℃倒置培养 3～5 d,挑选单菌落反复划线纯化,直至获得单菌落作为初筛菌种。

4) 反硝化能力测定

(1) 好氧反硝化细菌的反硝化性能测定:以接种环挑取反复划线后得到的纯菌落,将其接种到含有 100 mL 反硝化测试培养基的 250 mL 锥形瓶中,在 30 ℃、180 r/min 的摇床中振荡培养。培养 48 h 后移取 10 mL 培养基进行高速离心,上清液用于测定培养基中 $NO_3^- $-N 的含量。以不接种菌株的锥形瓶作为空白对照组,每次实验设置 3 个重复组。

(2) 厌氧反硝化细菌的反硝化性能测定:以接种环挑取反复划线后得到的纯菌落,将其接种到含有 100 mL 反硝化测试培养基的 250 mL 血清瓶中,盖紧瓶盖使其密闭,于 30 ℃厌氧培养箱中培养 48～72 h。培养结束后移取 10 mL 培养基进行高速离心,上清液用于测定培养基中 $NO_3^- $-N 的含量。以不接种菌株的血清瓶作为空白对照组,每次实验设置 3 个重复组。

5. 注意事项

(1) 用于划线的接种环环口应圆滑、平整,划线时环口与平板的夹角应小,动作应轻盈,避免划破平板。

(2) 用于平板划线的培养基琼脂含量可适当高一些,倾倒平板时也可倒厚一些,避免划线过程中接种环穿透培养基。

(3) 涂布过程中涂布棒经酒精灯灼烧后必须进行充分冷却,以避免将菌株烫死;推液时避免接触培养皿边缘,以免菌悬液聚集在边缘堆积生长。

(4) 划线过程中每划完一组平行线都必须将接种环在酒精灯上进行充分灼烧,待完全冷却后才可开始下一组平行线划线。

6. 实验报告

将实验结果填入表 4-14 和表 4-15。

表 4-14　好氧反硝化细菌筛选实验

样品来源	菌株编号	培养温度	培养时间	菌落形态	菌株生长情况		反硝化性能	
					初始时刻吸光度(A_{600})	结束时刻吸光度(A_{600})	初始 NO_3^--N 浓度/(mg/L)	NO_3^--N 去除率/%

表 4-15　厌氧反硝化细菌筛选实验

样品来源	菌株编号	培养温度	培养时间	菌落形态	菌株生长情况		反硝化性能	
					初始时刻吸光度(A_{600})	结束时刻吸光度(A_{600})	初始 NO_3^--N 浓度/(mg/L)	NO_3^--N 去除率/%

7. 问题与思考

(1) 为什么好氧反硝化细菌分离培养基中添加了 BTB 试剂,用途是什么?

(2) 如何确定平板上的单菌落为纯培养物?

4.5.2 环境中自养微生物的分离与纯化

1. 目的要求

(1) 了解如何对化能自养型微生物进行分离与纯化。

(2) 学习硅胶平板的配制方法以及使用硅胶平板分离硝化细菌的方法。

2. 基本原理

1) 自养微生物的特点

自养微生物(autotrophic microorganism)是指以无机碳作为唯一碳源进行生长和繁殖的生物。按照能量利用方式的不同,可分为化能自养微生物和光能自养微生物。然而,越来越多的研究发现,许多微生物同时具有化能自养、化能异养和混合营养型的生活方式,这类微生物也被称为兼性化能自养型微生物。自养与异养微生物的平衡是调节大气中二氧化碳和氧气浓度的一个关键因子,同时也影响着地球的氧化还原平衡。

凡是能够利用电子供体氧化时释放的化学能作为能源来合成其自身有机物质的微生物统称为化能自养微生物,如亚硝化细菌(nitroso bacteria)、硝化细菌(nitrobacteria)、硫细菌(sulfur bacteria)以及铁细菌(iron bacteria)等。光能自养微生物是指通过光合作用获得能量的一类微生物。这类微生物细胞内均含有一种或几种光合色素,如蓝细菌、紫硫细菌、红硫细菌和绿硫细菌等。化能自养微生物和光能自养微生物的区别主要在于能量来源不同,在自然界中能够进行化能自养的微生物种类很多,本实验以化能自养微生物中的硝化细菌为例来介绍自养微生物的分离纯化方法。

2) 硝化细菌

硝化过程是指微生物在氧气作用下将氨态氮氧化为亚硝酸盐继而将亚硝酸盐氧化为硝酸盐的过程,传统理论认为硝化过程需要分两步进行。第一步是氨氧化菌将 NH_4^+-N 氧化为 NO_2^--N 的过程,第二步是亚硝酸盐氧化菌将 NO_2^--N 氧化为 NO_3^--N 的过程。氨氧化过程是硝化过程的限速步骤,传统理论一直认为生态系统中的氨氧化作用是由氨氧化细菌(AOB)进行的专性好氧的化能自养过程;直到 2004 年,研究者在海水微生物宏基因组测序分析中发现泉古菌中具有类似细菌编码氨单加氧酶的结构基因 *amoA*、*amoB* 和 *amoC*,首次提出了海洋泉古菌可能具有氨氧化能力;2005 年,第一株氨氧化古菌(AOA)的成功分离改变了人们对传统氮循环的认识,AOA 和 AOB 在生态系统中的重要性和相对贡献也引起了全世界氮循环研究者的广泛关注。已知的 AOB 包括亚硝化单胞菌(*Nitrosomonas*)、亚硝化球菌(*Nitrosococcus*)、亚硝化螺菌(*Nitrosospira*)、亚硝化叶菌(*Nitrosolobus*)和亚硝化弧菌(*Nitrosovibrio*)等。AOA 常见于奇古菌门,主要分布在亚硝化球菌属(*Nitrosophaera*)、亚硝化单胞菌属(*Nitrosomonas*)、亚硝基菌属(*Nitrosotalea*)、亚硝化暖菌属(*Nitrosocaldus*)等几个属内。

最新的研究表明,一些之前被认为仅有亚硝酸盐氧化能力的亚硝化螺菌同时也具有氨氧化能力,它们被称为全程硝化细菌(complete ammonia oxidizer,comammox),仅需一步

即可将 NH_4^+-N 氧化为 NO_3^--N。全程硝化细菌的发现彻底颠覆了硝化作用由两类微生物分步完成的固有观念,其在多种淡水和土壤环境中的相对丰度和群落多样性均超过了传统的 AOA 和 AOB,证明了其在全球氮循环中的重要地位。

3) 硝化细菌分离方法

氨氧化细菌和亚硝酸盐氧化细菌均是典型的自养菌,这类细菌的生长比较缓慢,需要较长的培养时间,而伴生的异养菌生长却较为迅速。因此,富集和分离这类细菌通常较为困难,且需要在专门的培养基中进行。目前,常用的分离方法有硅胶平板分离法、稀释分离法和梯度离心法等。硅胶平板分离法先通过无机培养基富集硝化细菌,然后将富集液稀释涂布于硅胶平板进行后续分离操作,这种方法流程较为简单,难点在于硅胶平板的制作。稀释分离法是将富集培养基进行稀释后再进行接种培养的方法,简便易行,但不能直接获得纯种。本实验中重点介绍硅胶平板分离法。

3. 实验器材

1) 实验材料

城镇污水处理厂曝气池中的活性污泥。

2) 培养基和实验试剂

(1) 硝化细菌分离培养基配方如表 4-16 所示。

表 4-16　硝化细菌分离培养基配方

种　　类	含　　量
$(NH_4)_2SO_4$	0.5 g/L
NaCl	1.0 g/L
KH_2PO_4	0.5 g/L
K_2HPO_4	1.0 g/L
$FeSO_4 \cdot 7H_2O$	0.4 g/L
$MgSO_4 \cdot 7H_2O$	0.5 g/L
$NaHCO_3$	2.0 g/L
蒸馏水	1000 mL

(2) LB 平板培养基:酵母提取物 5 g/L;胰蛋白胨 10 g/L;NaCl 10 g/L;琼脂 15～20 g/L;用 NaOH 调节 pH 至 7.0。121 ℃高压灭菌 20 min,冷却待用。

(3) 其他试剂:格里斯试剂(Griess 试剂)、二苯胺-硫酸试剂。

3) 实验工具

锥形瓶、培养皿、接种环、涂布棒、酒精灯、称量匙等。

4. 实验步骤

1) 采样

采集城镇污水处理厂曝气池或二沉池中的活性污泥。

2) 富集

取活性污泥 10 mL,接种于 100 mL 灭菌后的硝化细菌培养基中,在温度为 30 ℃、转速 180 r/min 的条件下振荡培养,富集 15 d。每隔 1 d 取出 1 mL 的培养基,加入 Griess 试剂

检验培养基中 NO_2^- 的变化,颜色从红色、粉红色变成无色说明 NO_2^- 减少;加入二苯胺-硫酸试剂检验培养基中 NO_3^- 的变化,颜色从无色到深蓝色说明 NO_3^- 增加。

3)硅胶平板的配制

(1)混合稀酸液的配制:将 5.5 mL 浓硫酸缓慢加入 155 mL 蒸馏水中,另将 22 mL 的浓盐酸加入 185 mL 蒸馏水中,两者混合即为稀酸液。

(2)硅酸钠的配制:称取 82.59 g 硅酸钠($Na_2SiO_3 \cdot 9H_2O$)加入 500 mL 蒸馏水中搅拌溶解,配制好的溶液即为水玻璃。

(3)分别吸取 8 mL 的稀酸液和 12 mL 的水玻璃于小烧杯中,快速搅拌均匀,倒入培养皿中,静置凝固。

(4)将凝固后的硅胶板用蒸馏水浸泡 5~8 次,每次 30 min。其间用 1% 的 $AgNO_3$ 检验 Cl^- 去除效果,如有乳白色沉淀出现则继续冲洗,直至 Cl^- 全部去除,然后再用蒸馏水清洗 1 次,倒置过夜晾干。

(5)在硅胶板的表层加入预先配制并灭菌的硝化细菌分离培养基 2 mL,放入烘箱 35~45 ℃维持 1.0~1.5 h 至表层无液体流动,然后与培养皿盖子一同在紫外灯下照射 30 min,即可得到用于分离硝化细菌的硅胶平板。

4)硅胶平板分离

(1)取 0.1~0.2 mL 的富集培养基滴在配制好的 5~10 个硅胶平板上,涂布分离。

(2)将涂布后的平板放置在盛有少量水的干燥器里,防止硅胶干裂,28 ℃下培养 3~4 周。

(3)硅胶平板上长出菌落之后,用接种环挑取 10~20 个单菌落,分别接种于硝化细菌分离培养基中,28 ℃下培养 3~4 周,依照前述方法检验培养基中的 NO_2^- 和 NO_3^-,选取颜色变深的菌种作为硝化细菌分离的菌株。

5)硝化细菌的纯度检查

将筛选出的具有硝化反应的菌株培养基在 LB 平板培养基上进行划线培养,以验证其是否混有异养杂菌。平板培养基上若有菌生长,表明培养基中的培养物不纯,需进一步分离、纯化;若无菌生长,则基本为纯培养物。

5. **注意事项**

(1)配制硅胶平板时,稀酸液和水玻璃混合时,必须将稀酸液缓缓加入水玻璃中,同时不断搅拌,防止结块。

(2)硝化细菌培养过程中,常会有异养细菌伴生生长,必须用多种有机营养培养基检查培养物的纯度,看是否有异养菌污染等。

(3)Griess 试剂最早由彼得·格里斯于 1879 年开发,在亚硝酸盐存在的情况下,加入 Griess 试剂会使溶液颜色变为深粉色,进而可以定性表征溶液中是否存在亚硝酸盐。同样,二苯胺-硫酸试剂是用于检验是否存在硝酸盐的指示试剂,如滴入后溶液变蓝则表明含有硝酸盐。

6. **实验报告**

将实验结果填入表 4-17。

表 4-17　自养微生物的分离与纯化

菌株编号	第 1 周		第 2 周		第 3 周		第 4 周	
	Griess 颜色	二苯胺-硫酸颜色	Griess 颜色	二苯胺-硫酸颜色	Griess 颜色	二苯胺-硫酸颜色	Griess 颜色	二苯胺-硫酸颜色

7. 问题与思考

（1）Griess 试剂和二苯胺-硫酸试剂检验培养基中的 NO_2^- 和 NO_3^- 的原理是什么？

（2）分离化能自养微生物的平板凝固剂为什么选用硅胶而不是琼脂？

4.5.3　环境中功能菌的筛选、分离与纯化

1. 目的要求

（1）掌握如何从含苯并[a]芘污染土壤中筛选、分离和纯化苯并[a]芘降解菌。

（2）了解环境中难降解有机污染降解菌的富集和筛选方法。

2. 实验原理

多环芳烃（polycyclic aromatic hydrocarbons，PAHs）是一种非常典型的持久性有机污染物，是由 2 个或 2 个以上的苯环以线状、角状或簇状的方式构成的烃类化合物及其衍生物，多以吸附态或乳化态在环境中留存，并且能够在大气、水体、土壤和生物体等不同介质中不断发生迁移转化。PAHs 具有长期残留性、生物蓄积性和致癌、致畸、致突变"三致效应"，会对生态环境和人体健康造成严重威胁。常见的 PAHs 污染治理技术包括物理、化学和生物技术等，其中生物处理技术因具有二次污染风险小、成本相对低廉和操作简单等特点而受到广泛关注，是环境中 PAHs 物质去除的最主要途径，高效 PAHs 降解菌的获取更是生物处理技术的基础。因此，本实验以 PAHs 中高相对分子质量化合物苯并[a]芘为例来介绍特殊污染物降解菌的筛选、分离与纯化过程。

苯并[a]芘（benzo[a]pyrene，B[a]p）是一种具有 5 个苯环结构的多环芳烃（结构式见图 4-10），分子式为 $C_{20}H_{12}$，化学性质稳定，不溶于水，是一种高活性致癌物，也是目前国内外环境污染物监测的重要指标之一。例如，《环境空气质量标准》（GB 3095—2012）规定环境空气中苯并[a]芘年平均浓度限值为 $0.001\ \mu g/m^3$；《生活饮用水卫生标准》（GB 5749—2022）规定苯并[a]芘在饮用水中的含量应小于 $0.01\ \mu g/L$。

环境中苯并[a]芘的来源包括自然源和人为源，其中人为源是造成苯并[a]芘污染的主要原因。煤、石油、天然气等化石燃料的燃烧，垃圾焚烧和炼焦过程均会产生大量的高环多环芳香烃；食品在熏烤和高温油炸等过程中由于脂肪、胆固醇、蛋白质和碳水化合物等在高温条件下的热裂解反应也会有苯并[a]芘的产生。

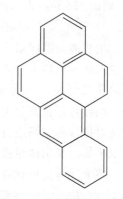

图 4-10　苯并[a]芘结构式

自然界中许多细菌、真菌和植物都有降解苯并[a]芘的能力，已报道的细菌有红球菌属

（*Rhodococcus*）、微小杆菌属（*Exiguobacterium*）、节杆菌属（*Arthrobacter*）、芽孢杆菌属（*Bacillus*）和假单胞菌属（*Pseudomonas*）等，真菌有白腐真菌（white-rot fungi）等。

3. 实验器材

1) 实验材料

受露天烧烤影响区域的土壤。

2) 培养基和实验试剂

（1）富集培养基：$(NH_4)_2SO_4$ 0.5 g；葡萄糖 5.0 g；KH_2PO_4 0.5 g；K_2HPO_4 1.0 g；$FeSO_4 \cdot 7H_2O$ 0.01 g；$MgSO_4 \cdot 7H_2O$ 0.5 g；苯并[a]芘 5.0 mg（溶解于丙酮后加入）。加蒸馏水定容至 1 L，pH 7.2～7.4。

（2）无机盐培养基：$(NH_4)_2SO_4$ 1.0 g；K_2HPO_4 2.0 g；$FeSO_4 \cdot 7H_2O$ 0.5 g；$FeCl_3 \cdot 6H_2O$ 0.5 g；$CaCl_2$ 0.5 g。加蒸馏水定容至 1 L，pH 7.2～7.4。固体培养基在以上成分的基础上再添加 20 g 琼脂。

（3）牛肉膏蛋白胨培养基：牛肉膏 5.0 g；蛋白胨 10.0 g；NaCl 5.0 g；琼脂 20 g。加蒸馏水定容至 1 L，pH 7.0～7.2。

（4）其他试剂：苯并[a]芘（纯度＞99.9%）、乙腈（色谱纯）、甲醇（色谱纯）、二氯甲烷。

3) 实验工具

锥形瓶、培养皿、接种环、酒精灯、称量匙、称量纸、pH 计、记号笔等。

4. 实验步骤

1) 样品采集

选取受露天烧烤影响的区域，采集区域内不同点位的土壤样品，带回实验室备用，记录采样日期、名称、采样人等信息。

2) 苯并[a]芘降解菌的富集培养

将各个点位的土壤样品进行等比例混合，取 10 个土壤样品接种于含有 100 mL 富集培养基的锥形瓶中，在温度为 37 ℃、转速 180 r/min 的条件下振荡培养 7 d，每隔 24 h 补加苯并[a]芘 0.5 mg，以淘汰不能利用或者降解苯并[a]芘的微生物。

3) 苯并[a]芘降解菌的分离与纯化

用移液枪吸取培养 7 d 后的富集培养基 0.1 mL，缓慢加入 5～10 个预先配制好的牛肉膏蛋白胨平板培养基表面，用无菌涂布棒将滴入的培养基均匀涂布在整个培养基上，涂布后的培养皿放入 37 ℃ 培养箱中培养 3～5 d。

用接种环挑取牛肉膏蛋白胨平板上特征不同、生长旺盛且稳定的菌落，采用四区划线的方法对挑取的细菌进行分离纯化，将划线后的平板放置在 37 ℃ 培养箱中倒置培养 3～5 d，挑取平板上长出的单菌落重复进行划线，直至分离得到单一菌株。

将上述分离纯化得到的纯菌株接种于苯并[a]芘浓度为 200 mg/L 的无机盐固体培养基上，放置在 37 ℃ 培养箱中倒置培养 3～5 d，挑取生长旺盛且稳定的菌株进行后续的性能测定。

4) 苯并[a]芘降解菌的性能测定

将初筛纯化得到的菌株接种至含有苯并[a]芘浓度为 40 mg/L 的无机盐液体培养基中，在温度为 37 ℃、转速 180 r/min 的条件下振荡培养，在 0 d、4 d、8 d、12 d、16 d 取样，测定培养基中苯并[a]芘的残留浓度。每份样品设置 3 个平行,以不加菌株的培养基作为空白对照。

5)苯并[a]芘含量的测定

往待测样品中加入等体积的乙腈溶液,摇床振荡 20 min,以充分溶解培养基中的苯并[a]芘,4000 r/min 离心 15 min,取上清液,选用高效液相色谱(HPLC)法测定溶液中苯并[a]芘含量。

$$降解率(\%)=\frac{对照样品中苯并[a]芘含量-接种样品中苯并[a]芘含量}{对照样品中苯并[a]芘含量}\times100\% \quad (4\text{-}2)$$

5. 注意事项

(1)苯并[a]芘在水中的溶解度较低,需要用有机溶剂萃取后再进行浓度测定。

(2)环境中难降解有机物降解菌的筛选难度较大、耗时较长,在初筛菌株降解效率不高的情况下,可进一步改变富集策略,进行长时间的驯化和富集培养,以便得到高效降解菌株。

6. 实验报告

将实验结果填入表 4-18。

表 4-18　环境中苯并[a]芘降解菌的分离与纯化

菌株编号	苯并[a]芘浓度/(mg/L)					苯并[a]芘降解率/%				
	0 d	4 d	8 d	12 d	16 d	0 d	4 d	8 d	12 d	16 d

7. 问题与思考

(1)从自然界筛选分离一株特殊污染物降解能力高的菌株还可以采用哪些特殊的富集方法?是否可以设计一套完整的筛选方案?

(2)筛选特殊污染物降解菌株的流程与前面两节中硝化细菌、反硝化细菌的筛选过程有何不同?

实验 4.6　微生物接种技术

1. 目的要求

(1)了解无菌操作在微生物接种过程中的重要性。

(2)掌握几种常用的微生物接种方法。

2. 实验原理

将有菌的材料或纯粹的菌种转移到另一无菌的培养基上的过程称为接种(inoculation)。微生物接种技术是进行微生物实验和相关研究的基本操作技能,无菌操作是微生物接种技术的关键。微生物的接种方法因使用不同的容器、不同的培养基以及不同的培养方法有所不同,如斜面接种、液体接种、固体接种及穿刺接种等,其目的都是获得生长良好的纯种微生物。

由于接种方法不同,采用的接种工具也有区别,如固体斜面培养转接时用接种环,穿刺接种时用接种针,液体转接用移液枪等。接种环和接种针等总长约 25 cm,环、针、钩的长度为 4.5 cm,可由白金丝或镍丝制成。上述工具以白金丝最为理想,其特点是:在火焰上灼烧红得快,离开火焰后冷得快,不易氧化且无毒,但价格昂贵。一般使用较多的是镍丝。接种环的柄为金属材料,其后端套上绝热材料套。柄也可用玻璃棒制作。由于接种要求或方法的不同,接种针的针尖部常做成不同的形状,有刀形、耙形等。有时滴管、吸管也可作为接种工具进行液体接种。在固体培养基表面要将菌悬液均匀涂布时,需要用到涂棒。

3．实验器材

(1) 菌种:大肠埃希氏菌(*Escherichia coli*)、酿酒酵母(*Saccharomyces cerevisiae*)、青霉菌(*Penicillium*)、细黄链霉菌(*Streptomyces microflavus*)。

(2) 培养基:PDA(马铃薯葡萄糖琼脂培养基)平板及斜面、牛肉膏蛋白胨琼脂平板及斜面培养基、牛肉膏蛋白胨液体及试管半固体培养基。

(3) 仪器及其他用具:超净工作台、恒温培养箱、振荡培养箱、接种环、接种针。

4．实验步骤

1) 斜面接种技术

斜面接种是指从长好的斜面菌种上挑取少量菌种移植至另一支新鲜斜面培养基上的一种接种方法,常用的具体操作如下。

(1) 贴好标签:接种前在距试管口 2～3 cm 处贴好标签,注明菌名、接种日期、接种人等。

(2) 点燃酒精灯。

(3) 接种:用接种环将少许菌种移接到贴好标签的试管斜面上。接种过程中必须采用无菌操作技术。

① 手持试管:将菌种和待接斜面的两支试管用大拇指和其他四指握在左手掌中,使中指位于两支试管之间的部位,斜面面向操作者,并使它们位于水平位置。

② 旋松试管塞:先用右手松动试管塞,以便接种时拔出。

③ 准备接种环:右手拿接种环,在火焰上将环端灼烧灭菌,然后将有可能伸入试管的其余部分均匀灼烧灭菌,重复此操作,再灼烧 1 次。

④ 拔出试管塞:用右手的无名指、小指和手掌边先后取下菌种管和待接试管的管塞,然后让试管口缓缓过火灭菌(切勿烧过烫)。

⑤ 冷却接种环:将灼烧过的接种环伸入菌种管,先使环接触没有长菌的培养基部分,使其冷却。

⑥ 取菌:待接种环冷却后,取少量菌体或孢子,然后将接种环移出菌种管,注意不要使接种环部分碰到管壁,取出后不可使带菌的接种环通过火焰。

⑦ 接种:在火焰旁迅速将沾有菌种的接种环伸入另一支待接斜面试管。从斜面培养基的底部向上部作"Z"形来回密集划线,切勿划破培养基。有时也可用接种针在斜面培养基的中央划一条直线。直线接种可观察不同菌种的生长特点。

⑧ 插回试管塞:取出接种环,灼烧试管口,并在火焰旁插回试管塞。插试管塞时,不要用试管去迎试管塞,以免试管在移动时纳入不洁空气。

⑨ 后处理：将接种环放在酒精灯上灼烧灭菌；放下接种环，用双手旋紧试管塞。

2）液体接种技术

（1）用斜面菌种接种液体培养基时，有下面两种情况。

如果接种量较小，可用接种环取少量菌体移入培养基（试管或锥形瓶等）中，将接种环在液体表面振荡或在器壁上轻轻摩擦把菌苔散开，抽出接种环，塞上试管塞、培养容器塞。再摇动培养容器，使菌体均匀分布在液体培养基中。

如果接种量较大，可先在斜面菌种管中注入一定量的无菌水，用接种环把菌苔刮下碾开，再把菌悬液倒入液体培养基中。倾倒前需将试管口在火焰上灼烧灭菌。

（2）用液体培养物接种液体培养基时，可根据具体情况采用以下不同方法：用无菌移液管吸取菌悬液；直接把液体培养物移入液体培养基中；利用高压无菌空气通过特制的移液装置把液体培养物注入液体培养基中；利用压力差将液体培养物接入液体培养基中（如发酵罐接入某种菌悬液）。

3）固体接种技术

固体接种最常见的形式是接种固体曲料。因菌种来源不同，可分为：

（1）用菌悬液接种固体曲料。菌悬液可由刮洗菌苔制成，也可直接来自发酵液。接种时，按无菌操作的要求，将菌悬液直接倒入固体料中，搅拌均匀。接种所用的菌悬液量需包括在固体曲料的总加水量之内，否则会导致用菌悬液接种后曲料含水量过大，影响培养效果。

（2）用固体种子接种固体曲料。可用孢子粉作菌种，也可用菌丝孢子混合菌种，直接把接种材料混入经灭菌的固体料内。接种后必须充分搅拌，使之混合均匀。一般先把种子菌和少部分固体料混匀后再拌大堆料。

4）穿刺接种技术

穿刺接种技术是一种用接种针从菌种斜面上挑取少量菌体并把它穿刺到固体或半固体深层培养基中的接种方法。穿刺接种常用于菌种保藏，也常用于细菌运动能力的检查。

（1）手持试管。

（2）旋松试管塞。

（3）右手拿接种针在火焰上将针端灼烧灭菌，接着把在穿刺中可能伸入试管的其他部位也灼烧灭菌。

（4）用右手的小指和手掌边拔出试管塞。接种针先在培养基部分冷却，再用接种针针尖蘸取少量菌种。

（5）接种有两种手持操作法。一种为水平法，它类似于斜面接种法；另一种为垂直法。尽管穿刺时手持方法不同，但穿刺时所用接种针都必须挺直，将接种针自培养基中心垂直地刺入培养基中。穿刺时要做到手稳，动作轻巧快速，并要将接种针穿刺到接近试管底部，然后沿着接种线将针拔出。最后，插回试管塞，再将接种针上的残留菌在火焰上烧掉。

（6）将接种过的试管直立于试管架上，放在 30 ℃恒温培养箱中培养。24 h 后观察结果。若细菌具有运动能力，它能沿接种线向外运动而弥散，反之则细而密。

5. 注意事项

（1）接种时一定要保证无菌环境，试管塞打开后要迅速取菌。

（2）不要用手触碰接种环顶部。

（3）接种环烧红后，要先接触一下没长菌的培养基，使接种环冷却以免烫死菌体。

（4）接种环用过后，一定要在火焰上烧红灭菌（将接种环从柄部至环端逐渐通过火焰，不要直接烧环，以免残留在接种环上的菌体爆溅形成气溶胶污染空间）。

6. 实验报告

观察记录所有接种培养的微生物形态特征、生长情况，并填入表 4-19。

表 4-19　所有接种培养的微生物情况

观察项目	菌名（细菌）	菌名（放线菌）	菌名（霉菌）	菌名（酵母菌）
形状				
突起				
色素				
大小				
透明程度				
气味				
干湿度				

7. 问题与思考

（1）接种前后为什么要灼烧接种环？微生物接种为什么要在无菌条件下进行？

（2）斜面接种取菌前为什么要将灼烧过的接种环在无菌培养基上沾一下？

（3）为什么要接种环冷却后才能与菌种接触？是否可以将接种环放在台子上冷却？

（4）如何判断接种环是否已经冷却？

（5）接种应注意哪些环节才能避免杂菌污染？

（6）穿刺接种时能否将接种针直接穿透培养基？

第 **5** 章

菌 种 保 藏

在生产实践和科学研究中所获得的优良菌种是国家和社会的重要资源,为能长期地保持原种的属性,防止其衰退和死亡,人们创造了许多菌种保藏的方法,并建立了系统的管理制度,从而使菌种不死、不衰、不乱,以利于使用和交换。

菌种保藏是指将微生物菌种处于不死亡、不变异、不被杂菌污染状态,并持续保持其优良性状,这是所有的微生物研究工作可持续、再深化的前提基础。基于菌种的各种变异都是在微生物的生长繁殖过程中发生的,要防止菌种的衰退,所保藏的菌种通常选择它们的休眠体,如孢子、芽孢等,且要营造一个低温、干燥、缺氧和缺少营养等的不良环境,以利于休眠体能够保持其休眠状态。对于不产孢子的微生物,也可使其代谢处于最低水平,从而使其既不会死亡,又能保藏较长的时间。菌种保藏可按微生物各分支学科的专业性质分为普通、工业、农业、医学、兽医、抗生素等保藏管理中心。此外, 也可按微生物类群进行分工,如沙门氏菌、弧菌、根瘤菌、乳酸杆菌、放线菌、酵母菌、丝状真菌、藻类等保藏中心。

世界上约有 550 个菌种保藏机构。其中著名的有美国典型菌种保藏中心(ATCC):1925 年建立,是世界上最大、保存微生物种类和数量最多的机构,保存病毒、衣原体、细菌、放线菌、酵母菌、真菌、藻类、原生动物等约 29000 株,都是典型株;荷兰真菌菌种保藏中心(CBS):1904 年建立,保存酵母菌、丝状真菌约 8400 种、18000 株,大多是模式株;英国全国菌种保藏中心(NCTC):保存医用和兽医用病原微生物约 2740 株;英联邦真菌研究所(CMI):保存真菌模式株、生理生化和有机合成等菌种 2763 种,8000 株;日本大阪发酵研究所(IFO):保存普通和工业微生物菌种约 9000 株;美国农业部北方利用研究开发部(北方地区研究室,简称 NRRL):收藏农业、工业、微生物分类学所涉及的菌种,包括细菌 5000株,丝状真菌 1700 株、酵母菌 6000 株。1970 年 8 月在墨西哥城举行的第 10 届国际微生物学代表大会上成立了世界菌种保藏联合会(WFCC),同时确定澳大利亚昆士兰大学微生物系为世界资料中心。这个中心用电子计算机储存全世界各菌种保藏机构的有关情报和资料,1972 年出版《世界菌种保藏名录》。中国于 1979 年成立了中国微生物菌种保藏管理委员会(China Committee for Culture Collection of Microorganisms,CCCCM,北京)。

菌种保藏是微生物学研究中至关重要的一环。通过本章的学习,了解菌种保藏对于微生物资源的保护和利用具有重要意义,更加明确作为新时代的青年学子,时代赋予了我们高度的责任感和使命感。因此对于研究或从事菌种保藏的学生及科研人员来说,需要具备严谨的科学态度、开放分享的精神,愿意与其他研究者分享自己保藏的菌种资源,以推动微生物资源的共享和交流,为环保事业贡献自己的力量。

实验 5.1　微生物菌种的简易保藏法

1. 目的要求

(1) 学习和掌握菌种简易保藏法的基本原理,熟悉不同保藏方法间的差异。

(2) 熟悉微生物菌种常用的简易保藏法。

2. 实验原理

所有微生物都很容易变性,只有当微生物的代谢处于最不活跃状态或相对静止状态时,才能延长其生活期。低温、干燥和隔绝空气等是降低微生物代谢水平的重要因素,也是菌种保藏方法的控制要素。目前菌种保藏的方法很多,其中常用的简易方法主要有传代培养保藏法(包括斜面培养、穿刺培养等)、液状石蜡覆盖保藏法、沙土保藏法及滤纸保藏法等,这些方法不需要特殊的技术和设备,是一般实验室通常采用的方法。

传代培养保藏法最早使用,也最为简单,对好氧菌可用斜面培养,对厌氧菌可用穿刺培养,置于 4 ℃冰箱中保存;可定期(15～30 d)再传代、保存。液状石蜡覆盖保藏法是在上述传代培养物上覆盖 1 cm 厚灭菌过的液状石蜡,再放到厌氧箱中培养,以减少水分蒸发和氧气进入,降低代谢作用。沙土保藏法是将微生物吸附在土壤、沙子等载体上,随后进行干燥,以去除水分、降低细胞的代谢速率。滤纸保藏法是将微生物菌种首先在培养基上培养生长,然后用滤纸将菌落取下,并在干燥后保存在密封容器中,这种方法能够有效地保护微生物菌种,延长其保存时间,并且方便携带和传递。

3. 实验器材

1) 菌种

细菌、放线菌、酵母菌和霉菌。

2) 培养基及其他材料

(1) 培养基:牛肉膏蛋白胨培养基、PDA 培养基和豆芽汁培养基。

(2) 其他材料:无菌水、液状石蜡、甘油、10%盐酸、河沙和黄土等。

3) 仪器与用具

(1) 仪器:冰箱和低温冰箱。

(2) 用具:无菌培养皿、移液管、试管、三角瓶、接种环、40 目筛子等(标准筛孔对照见附录 6)。

4. 实验步骤

1) 斜面低温保藏法

(1) 粘贴标签:先在将要接种保藏的试管斜面上贴标签,注明菌种或菌株名、接种日期和接种人等。

(2) 接种培养:将菌种接种于固体培养基斜面上,置于适宜的温度下培养;细菌 37 ℃恒温培养 18～24 h,酵母菌 28～30 ℃培养 36～48 h,放线菌和丝状真菌 28 ℃培养 4～7 d。

(3) 保藏:将试管斜面外包牛皮纸,移到 4 ℃冰箱中保存;保藏时间依微生物的种类而不同,霉菌、放线菌和有芽孢的细菌可保存 2～4 个月,酵母菌可保存 2 个月,无芽孢细菌每月接种 1 次。

2) 液状石蜡覆盖保藏法

(1) 石蜡灭菌:将液状石蜡装入三角瓶中,装量不超过总体积的 1/3,加塞、外包牛皮纸、捆扎,高压灭菌(121 ℃)30 min。

(2) 接种培养:将菌种接种于固体培养基斜面上,在适宜温度下培养使其生长;选择生长良好的菌株用于保藏。

(3) 加液状石蜡:用无菌吸管吸取液状石蜡注入斜面,用量为高出斜面顶端 1 cm。

(4) 保藏:保持试管直立,置于 4 ℃冰箱中保存。

此法保存效果较好,霉菌、放线菌和有芽孢的细菌可保存 2 年以上,酵母菌可保存 1～2 年,无芽孢细菌也可保存 1 年。

3) 沙土保藏法

建议保藏法选择的沙土相对含水量应高些,因为这种方法更侧重于在自然环境下保存菌种,而不是通过完全干燥来保持菌种的活性。

(1) 河沙处理

① 将河沙加入适量 10‰盐酸溶液浸泡,去除有机杂质。

② 倒去盐酸溶液,用自来水冲洗至中性,烘干。

③ 再用 40 目筛子过筛,去除粗颗粒,备用。

(2) 土壤处理

取非耕作层不含腐殖质的黄土或红土,加自来水浸泡并洗涤数次,直至中性,烘干后研碎,100 目筛子过筛,留下细颗粒。

(3) 沙土混合

① 将河沙与土壤按质量比 2∶1、3∶1 或 4∶1 的比例混合均匀后装入 10 mm×100 mm 的小试管或安瓿管中,每管装量为 1 g 左右。

② 塞上棉塞,灭菌(常采用间歇灭菌 2～3 次),最后烘干。

(4) 无菌检查

① 每 10 支沙土管中随机抽取 1 支,将其沙土倒入牛肉汤培养基中,30 ℃下培养 40 h,检查有无微生物生长。

② 若有微生物生长,则需将所有沙土重新灭菌,直至证明无菌方可使用。

(5) 菌悬液的制备

取活跃生长的新鲜斜面菌种,加入 2～3 mL 无菌水,用接种环轻轻将其菌苔洗下,制成菌悬液。

(6) 分装样品

每支沙土管先注明标记,再加入菌悬液 0.5 mL(使沙土刚刚湿润为宜),用接种环拌匀。

(7) 干燥与保存

① 将接种后的沙土管置于干燥器内,用真空泵抽干水分。

② 用火焰熔封管口,也可用橡皮塞或棉塞,再外包牛皮纸,置于 4 ℃冰箱中保存。此法多用于能产生芽孢的细菌、产生孢子的霉菌和放线菌,可保存 2 年左右。

4) 滤纸保藏法

(1) 滤纸灭菌:将滤纸剪成 0.5 cm×1.2 cm 的小条,装入 0.6 cm×8 cm 的安瓿管中,每管 1～2 张,塞上棉塞,121 ℃灭菌 30 min。

(2) 接种培养:将需要保存的菌种,在适宜的斜面培养基上培养,使其充分生长。

(3) 制备菌悬液:取灭菌脱脂牛乳 1～2 mL 滴加在灭菌培养皿或试管内,取数环菌苔在牛乳内混匀,制成菌悬液。

(4) 装安瓿管:用灭菌镊子自安瓿管取滤纸条浸入菌悬液内,使其浸泡,再放回安瓿管中,塞上棉塞。

(5) 封口:将安瓿管放入内有 P_2O_5 作吸水剂的干燥器中,用真空泵抽气至干燥。

(6) 保存:将棉花塞入管内,用火焰熔封,低温保存。

(7) 恢复培养:需要使用菌种、复活培养时,可将安瓿管口在火焰上烧热,滴一滴冷水在烧热的部位,使玻璃破裂,再用镊子敲掉管口端的玻璃,待安瓿管开启后,取出滤纸,放入液体培养基内,置温箱中培养。

细菌、酵母菌、丝状真菌均可用此法保藏,前两者可保藏 2 年左右,有些丝状真菌甚至可保藏 14~17 年。此法较液氮法、冷冻干燥法简便,不需要特殊设备。

5. 注意事项

(1) 用于保藏的菌种应选择健壮的细胞或成熟的孢子,不宜用幼嫩或衰老的细胞。

(2) 液状石蜡和甘油的黏度大,最好能反复灭菌 2~3 次后再使用,以保证其无菌。

(3) 从液状石蜡保藏管中挑取培养物接种时,接种环要在管壁上轻轻碰几下,尽量使液状石蜡滴净,再接种到新鲜培养基上;接种环在火焰上灼烧时,培养物易与残留的液状石蜡一起飞溅,须特别注意。

6. 实验报告

完成 1~2 种微生物菌种保藏方法的操作。

7. 问题与思考

(1) 实验室常用的大肠埃希氏菌宜用哪种方法保藏? 为什么?

(2) 芽孢杆菌和产孢子的微生物常用哪种方法保藏? 为什么?

(3) 为防止菌种管棉塞受潮、长杂菌,可采取哪些措施?

实验 5.2　微生物菌种的甘油保藏法

1. 目的要求

(1) 了解甘油法保存微生物菌种的原理。

(2) 掌握简易甘油保藏菌种的方法。

2. 实验原理

在长期的微生物菌种保藏实践中发现,虽然在相当宽的低温保藏范围内,温度越低越能保持菌种的活性(液氮(-196 ℃)比干冰(-70 ℃)好,干冰优于-20 ℃,-20 ℃比 4 ℃好),但由于在冷冻和冻融操作中会造成对菌种细胞的损伤,而利用 40% 左右的甘油或适当浓度的二甲基亚砜(DMSO)等作为保护剂对细胞加以保护,可减少冻融过程中对细胞原生质及细胞膜的损伤。因为在适当浓度的甘油中,将会有少量甘油分子渗入细胞中,使菌种细胞在冷冻过程中缓解了由于强烈脱水及胞内形成冰晶体而引起的破坏作用。再将甘油保存菌种放在-20 ℃左右的冰箱(能维持生命与保持极微的细胞代谢率)或超低温冰箱(-80 ℃以下)中保藏。

此保藏法具有操作简便,保藏期长等优点。同时,保存期间的取样测试十分方便,故它在基因工程研究中常用于保存一些含有质粒的菌株,一般可保存 3～5 年。

3．实验器材

1）菌种

大肠埃希氏菌(*Escherichia coli*)、若干菌株、酿酒酵母(*Saccharomyces cerevisiae*)等。

2）培养基

牛肉膏蛋白胨培养基(斜面、液体培养基及含 100 μg/mL 氨苄西林的 LB 培养基等)、PDA 培养基等。

3）器皿

螺口盖试管、Eppendorf 管、接种环、无菌滴管、无菌移液管、低温冰箱(-20 ℃与-80 ℃)等。

4）试剂

无菌生理盐水、80％无菌甘油。

4．实验步骤

1）无菌甘油制备

将 80％甘油置于三角瓶内,塞上棉塞,外加牛皮纸包扎,加压蒸汽灭菌(121 ℃,20 min)后备用。

2）保藏培养物的制备

(1) 菌种活化:将待保藏菌种在斜面上传代活化 1～2 代。

(2) 菌种纯化:将活化后的斜面菌种在相应的平板培养基上作划线分离、培养并挑选最典型的单菌落移接斜面后进行适温培养,再作菌种性能检测。

(3) 性能检测:对已纯化的菌种作各种典型特征的检测或质粒的鉴定。

(4) 菌种培养物的制备:接种上述待保存菌种(作斜面、平板划线或液体接种),室温下培养。

3）保藏菌悬液的制备

(1) 液体法

① 菌悬液制备:将菌种培养基离心(4000 r/min),倾去上清液,并用相应的新鲜培养基制备成一定浓度的菌悬液(10^{-8}～10^{-9} mL^{-1})。然后用无菌移液管吸取 1.5 mL 菌悬液,置于一支带有螺口密封圈盖的无菌试管(或无菌的 Eppendorf 管加 0.5 mL 菌悬液)中。

② 滴加甘油:再加入 1.5 mL 灭菌 80％甘油,使甘油浓度为 40％左右为宜,旋紧管盖或塞紧 Eppendorf 管(加 0.5 mL 甘油)的盖子。

③ 振荡混匀:振荡密封的菌种小试管或 Eppendorf 管,使菌悬液与甘油充分混匀。

(2) 菌苔法

① 菌悬液制备:培养适龄斜面或平板菌苔作甘油菌种保存用。用生理盐水洗下菌苔细胞制成一定浓度(10^{-8}～10^{-9} mL^{-1})菌悬液。

② 滴加甘油:加等量甘油混匀,制备成含 40％左右甘油的菌悬液。

(3) 低温保存

将上述两种甘油菌悬液置于-20 ℃左右的低温下保藏(在这个温度下 40％的甘油菌悬液不会冻结)。

4）快速冷冻

也可将上述甘油菌悬液管置于乙醇-干冰或液氮中速冻,然后作超低温保藏。此法可延长保存期限。

5）超低温保藏

速冻甘油菌种管置于-80 ℃以下保藏,在保存期的检测中切勿反复冻融,一般细菌或酵母菌种的保存期为3～5年。

6）菌种保藏期限的检测试验

（1）取菌样:在保藏期间可用无菌接种环蘸取甘油菌悬液(或刮取超低温保藏的甘油菌悬液的冻结物),迅速盖好菌种管将其放回冰箱,切忌将菌种管放置在室温下冰融,从而加速其内细胞的死亡。

（2）接种斜面:将蘸取的甘油菌悬液(冻结物)接种到对应的斜面培养基上,适温培养后判断各菌种的保藏情况。

（3）再保藏制备:用接种环挑取斜面上已长好的细菌培养物,置于装有2 mL相应液体培养基的试管中,再加入等量灭菌80％甘油,振荡混匀后再分装菌种管。

（4）分装菌种管:将上述甘油菌悬液分装于灭菌的具有螺口密封圈盖的试管或无菌Eppendorf管中,按上述方法直接低温保存或速冻后进行超低温长期保藏。

5. 注意事项

（1）甘油保藏法保藏菌种时应特别注意菌体与甘油的充分混匀。

（2）菌体与甘油混匀后的冷冻必须迅速,每次取样时严防出现反复冻融现象,以防止菌种死亡。

6. 实验报告

将甘油保藏法保藏菌种的名称与检测的结果记录于表5-1中。

表 5-1　甘油保藏法保藏菌种名称与检测结果

保藏日期	菌种名称		保藏温度	保藏年限	菌种生长情况
	中文名	学名			

7. 问题与思考

（1）甘油保藏法最适合于保存哪些微生物?

（2）甘油保藏法保藏菌种的操作及保藏期间的检测中应特别注意哪些环节? 为什么?

（3）菌种的甘油保藏法有哪些优缺点?

实验5.3　微生物菌种的干燥保藏法

1. 目的要求

掌握几种菌种干燥保藏法的原理和方法。

2. 实验原理

干燥保藏法的原理是将微生物赖以生存的水分蒸发,使细胞处于休眠和代谢停滞状态,从而达到较长期保藏菌种的目的。为了扩大水分的蒸发面,通常将微生物的细胞或孢子吸附于砂土、明胶、硅胶、滤纸、麸皮或陶瓷等不同的载体上进行干燥,然后加以保藏。在低温条件下,菌种保藏期可达数年至十几年之久(常用干燥剂见附录 7)。

3. 实验器材

1)菌种

待保藏的菌种。

2)培养基

牛肉膏蛋白胨液体培养基、麦芽汁培养基。

3)试剂

10% HCl、P_2O_5、石蜡、白色硅胶等。

4)其他

5% 的无菌脱脂牛奶、麸皮等。

5)器皿

干燥器、试管、移液管、无菌培养皿(内放一张圆形的滤纸片)、筛子等。

4. 实验步骤

1)砂土管保藏法

适用于保藏产生芽孢的细菌及形成孢子的霉菌和放线菌。干燥保藏法中使用的砂土通常要求干燥程度非常高,以确保在保存期间不会有水分残留,从而防止细菌和真菌的生长。

(1)处理砂土:取河砂经 60 目筛子过筛,除去大的颗粒,再用 10% HCl 浸泡(用量以浸没砂面为度)2～4 h(或煮沸 30 min)。以除去砂中的有机物,然后倾去盐酸,用流水冲洗至中性,烘干(或晒干)备用。另取非耕作层黄土(不含有机质)风干,粉碎,用 100～120 目的筛子过筛,备用。

(2)装砂土管:将砂与土按质量比 2∶1 或 4∶1 比例混合均匀,装入试管($\phi 10\ mm \times 100\ mm$)中,装量约 1 cm 高。加棉塞,进行加压蒸汽灭菌(121 ℃灭菌 30 min)。灭菌后必须作无菌试验,即用无菌接种环挑少许砂土于牛肉膏蛋白胨或麦芽汁液体培养基中,在合适温度下培养一段时间,确证无杂菌生长后方可使用。

(3)制备菌悬液:吸 3 mL 无菌水至斜面菌种管内,用接种环轻轻搅动,洗下孢子,制成孢子液。

(4)加孢子液:吸取上述孢子液 0.1～0.5 mL 于每一支砂土管中,加入量以湿润砂土管达 2/3 高度为宜。也可用接种环挑 3～4 环孢子拌入砂土管中。

(5)干燥:把含菌的砂土管放入干燥器中,干燥器内放一个培养皿,然后用真空泵抽空气 3～4 h,以加速干燥。

(6)收藏:砂土管可选择下述方法之一进行保藏:①保存于干燥器中;②砂土管用火焰熔封后保藏;③将砂土管装入有 $CaCl_2$ 等干燥剂的大试管内,大试管塞上橡皮塞并用蜡封管口。最后置 4 ℃冰箱中保藏。

(7)恢复培养:使用时挑少量含菌的砂土接种于斜面培养基上,置合适温度下培养即可。原砂土管可仍按原法继续保藏。

2) 明胶片保藏法

适用于保藏细菌。

该法是用含有明胶的培养基作为悬浮剂,把待保藏的菌种制成浓悬浮液,滴于载体上使其扩散成一薄片,干燥后保藏。

(1) 制备悬浮液

A液:蛋白胨 1%,牛肉膏 0.4%,NaCl 0.5%,明胶 20%,调 pH 至 7.6,分装 2 mL 于试管中。加压蒸汽灭菌(121 ℃灭菌 15 min),备用。

B液:0.5%维生素 C 水溶液(用时配制,过滤灭菌)。

使用前将放入试管中的 A 液溶化,待冷却至 50 ℃左右,加入 0.2 mL B 液,混匀,置 40 ℃水浴中保温。

(2) 制备菌悬液

选用在斜面培养基上生长良好的菌种,用牛肉膏蛋白胨液体培养基制成浓的菌悬液,再把菌悬液加到上述装有 A、B 混合液的试管中,使菌悬液浓度达到 $5 \times 10^9 \, mL^{-1}$ 及以上。

(3) 制备蜡纸

将硬石蜡放搪瓷盘内溶化,用镊子取直径 8 cm 滤纸(预先灭菌)浸入液状石蜡中 2 min,取出置无菌培养皿中冷却,备用。

(4) 加菌悬液

用无菌毛细滴管吸上述菌悬液滴在石蜡滤纸上,让每小点菌悬液自行扩散,形成小薄片状。每张滤纸上大约可滴 30 个点的菌悬液(依滴管大小而定)。

(5) 干燥

将培养皿放入装有 P_2O_5 的干燥器内,用真空泵抽气,令其干燥。

(6) 收藏

干燥后将含有菌悬液的明胶片从石蜡滤纸上剥下,装入带有软木塞,并注明菌名和保藏日期的无菌试管中,再用石蜡密封管口,置 4 ℃冰箱中保藏。

(7) 恢复培养

用无菌镊子取一片保藏有菌种的明胶片投入液体培养基中,置合适温度下培养即可。

3) 硅胶保藏法

适用于保藏丝状真菌。

(1) 制备硅胶:将白色硅胶(不含指示剂的硅胶)经 6~22 目筛子过筛,取均匀的中等大小颗粒装入(ϕ10 mm×110 mm)带螺旋帽的小试管中,装量以 2 cm 高为宜,然后放在 160 ℃烘箱中干热灭菌 2 h。

(2) 制备菌悬液:用 5%的无菌脱脂牛奶把斜面上的孢子洗下,制成浓的孢子菌悬液。

(3) 加菌悬液:在加菌悬液时硅胶因吸水而发热,将会影响孢子的成活,所以在加菌悬液前,盛硅胶的试管应放在冰浴中冷却 30 min,同时将试管倾斜,使硅胶在试管内铺开,然后从试管底部开始逐渐往上部缓慢滴加菌悬液,加入菌悬液量以使 3/4 硅胶湿润为度。加完菌悬液,立即将试管放回冰浴中冷却 15 min 左右。

(4) 干燥:旋松试管螺帽,放入干燥器内,在室温下干燥,待试管内硅胶颗粒易于分散开时,表明硅胶已达干燥要求。

(5) 收藏:取出试管,拧紧螺帽,管口四周用石蜡密封,放 4 ℃冰箱中保藏。

（6）恢复培养：使用时,从硅胶管中取出数粒硅胶放入液体培养基中,在合适温度下培养即可。

4）麸皮保藏法

适用于产孢子的丝状真菌。

（1）制备麸皮培养基：称取一定量的麸皮加水拌匀(质量比麸皮：水＝1∶(0.8～1.5)),分装试管,装入量约 1.5 cm 高(不要紧压),加棉塞,管口用牛皮纸包扎,加压蒸汽灭菌(121 ℃灭菌 30 min)。

（2）培养菌种：待保藏菌种接入麸皮试管中,在合适温度下培养,待培养基上长满孢子后,取出干燥。

（3）干燥：将麸皮菌种管放入装有 $CaCl_2$ 的干燥器中,在室温下干燥,在干燥过程中应更换几次 $CaCl_2$,以加速干燥。

（4）收藏：将装有麸皮菌种管的干燥器在低温下保藏,或将麸皮菌种管取出,换上无菌橡皮塞,用蜡封管口,置低温保藏。

（5）恢复培养：使用时,用接种环挑少量带孢子的麸皮于合适的培养基上,然后置合适的温度下培养即可。

5. 注意事项

（1）用硅胶保藏法保藏菌种时,为防止硅胶管内温度升得太高,加菌悬液的整个过程应尽量在冰浴中进行。

（2）灭过菌的砂土管应按 10% 的比例抽样检查,如果灭菌不彻底应重新灭菌。

6. 实验报告

将菌种干燥保藏法保藏菌种名称及检测结果记录于表 5-2 中。

表 5-2　菌种干燥保藏法保藏菌种名称及检测结果

保藏日期	菌种名称		培养条件		保藏法	菌种生长情况
	中文名	学名	培养基	培养温度/℃		

7. 问题与思考

（1）干燥保藏法保藏菌种的原理是什么？有哪些优点？

（2）若菌种管干燥时间拖得过长,会有何影响？

实验 5.4　微生物菌种的液氮超低温保藏法

1. 目的要求

（1）学习和掌握菌种的液氮超低温保藏法的基本原理及其优缺点。

（2）熟悉微生物菌种的液氮超低温保藏法操作流程。

2. 实验原理

将菌种保藏在超低温(−196～−150 ℃)的液氮中,在该温度下,微生物的代谢处于停滞状态,因此可降低变异率,长期保持原种的性状。对于不宜用冷冻干燥保藏法或其他干燥法保藏的微生物,如支原体、衣原体及难以形成孢子的霉菌、小型藻类或原生动物等,都可用本法长期保藏。这是当前保藏菌种最理想的方法。

为减少超低温冻结菌种时所造成的损伤,必须将菌悬液悬浮于低温保护剂中(常用的低温保护剂见本次实验中"低温保护剂"内容),然后再分装至安瓿管内进行冻结。冻结方法有两种,一是慢速冻结,二是快速冻结。慢速冻结指在冻结器控制下,以每分钟下降 1~5 ℃(每分钟下降度数因菌种不同而异)的速度使样品由室温下降到 −40 ℃后,立即将样品放入液氮储藏器(又称液氮冰箱)中作超低温冻结保藏;快速冻结指装有菌悬液的安瓿管直接放入液氮冰箱中作超低温冻结保藏。无论选用哪种冻结方法,如处理不当都会引起细胞的损伤或死亡。

由于细胞类型不同,其渗透性也有差异,要使细胞冻结至 −196~−150 ℃,每种生物所能适应的冷却速度也不同,因此须根据具体的菌种,通过实验来决定冷却速度。

3. 实验器材

1)菌种

待保藏且生长良好的菌种。

2)培养基

适合于待保藏菌种生长的斜面培养基。

3)设备

液氮生物储存罐(液氮冰箱)、控制冷却速度装置、安瓿管、铝夹、低温冰箱。

4)试剂

20%甘油、10% DMSO。

4. 实验步骤

1)制备安瓿管

用于超低温保藏菌种的安瓿管必须由能经受 121 ℃高温和 −196 ℃冻结处理的硬质玻璃制成。如放在液氮气相中保藏,可使用聚丙烯塑料做成的带螺帽的安瓿管(也要能经受高温灭菌和超低温冻结处理)。安瓿管大小以容量 2 mL 为宜。

安瓿管先用自来水洗净,再用蒸馏水洗两遍,烘干。将注有菌名及接种日期的标签放入安瓿管上部,塞上棉塞,进行加压蒸汽灭菌(121 ℃灭菌 30 min)后,备用。

2)制备保护剂

配制 20%甘油或 10% DMSO 水溶液,然后进行加压蒸汽灭菌(121 ℃灭菌 30 min)。

3)制备菌悬液

把单细胞的微生物接种到合适的培养基上,并在合适温度下培养到稳定期,对于产生孢子的微生物应培养到形成成熟孢子时期,再吸适量无菌生理盐水于斜面菌种管内,用接种环将菌苔从斜面上轻轻刮下,制成均匀的菌悬液。

4)添加保护剂

吸取上述菌悬液 2 mL 于无菌试管中,再加入 2 mL 20%甘油或 10% DMSO 水溶液,充分混匀。保护剂的最终体积浓度分别为 10%或 5%。

5) 分装菌悬液

将含有保护剂的菌悬液分装到安瓿管中,每管装 0.5 mL。对不产孢子的丝状真菌,可作平板培养,待菌长好后,用直径 0.5 mm 的无菌打孔器(或玻璃管)在平板上打下若干个圆菌块,然后用无菌镊子挑 2～3 块放到含有 1 mL 10％甘油或 5％DMSO 水溶液的安瓿管中。如果要将安瓿管放于液氮液相中保藏,则管口必须用火焰密封,以防液氮进入管内。熔封后将安瓿管浸入次甲基蓝溶液中于 4～8 ℃静置 30 min,观察溶液是否进入管内,只有经密封检验合格后,才可进行冻结。

6) 冻结

适于慢速冻结的菌种在控速冻结器的控制下使样品每分钟下降 1 ℃或 2 ℃,当下降至 −40 ℃后,立即将安瓿管放入液氮冰箱中进行超低温冻结。如果没有控速冻结器,可在低温冰箱中进行,将低温冰箱调至 −45 ℃(因安瓿管内外温度有差异,故须调低 5 ℃)后,将安瓿管放至低温冰箱中 1 h,再放入液氮冰箱中保藏。适于快速冻结的菌种,可直接将安瓿管放入液氮冰箱中进行超低温冻结保藏。

7) 保藏

液氮超低温保藏菌种可放在气相或液相中保藏。气相保藏,即将安瓿管放在液氮冰箱内液氮液面上方的气相(−150 ℃)中保藏;液相保藏,即将安瓿管放入提桶内,再放入液氮(−196 ℃)中保藏。

8) 解冻恢复培养

将安瓿管从液氮冰箱中取出,立即放入 38 ℃水浴中解冻,由于安瓿管内样品少,约3 min 即可溶化。如果要测定保藏后的存活率,即作定量稀释后进行平板计数,再与冻结前计数比较,即可求出存活率。

5. **注意事项**

(1) 放在液氮液相中保藏的安瓿管,管口务必熔封严密,否则当安瓿管从液氮中取出时,因进入管中的液氮受外界较高温度的影响而急剧气化、膨胀,致使安瓿管爆炸。

(2) 有些菌种不能承受快速冻结,必须尝试慢速冻结,且初始的降温速度应当控制在每分钟下降 1～5 ℃。

(3) 若保藏的菌种取出后仍需要继续冻存,则不宜解冻;只需用接种环在表面轻划,再转入适宜的培养基中培养,且取样要快速,以免反复冻融影响菌种的存活。

6. **实验报告**

将液氮超低温保藏法菌种保藏结果记录于表 5-3 中。

表 5-3 液氮超低温保藏法菌种保藏结果

接种日期	菌种名称		培养条件			保护剂	冻结速度/(℃/min)	液相或气相保藏	存活率/％	保藏日期	菌种名称		保藏温度/℃	保藏年限	菌种生长情况
	中文名	学名	培养基	培养温度/℃	培养时间/h						中文名	学名			

7. **问题与思考**

(1) 液氮超低温保藏法的原理是什么？如何减少冻结对细胞的损伤？

（2）在液氮液相中保藏菌种时应注意什么问题？

8. 低温保护剂

（1）甘油：配制成 20％体积浓度。

（2）DMSO：配制成 10％体积浓度。

（3）甲醇：配制成 5％体积浓度，过滤除菌后，备用。

（4）羟乙基淀粉（HES）：使用质量浓度为 5％。

（5）葡聚糖：使用质量浓度为 5％。

第 **6** 章

环境微生物数量及大小的测定

　　微生物数量及大小的测定在多个领域具有广泛的应用,包括环境监测、食品卫生、医学检验等。本章将介绍微生物数量及大小的测定方法并讨论其在实际应用中的重要性和必要性。首先,让我们了解一下微生物数量及大小的测定方法。微生物数量及大小的测定方法有很多种,包括直接计数法、间接计数法等。直接计数法是最常用的一种方法,它通过直接对微生物进行计数来获取微生物的数量。间接计数法则是通过测量微生物细胞的质量或体积来推算微生物的数量。流式细胞术是一种较为先进的测定方法,它可以通过对微生物进行标记和检测来精确测定微生物的数量及大小。

　　直接计数法通常采用血细胞计数板或细菌计数板进行计数。血细胞计数板通常由两个相互垂直的玻璃片组成,其中一个玻璃片上刻有网格状结构,将待测样本滴加在计数板的一个玻璃片上,然后将其覆盖在网格状玻璃片上,用吸水纸吸干多余水分。接着,在显微镜下观察计数板,对微生物进行计数。细菌计数板的使用方法与血细胞计数板类似,但需要根据不同的微生物种类选择不同的计数板。间接计数法通常采用称重法或比浊法进行测定。称重法是通过称取一定体积的待测溶液中的微生物质量,然后根据微生物的密度计算微生物的数量。比浊法则是通过测量一定体积的待测溶液的透光率来推算微生物的数量。

　　在应用方面,微生物大小及数量的测定对于环境监测、食品卫生、医学检验等领域都具有重要的意义。例如,在环境监测中,通过测定水体中的微生物数量和种类,可以评估水体的污染程度和卫生状况。在食品卫生领域,对食品中的微生物进行测定可以帮助了解食品的卫生状况和安全性。在医学检验中,对病人血液、尿液等样本中的微生物进行测定可以帮助医生诊断疾病和评估治疗效果。总之,微生物数量及大小的测定在多个领域都具有广泛的应用和重要意义。通过掌握不同的测定方法和操作流程,可以更加准确地获取微生物的数量及大小信息,从而更好地评估它们的生物效应和治疗能力。未来,随着技术的不断发展,微生物数量及大小的测定方法将会更加精确和可靠,为人类健康和环境保护做出更大的贡献。

　　本章通过对环境微生物的数量及大小进行测定,可以更好地了解微生物在自然界中的分布规律、生态功能和多样性。由于微生物数量及大小的测定需要高度的精确度和重复性,通过大量的实验操作可训练同学们耐心细致、精益求精的精神,以及实践动手能力。在微生物数量及大小的测定过程中,严格的实验要求能够提高同学们扎实的实验技能和严谨的数据分析能力,以确保实验结果的真实性和可信度。

实验6.1 微生物大小的测定

1. 目的要求
（1）了解微生物大小的测定方法。
（2）掌握显微测微尺测定微生物大小的原理。

2. 实验原理

微生物细胞的大小是微生物基本的形态特征,也是分类鉴定的依据之一。微生物大小的测定需借助目镜测微尺和镜台测微尺。目镜测微尺是特制的圆形玻片,中央有一刻度尺（100 等分）,可放入目镜镜筒内,用于测定细胞大小。镜台测微尺为一载玻片,上贴有圆形盖片,中央总长度为 1 mm（100 等分）,每小格 0.01 mm（10 μm）。目镜测微尺每小格大小随显微镜放大倍数不同而改变,使用目镜测微尺进行测量前必须用镜台测微尺标定,以求出在某一放大倍数下目镜测微尺每小格所代表的长度,然后用标定好的目镜测微尺进行测量。目镜测微尺与镜台测微尺如图 6-1 所示。

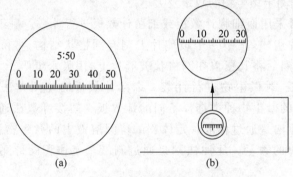

图 6-1　目镜测微尺与镜台测微尺
(a) 目镜测微尺；(b) 镜台测微尺

血细胞计数板是一块特制的载玻片,其上有 4 条槽构成 3 个平台（图 6-2）,中间较宽的平台又被一短横槽隔成两半,每一边的平台上各刻有一个方格网,每个方格网共分为 9 个大

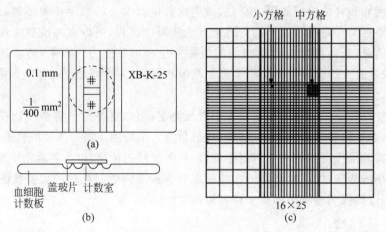

图 6-2　血细胞计数板构造
(a) 正面；(b) 纵切面；(c) 方格网

方格,中间的大方格即为计数室。大方格分为 16 个中方格,每个中方格又可分为 25 个小方格,因此每个大方格共含有 400 个小方格。计数室大方格边长为 1 mm,底面面积为 1 mm²,高 0.1 mm,所以每个计数室固定容积为 0.1 mm³。

计数时,用含 16 个中方格的计数板,按对角线方位计数左上、左下、右上、右下等 4 个中方格(100 个小方格)所含有的菌数;由此可计算得出每个小方格所含有菌数的平均值。

计数室每个小方格容积为:

$$0.1 \times 10^{-3} \text{ mm}^3 \div 400 = 2.5 \times 10^{-7} \text{mL}$$

计算公式:

$$1 \text{ mL 菌悬液含菌数} = N \times K \times d \tag{6-1}$$

式中: N 为每个小方格含菌数的平均值; d 为菌悬液稀释倍数; $K = 4 \times 10^6$。

1) 细菌大小

细菌(bacteria)大小的单位一般为 μm,细菌主要分为杆菌、球菌、螺旋菌(*Helicobocton pyloni*)等。自然界中杆菌最多,球菌次之,螺旋菌最少。杆菌的大小一般用长×宽表示,长度一般为 0.8~2.0 μm,宽度一般为 0.4~1.0 μm;球菌的大小一般用菌体的直径表示,范围在 0.5~1.0 μm;螺旋菌的大小一般也用长×宽表示,长度一般为 2.0~6.0 μm,宽度一般为 0.3~1.0 μm,有一个或多个弯曲。

2) 真菌大小

真菌(fungus)是真核微生物的一种,主要包括霉菌和酵母菌等。霉菌是多细胞的微生物,菌丝明显,呈长管状,直径为 3~10 μm,霉菌菌落在培养基上形态较大,直径可达 1.0~2.0 cm,甚至可长满整个培养基。酵母菌是单细胞的微生物,其细胞长度一般为 5~20 μm,宽度为 1~5 μm,个体形态主要包括球状、柱状、椭圆状等。

3) 放线菌大小

放线菌(*Actinomycesbovis*)是介于普通细菌和真菌之间的一类呈菌丝状生长的原核微生物。放线菌的菌体为单细胞,其结构与细菌十分接近,但是在形态上,放线菌可以分化为菌丝和孢子,与真菌很相似。放线菌的菌丝又细又长,宽度为 0.5~1.5 μm,菌丝可以分为基内菌丝、气生菌丝和孢子丝,基内菌丝的直径一般为 0.2~1.0 μm,气生菌丝的直径一般为 1.0~1.4 μm。

3. 实验器材

本实验采用血细胞板计数法,所用仪器及材料有血细胞计数板、盖玻片、测微尺、光学显微镜、枯草芽孢杆菌(*Bacillus subtilis*)标本片、酵母菌(*Saccharomyces*)菌悬液。

4. 实验步骤

1) 显微镜下细菌细胞大小的测定

(1) 用镜台测微尺标定目镜测微尺

放置目镜测微尺:取出目镜,旋开接目镜,将目镜测微尺放在目镜镜筒的中间隔板上(有刻度的一面朝下),旋上接目镜,并插入镜筒。

放置镜台测微尺:将镜台测微尺放置于显微镜的载物台上,使刻度面朝上。

标定目镜测微尺:先用低倍镜观察,找到镜台测微尺刻度,转动目镜使目镜测微尺与镜台测微尺的刻度轴线平行,移动镜台测微尺使目镜测微尺与镜台测微尺某一区间的两对刻度线完全重合,然后计数出两重合线间各自所占格数,通过以下公式计算:

$$目镜测微尺每小格长度(\mu m) = \frac{两对重合刻度线之间镜台测微尺所占格数 \times 10}{两对重合刻度线之间目镜测微尺所占格数}$$

(2) 用目镜测微尺测定枯草芽孢杆菌大小

取下镜台测微尺,将染色片放在载物台上,先用低倍镜观察,后换油镜观测,计量细菌长和宽所占小格数,将测得格数乘以已标定的目镜测微尺每小格长度,即得菌体实际大小。测定 20 个菌体求出平均值(常用计量单位见附录 8)。

(3) 细菌(大肠埃希氏菌(*Escherichia coli*))大小的测定

取一片干净的载玻片,用滴管滴一滴大肠埃希氏菌菌悬液于载玻片上,取一片干净的盖玻片轻轻放置于菌悬液上。

取下镜台测微尺,将大肠埃希氏菌菌悬液的载玻片放置在载物台上。

先用低倍镜找到菌体,然后再用高倍镜调焦使细菌更清晰。

转动目镜测微尺并移动载玻片,测量大肠埃希氏菌菌体的长、宽各占目镜测微尺几格,将测得的格数乘以目镜测微尺校正后的每格长度,即为该大肠埃希氏菌菌体的长和宽。一般需要在同一标本上测量 10~20 个菌体,然后取平均值,即为大肠埃希氏菌的大小。

(4) 真菌(酵母菌)大小的测定(同细菌(大肠埃希氏菌)大小的测定)

2) 血细胞计数板测定微生物细胞的数量

(1) 镜检计数室:对计数室进行镜检,若内有污染物,清洗后才能计数。

(2) 加样液:先在血细胞计数板的两个计数室部位加盖盖玻片,再用无菌玻璃棒或滴管蘸取待测菌悬液稀释液(已摇匀),从盖玻片边缘滴加,使菌悬液沿缝隙靠毛细作用自行进入计数室内。静置 5 min。

(3) 显微镜计数:将血细胞计数板置于载物台上,先用低倍镜观察,后换高倍镜观察计数。位于格线上的菌体只计上边线和左边线上的,如果出芽酵母芽体大小达到母细胞一半时,可计作两个菌体。选择 5 个视野,在每个视野内任意选择 5 个小方格计数,求出每个小方格中菌体数量平均值。

(4) 根据公式计算每毫升菌悬液含菌数。

(5) 测量完毕,取下盖玻片用水冲洗血细胞计数板(严禁用硬物刷洗),晾干,放入盒内保存。

5. 实验后的处理

(1) 将显微镜电源关闭,下降载物台,将有菌悬液的载玻片从载物台上取下,用擦镜纸将载物台擦干净。

(2) 将目镜测微尺取出,重新装回目镜,用擦镜纸将目镜测微尺和镜台测微尺擦拭干净。

(3) 用擦镜纸将显微镜的目镜和物镜擦拭干净,用柔软的绸布将显微镜的灰尘擦干净,然后用显微镜罩将显微镜罩住并放置好。

(4) 将有菌悬液的载玻片用沸水煮 15~20 min 消毒,清洗后晾干归置。

6. 注意事项

(1) 取待测稀释菌悬液向血细胞计数板加样前,须将菌悬液充分摇匀。

（2）加样过程中，应避免将菌悬液滴在盖玻片上。

（3）由于菌体在计数室中处于不同的空间位置，需在不同焦距下才能观察到，故观察时须不断调节微调，计数菌悬液中全部菌体，尽量避免遗漏。

7. 实验报告

（1）目镜测微尺标定结果记录，目镜测微尺每格代表长度，如表 6-1 所示。

表 6-1　目镜测微尺标定结果

物镜	物镜放大倍数	目镜测微尺格数	镜台测微尺格数	目镜测微尺每格代表长度/μm
低倍镜油镜				

（2）在油镜下测量枯草芽孢杆菌大小结果记录，如表 6-2 所示。

表 6-2　枯草芽孢杆菌大小

菌体编号	宽			长			菌体大小（平均值）宽×长/（μm×μm）
	目镜测微尺格数	菌体宽/μm	平均值	目镜测微尺格数	菌体长/μm	平均值	

（3）稀释 100 倍的酵母菌菌悬液中细胞个数，如表 6-3 所示。

表 6-3　稀释 100 倍的酵母菌菌悬液中的细胞个数

		取点					各视野每个小方格含菌数平均值	每个小方格含菌数平均值	总菌数 K	菌悬液稀释倍数	每毫升菌悬液含菌数
		1	2	3	4	5					
视野	1										
	2										
	3										
	4										
	5										

（4）大肠埃希氏菌和酵母菌的大小测定，如表 6-4 所示。

表 6-4　大肠埃希氏菌和酵母菌的大小

编号	大肠埃希氏菌		酵母菌	
	长	宽	长	宽
1				
2				
3				

续表

编号	大肠埃希氏菌		酵母菌	
	长	宽	长	宽
⋮				
20				
平均值				

8. 问题与思考

(1) 在不改变目镜和目镜测微尺,而改用不同放大倍数的物镜来测定同一细菌的大小时,其测定结果是否相同? 为什么?

(2) 目镜和物镜转换时,为什么需要用镜台测微尺重新校准目镜测微尺?

(3) 细菌和真菌个体大小的区别。

实验6.2　微生物生长量的测定

一般将生物个体的增大称为生长,个体数量的增加称为繁殖。由于微生物个体微小,肉眼看不见,要借助显微镜放大一定倍数才可观察清楚。为此,要研究微生物的个体生长有一定困难,经常都是研究微生物个体数量的增长,这种微生物个体数量的增长称为群体生长(实质上是繁殖)。这对微生物的科学研究和生产都很有意义。

为了研究微生物的生长及生长规律,许多测定微生物生长的方法和技术应运而生,如血细胞计数板直接计数法、比浊法、重量法和平板菌落计数法等均可以测定样品中微生物的数量。而生长曲线的测定,是通过定时测定培养过程中微生物数量的变化,研究单细胞微生物的生长规律。本节将主要介绍测定微生物群体生长的比浊法和重量法。

6.2.1　重量法测定微生物生长

1. 目的要求

(1) 了解重量法的原理。

(2) 学习用重量法测定微生物的数量。

(3) 测定培养基中青霉菌的质量。

2. 实验原理

重量法(weighting method)是通过过滤或离心收集微生物培养物的菌体后,对菌体称重,即为菌体的湿重;再经 80 ℃烘干后称重,则为菌体的干重。此法适用于不易形成均匀悬液的微生物的测定,如放线菌、霉菌和酵母菌等。

3. 实验器材

(1) 菌种: 产黄青霉菌(*Pencillium chrysogenum*)。

(2) 培养基: 马铃薯葡萄糖培养基或豆芽汁葡萄糖培养基。

(3) 仪器和其他物品: 分析天平、电热干燥箱、定量滤纸等。

4．实验步骤

将产黄青霉菌接种于适宜的液体培养基中,28 ℃振荡培养 5～7 d。取品质和大小相同的定量滤纸两张,分别在分析天平上称重(A_1 和 A_2)。取其中一张定量滤纸(A_1),将一定量的产黄青霉菌培养物进行过滤,收集菌体,沥干后称重(B),再置 80 ℃干燥箱中,烘干至恒重(C)。取另一张定量滤纸(A_2),用滤液润湿,沥干后称重(D),然后也置于 80 ℃干燥箱中,烘干至恒重(E)。

$$菌体的湿重＝(B-A_1)-(D-A_2) \tag{6-2}$$
$$菌体的干重＝C-E \tag{6-3}$$

5．实验报告

记录称得重量 A_1、A_2、B、D、C、E,并计算培养基中产黄青霉菌的湿重和干重。

6．问题与思考

测定过程中,要注意哪些操作步骤?

6.2.2　细菌生长曲线的测定

1．目的要求

(1) 学习比浊法测定微生物的数量。
(2) 测定培养基中大肠埃希氏菌数量。
(3) 学习用比浊法测定大肠埃希氏菌的生长曲线。

2．实验原理

将一定量的细菌接种在液体培养基中,在一定条件下培养,可观察到细菌的生长繁殖有一定规律,如以细菌活菌数的对数作纵坐标,以培养时间作横坐标,可绘成一条曲线,称为生长曲线(图 6-3)。

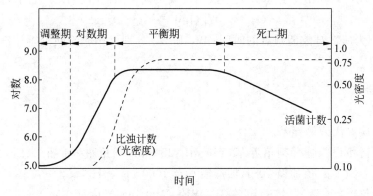

图 6-3　微生物生长曲线示意

单细胞微生物发酵具有 4 个阶段,即调整期(迟滞期)、对数期(生长旺盛期)、平衡期(稳定期)、死亡期(衰亡期)。

(1) 调整期。细菌从原培养基上接入新的培养基上时,一般并不立即生长和繁殖,而是要经过几个小时的适应,才有新的子细胞产生。特别是从冰箱中取出的菌种,由于菌体细胞原来一直处于休眠或半休眠状态,细胞中的各种酶系要经过一定时间的诱导,使它们适应新的环境后,才能进行正常的工作,也就是环境适应过程。在调整期细胞并不繁殖,只是细胞体积增大,原生质变得比较均匀,细胞内各种储藏物渐渐消失,生理活性、代谢机能开始活跃,随之就开始进行繁殖,并逐渐进入对数期。调整期的长短与菌种的遗传性、菌龄、接种时间、培养条件、新培养基的营养物成分等有关。

(2) 对数期。对数期是细胞生长、繁殖最旺盛的时期。细胞经过前一段的诱导适应后,如果在各种条件均适宜、营养物也足够的情况下,就以最快速度繁殖,所繁殖的总细胞增加可用"lg2"来表示。对数期的长短,主要取决于菌种的本性,其次是营养物浓度和培养条件。要获得大量的细胞,在这个时间就要保证有适宜的环境条件和丰富的营养物供给。

(3) 平衡期。当细胞的繁殖速度达到最高峰时,其细胞总数就不会再增加,这是由于上两阶段的糖类营养物质的消耗,代谢产物乙醇的积累以及培养基中 pH、氧化还原电势的改变,对细胞产生了较大的抑制性。这时,细胞总数将处于稳定状态,死亡细胞数和繁殖细胞数接近平衡。细菌处于平衡期的长短,主要取决于培养基中营养物浓度和代谢产物的抑制作用程度,但同时也受培养基 pH、培养条件、菌种性能的影响。

(4) 死亡期。进入平衡期后,如果再继续培养,细胞总数不再稳定,死亡细胞数逐渐增加,细胞的死亡速度超过繁殖速度。

生长曲线可表示细菌从开始生长到死亡的全过程动态。因此,测定微生物的生长曲线对于了解和掌握微生物的生长规律很有帮助。

测定微生物生长曲线的方法很多,有血细胞计数法、平板菌落计数法、称重法和比浊法等。本实验采用比浊法测定,由于细菌悬液的浓度与浊度成正比,可以利用分光光度计测定菌悬液的光密度来推知菌悬液的浓度。将所测得的光密度值(OD_{420})与对应的培养时间作图,即可绘出该细菌在一定条件下的生长曲线。

注意:由于光密度表示的是培养基中的总菌数,包括活菌与死菌,因此所测生长曲线的衰亡期不明显。

从生长曲线可以算出细胞每分裂一次所需要的时间,即代时,以 G 表示,其计算公式为

$$G = (t_2 - t_1)/[(\lg W_1 - \lg W_2)/\lg 2] \tag{6-4}$$

式中:t_1 和 t_2 为所取对数期两点的时间;W_1 和 W_2 分别为相应时间测得的细胞含量(g/L)或 OD_{420}。

3. 实验器材

实验材料:

(1) 大肠埃希氏菌培养基。

(2) 牛肉膏蛋白胨葡萄糖培养基(150 mL/250 mL 三角瓶×4 瓶/大组):牛肉膏 5 g,蛋白胨 10 g,NaCl 5 g,葡萄糖 10 g,加蒸馏水至 1000 mL,pH 7.5。

(3) 实验仪器:取液器、培养箱、摇床、WFJ-2100 分光光度计。

(4) 其他:试管、锥形瓶、移液管、无菌吸头、比色皿。

4. 实验步骤

(1) 准备菌种:将大肠埃希氏菌接种到装有牛肉膏蛋白胨葡萄糖培养基的三角瓶中,37 ℃、200 r/min 振荡培养 14~18 h,备用。

（2）接种：分别将 1.5 mL（1%接种量）和 4.5 mL（3%接种量）大肠埃希氏菌菌悬液接入含 150 mL 培养基的三角瓶中，37 ℃、200 r/min 振荡培养。

（3）测量：每培养 1 h 取样一次。净培养（不包括取样时间）10 h 结束培养，测量培养基 pH。

如果选用 4 mL 比色皿取 500 μL 培养基到 2000 μL 蒸馏水中（稀释 5 倍），以蒸馏水为对照，测 OD_{420}；如果选用 1 mL 比色皿，可以取 1000 μL 培养基，以蒸馏水为对照，直接测 OD_{420}，当 OD_{420} 值大于 0.6 时，下一样品要稀释 1 倍测量，0 h 也要测。绘制（$OD_t - OD_0$）-t 曲线。

（4）测定后把比色皿中的菌悬液倾入容器中，用水冲洗比色皿，冲洗水也收集于容器中进行灭菌。最后用 70%乙醇冲洗比色皿。

5. 注意事项

（1）全班同时取样（以教室挂钟为准），取样时间越短越好，要求在 10～15 min 内完成，同时开始振荡，取样期间假定细菌暂停生长，取样时间从发酵总时间中扣除。

（2）为减少误差，须固定参比杯，不要调整波长；每组固定同一台分光光度计，固定同一取液器。

6. 实验报告

（1）记录所测定的 OD_{420} 数据。把实验数据记录于表 6-5，并绘制（$OD_t - OD_0$）-t 曲线。

表 6-5　吸光度测定结果记录

时间/h	0	1	2	3	4	5	6	7	8	9	10
OD_{420}											

（2）由生长曲线得出大肠埃希氏菌的生长周期，分析生长周期对大肠埃希氏菌生长的指示作用。

7. 问题与思考

（1）为什么可用比浊法表示细菌的相对生长状况？

（2）生长曲线中为什么会有平衡期和死亡期？

（3）什么条件下接种为宜？液体种子比固体种子有什么优越性？如何缩短调整期？

（4）大肠埃希氏菌对数生长期的代时是多少？

实验 6.3　微生物显微镜直接计数法

1. 目的要求

（1）了解血细胞计数板的构造及计数原理。

（2）掌握使用血细胞计数板进行微生物计数的方法。

2. 实验原理

血细胞计数板是一块特制的载玻片。载玻片上有 4 条槽构成 3 个平台，中央两条槽之间的平台比其他平台略低，中间较宽的平台又被一短横槽分隔成两半，横槽两边的平台上各刻有一个方格网,每个方格网共分为 9 个大方格,中间的大方格即为计数室。

计数室有两种规格:一种是一个大方格分成 16 个中方格,每个中方格又分成 25 个小方格;另一种是一个大方格分成 25 个中方格,每个中方格又分成 16 个小方格,无论哪种规格的计数板,每个大方格都是 400 个小方格。每个大方格边长为 1 mm,则每个大方格的面积为 1 mm^2,盖上盖玻片后,盖玻片与载玻片之间的高度为 0.1 mm,所以计数室的容积为 0.1 mm^3。

3. 实验器材

(1) 菌种:酿酒酵母菌(*Saccharomyces cerevisiae*,不用酵母菌,改用其他微生物作材料亦可)。将酿酒酵母菌接种于麦芽汁液体培养基中,置恒温培养箱中 28 ℃、100 r/min 培养 24 h。

(2) 器材:显微镜、血细胞计数板、移液管。

4. 实验步骤

(1) 镜检计数室:加样前,先对计数板的计数室进行镜检,若有污染物需要清洗,干燥后使用。

(2) 菌悬液的制备:用生理盐水将菌悬液稀释,以每中格 10~20 个酵母菌为宜。

(3) 加样品:将血细胞计数板中间平台上盖上盖玻片,用无菌吸管将摇匀的酿酒酵母菌悬液由盖玻片的边缘滴一小滴,让菌悬液靠毛细渗透作用自动进入计数室。

(4) 显微镜计数:加样后将血细胞计数板置于显微镜的载物台上,静置 1 min 后,用低倍镜找到计数室,再换高倍镜进行计数。需不断地上、下旋动微调旋钮,以便看到计数室内不同深度的菌体。

(5) 清洗血细胞计数板:血细胞计数板使用完毕,马上将其在水龙头上或用洗瓶用水冲洗,也可用棉花擦洗,最后用蒸馏水冲洗一遍,斜置自然晾干或用吹风机吹干,切勿用硬物刷洗。

(6) 计数方法:16×25 规格的计数板,需计数左上、右上、左下、右下 4 个中格(共 100 个小格)中的酵母菌数。

25×16 规格的计数板,除计数左上、右上、左下、右下 4 个中格外,还需加数正中的一个中格(共 80 小格)中的酵母菌数。

对位于大格线上的酵母菌数只计大格的上方及左方线上的酵母菌,或只计下方及右方线上的酵母菌。

每个样品重复上样并计数 3 次,取平均值,再按公式计算每毫升菌悬液中所含的酵母菌数。

(7) 计算公式。16×25 规格的计数板菌数(cfu/mL)的计算如下:

$$菌数 = (100\ 小格内的细胞数\ /100) \times 400 \times 10^4 \times 稀释倍数$$

25×16 规格的计数板细胞数(cfu/mL)的计算如下:

$$菌数 = (80\ 小格内的细胞数\ /80) \times 400 \times 10^4 \times 稀释倍数$$

5. 注意事项

(1) 每次取样时先要摇匀菌悬液,加样时计数室不可有气泡。

(2) 注意调节显微镜的光线强弱,用低倍镜找计数室时,光线要暗一些。

6. 实验报告

把结果记录于表格中,并写出计算过程,如表 6-6 所示。

表 6-6　实验结果

实验次数	各中格中菌数					总菌数	稀释倍数	平均数	菌数 /(cfu·mL^{-1})
	左上	右上	左下	右下	中				
1									
2									
3									
4									
5									
6									

7. 问题与思考

(1) 为什么用两种不同规格的计数板测同一样品时,其结果一样?

(2) 根据你的实验体会,说明血细胞计数板的误差主要来自哪些方面?如何减少误差力求准确?

实验6.4　微生物间接计数法

与在计数板上直接检测微生物样品中总菌数的显微镜计数法不同,用平板菌落计数法等测定微生物的活细胞数,称为微生物的间接计数法或称活菌计数法,它能测出待测微生物样品中的活细胞(或孢子)数。平板菌落计数法是在适宜条件下,将被检样品细胞分散并适度稀释,再与溶化的固体培养基充分混合,经培养,样品中的活细胞便能在平板培养基内层与表面形成一个个菌落,通过计算菌落数就能换算出待测样品中的活细胞数,或菌落形成单位(cfu/mL,cfu 表示细菌菌落数)。

微生物间接计数法的种类繁多,应用极广,其中最常见的有平板菌落计数法和液体逐级稀释法两类。为便于实际应用,近年来平板菌落计数技术还在不断向简便、快速、微型和商品化方向发展。

6.4.1　平板菌落计数法

1. 目的要求

(1) 了解利用平板菌落计数法测定微生物样品中活细胞数的原理。

(2) 熟练掌握平板菌落计数法的操作步骤与方法。

2. 实验原理

平板菌落计数法是一种应用广泛的测定微生物生长繁殖的方法,其特点是能测出微生物样品中的活细胞数。

本法的原理和操作要点是:先将待测定的微生物样品按比例做一系列稀释(通常为 10 倍系列稀释法),再吸取一定量某几个稀释度的菌悬液于无菌培养皿中,再及时倒入溶化且冷却至 45～50 ℃的培养基,立即充分摇匀,水平静置待凝。经培养后,将各平板中计得的菌落数的平均值换算成单位体积的含菌数,再乘以样品的稀释倍数,即可测知原始菌样单位体积中所含的活细胞数。由于稀释平板上的每一个单菌落都是从原始样品液中的各个单细胞(或孢子)生长繁殖形成的,因此,在菌样的测定中必须使样品中的细胞(或孢子)充分均匀地分散,且经适当稀释,使平板上所形成的菌落数控制在适当的范围,一般细菌的平板菌落计数以 30～300 cfu/mL 为宜,这样可以减少计数与统计中的误差。

平板菌落计数法的最大优点是能测出样品中的活菌数。此法还常用于微生物的选种与育种、分离纯化及其他方面的测定。缺点是操作手续较复杂,时间较长,测定值常受各种因素的影响。涂布法也可用于菌落计数,对好氧菌和放线菌(孢子)的计数尤为适宜,但数值偏小。

3. 实验器材

1)菌种

大肠埃希氏菌(*Escherichia coli*)。

2)培养基

牛肉膏蛋白胨培养基。

3)器皿

无菌试管、无菌培养皿、无菌移液管(1 mL、5 mL、10 mL)。

4)其他

无菌生理盐水、试管架、记号笔、恒温水浴锅、助吸器等。

4. 方法和步骤

1)溶化培养基

先将牛肉膏蛋白胨培养基加热溶化,并置 50 ℃恒温水浴锅中保温备用。

2)编号

取 6～8 支无菌试管,依次编号为 10^{-1},10^{-2},10^{-3},…,10^{-6}(或至 10^{-8},视菌悬液浓度而定);再取 10 套无菌培养皿,依次编号为 10^{-4}、10^{-5} 和 10^{-6}(或 10^{-7}、10^{-8} 和 10^{-9}),各稀释浓度做 3 个重复测定,留下 1 个培养皿做空白对照。

3)分装稀释液

以无菌操作法用 5 mL 移液管分别精确吸取 4.5 mL 无菌的生理盐水于上述各编号的试管中。

4)稀释菌悬液

每次吸取待测的原始样品时,先将其充分摇匀。然后用 1 mL 无菌移液管在待稀释的原始样品中用助吸器来回吹吸数次(注意:吹出菌悬液时,移液管尖端必须离开菌悬液的液面),再精确移取 0.5 mL 菌悬液至 10^{-1} 的试管中(注意:这支已接触过原始菌悬液样品的移液管的尖端不能再接触 10^{-1} 试管的菌悬液液面)。然后另取 1 mL 无菌移液管,以同样的方式,先在 10^{-1} 试管中来回吹吸样品数次,并精确移取 0.5 mL 菌悬液至 10^{-2} 的试管中,如此稀释至 10^{-7}(或 10^{-8})为止。整个稀释流程如图 6-4 所示。

5)转移菌悬液

分别用 1 mL 无菌移液管精确吸取 10^{-4}、10^{-5}、10^{-6} 稀释菌悬液各 1.0 mL,加至相应编号的无菌培养皿中。空白对照培养皿中加入 1.0 mL 无菌的生理盐水。

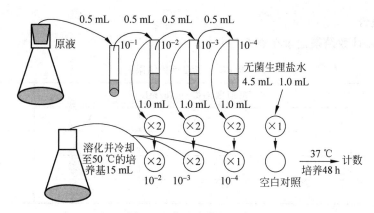

图 6-4　菌悬液稀释示意

6) 倒培养基

菌悬液移入培养皿后应立即倒上溶化并冷却至 45~50 ℃ 的牛肉膏蛋白胨培养基(倒入量 12~15 mL)。

7) 摇匀平板

摇匀平板菌悬液与培养基,即将含菌悬液与溶化琼脂培养基的培养皿快速地前后、左右轻轻地倾斜晃动或以顺时针和逆时针方向使培养基旋转摇匀,使待测定的细胞能均匀地分布在培养基内,培养后的菌落能均匀地分布,便于计数与提高测定的精确度。混匀后水平放置培养皿待凝。

8) 倒置培养

待平板完全凝固后,倒置于 37 ℃ 恒温培养箱中培养。

9) 计菌落数

培养 48 h 后取出平板,计数、记录各皿的菌落数。计数时,用记号笔在皿底点涂菌落进行计数,以免漏记或重复。平均菌落数低于 300 cfu/mL 的平板要严格计数,大于 300 cfu/mL 的平板选择有代表性的 1/4~1/8 区域粗略计数,以判断稀释的影响;无明显界线的链状菌落记作一个菌落,有界限按界限计数;当部分菌落连成一片,而可计数的菌落所占面积多于半个平板时,计数半个平板后乘以 2 作为该平板的菌落数,如果可计数的菌落所占面积少于半个平板,该平板不可以用来计数。

10) 消毒和清洗器皿

将计数后的平板在沸水中煮 10 min 后清洗晾干。

5. 注意事项

(1) 各稀释度菌悬液移入无菌培养皿内时,要"对号入座",切勿混淆。

(2) 不要直接取用来自冰箱的稀释液,以防因冷冻刺激影响活细胞生长繁殖而使菌落形成率受影响。

(3) 每支移液管只能接触一支稀释度的菌悬液试管,每支移液管在移取菌悬液前,都必须在待移菌悬液中来回吹吸几次,使菌悬液充分混匀并让移液管内壁达到吸附平衡。

(4) 菌悬液加入培养皿后要尽快倒入溶化并冷却至 50 ℃ 左右的琼脂培养基,立即摇匀,否则菌体细胞常会吸附在皿底,不易形成均匀分布的单菌落,从而影响计数的准确性。

6．实验报告

（1）将各皿计数结果记录在表 6-7 中。

表 6-7　各皿计数结果

稀释度	每皿菌落数/（cfu/mL）			平均值
	X_1	X_2	X_3	
10^{-4}				
10^{-5}				
10^{-6}				

（2）按照国标 GB 4789.2—2022，根据各个梯度的每平板菌落数进行计算。

① 当只有一个梯度的平均菌落数在 30～300 cfu/mL，按照该梯度的每平板菌落数计算待测样品的活菌数。

$$活菌数（cfu/mL）＝[（X_1＋X_2＋X_3）/3]×稀释倍数 \qquad (6-5)$$

如稀释度 10^{-6} 稀释样品的 3 个平板菌落数分别为 152 cfu/mL、147 cfu/mL 和 160 cfu/mL，其余稀释度每平板菌落数不在 30～300 cfu/mL，则

$$活菌数（cfu/mL）＝[（152＋147＋160）/3]×10^6 cfu/mL＝1.53×10^8 cfu/mL$$

② 当相邻两个梯度的平均菌落数都在 30～300 cfu/mL，根据两个梯度的每平板菌落数计数：

$$活菌数（cfu/mL）＝\left(\sum x＋\sum y\right)/(N_x＋0.1×N_y)×较低的稀释倍数 \qquad (6-6)$$

式中：x 为较低稀释倍数的各个平板菌落数；y 为较高稀释倍数的各个平板菌落数；N_x 为较低稀释倍数的平板个数；N_y 为较高稀释倍数的平板个数。

如稀释度 10^{-6} 稀释样品的 3 块培养皿菌落数分别为 258 cfu/mL、249 cfu/mL 和 264 cfu/mL，稀释度 10^{-7} 稀释样品的 2 块平板菌落数分别为 38 cfu/mL 和 42 cfu/mL，另一块平板的菌落连成一片，不能计数，则

$$活菌数（cfu/mL）＝[（258＋249＋264＋38＋42）/(3＋0.1×2)]×10^6 cfu/mL$$
$$＝2.66×10^8 cfu/mL$$

③ 当所有梯度的每皿平均菌落数都不在 30～300 cfu/mL 时，则按照接近 30～300 cfu/mL 的梯度计算待测样品的活菌数。

7．问题与思考

（1）平板菌落计数的原理是什么？它适用于哪些微生物的计数？

（2）菌悬液样品移入培养皿后，若不尽快倒入培养基并充分摇匀，将会出现什么结果？为什么？

（3）要获得本实验的成功，哪几步最为关键？为什么？

（4）平板菌落计数法与显微镜直接计数法相比，有何优缺点？

（5）仔细观察计数平板，试比较长在平板表面和内层的菌落有何不同？为什么？

6.4.2　乳酸菌和两歧双歧杆菌的简便快速计数法

1. 目的要求

（1）了解简便、快速厌氧菌菌落计数法的基本原理。

（2）学习用简便、快速厌氧菌菌落计数法对生活中若干含乳酸菌和两歧双歧杆菌的试样进行活菌计数。

2. 实验原理

厌氧菌的种类很多，它们与医药、工业、农业、环境保护和基础理论研究有着密切的关系。厌氧菌的培养和活菌计数方法很多，通常都需要提供较复杂的装备和采取烦琐的操作，如常用的厌氧罐技术、亨氏滚管法或厌氧手套箱技术等，故令一般实验室的工作人员难以下手。

根据高层半固体培养基具有良好厌氧性能的原理，我们设计了一种适用于乳酸菌和两歧双歧杆菌等不产气的厌氧菌进行简便快速菌落计数的方法。此法把稀释（在半固体培养基凝固前）和计数（在半固体培养基凝固后）集中在同一支试管内，以不易透氧、装有高层半固体培养基的试管代替常规的培养皿平板进行菌落计数，从而使活菌计数操作简化成"试样分散→逐级稀释＋常规培养→菌落计数"3 步，而传统的方法则需"试样分散→逐级稀释→涂布或浇注平板→厌氧培养→菌落计数"5 步。因此，本法不仅有简化操作步骤的优点，还有省略专用厌氧培养装置、缩短培养时间以及节约试剂和材料等优点。

3. 实验器材

1）菌种

两歧双歧杆菌（*Bifidobacterium bifidum*）、嗜酸乳杆菌（*Lactobacillus acidophilus*）。

2）待测菌样

可在以下各类样品中任选：市售益生菌商品（如"双歧杆菌三联活菌""双金爱生""乳酶生"等活菌胶囊或片剂）、酸奶、活菌口服液、泡菜汁。

3）培养基

含氨苄西林的 LB 培养基见表 4-9。

4）器皿

血浆瓶（250 mL，内装玻璃珠，灭菌后备用）、试管、吸管等。

5）其他

无菌生理盐水。

4. 实验步骤

1）准备试样

（1）纯种：取斜面菌苔数环于 5 mL 生理盐水中，充分摇匀后备用。

（2）试样：①胶囊粉剂，约 4 个胶囊，倒出其中的活菌粉剂，称 1 g 倒入装有 99 mL 生理盐水和玻璃珠的血浆瓶中，仔细振荡，待充分分散均匀后进行梯度稀释。②酸奶（同胶囊粉剂）。③"活菌口服液"或泡菜汁，可不经玻璃珠振荡而直接作梯度稀释。

2）制高层试管

将半固体培养基加热、溶化,冷却至 50 ℃左右,用 10 mL 吸管在每支无菌试管中灌 9 mL,然后放在 45 ℃水浴中保温待用。

3）梯度稀释

按常规方法用无菌吸管(1 mL)吸取 1 mL 含菌试样至 9 mL 半固体培养基试管中,再用另一支吸管上下轻搅 3～5 次使其充分混匀(不可产生气泡),然后吸 1 mL 至下一支试管中,如此逐级稀释直至 10^{-5}～10^{-7} 为止(根据样品含菌数而定)。一般每个试样选做 3 个稀释度,每一稀释度做 3 份。

4）恒温培养

待稀释均匀后,各稀释度的试管垂直放在试管架上,置 37 ℃下恒温培养(此时半固体培养基已呈凝固状态)24 h 左右。

5）观察与计数

经培养后,在高层半固体培养基试管内形成许多透镜状或近球状的菌落,数出每支试管中形成的菌落数目。凡每支菌落数在 30～300 cfu/mL 的试管,均作统计对象。

5. 注意事项

(1) 因为本法所适用的菌种都是厌氧菌,尤其是严格厌氧菌,所以在各操作步骤中,应尽量减少与空气接触。

(2) 本法中所用的稀释试管与菌落计数试管是同一支试管,所以计数时应切记两点:①因每管在混匀后都要吸出 1 mL,最后仅有 9 mL 培养基,所以长出的菌落数均应乘以 10/9 才能表示其实际菌落数;②后一稀释度试管中长出的菌落数,实际为前一稀释度每毫升中所含的活菌数,所以在乘稀释倍数时切忌出错。

6. 实验报告

(1) 计数结果记录在表 6-8 中。

表 6-8 计数结果

样品种类	重复样品	稀 释 度				
		10^{-3}	10^{-4}	10^{-5}	10^{-6}	10^{-7}
1	①					
	②					
	③					
	平均					
2	①					
	②					
	③					
	平均					
3	①					
	②					
	③					
	平均					

(2) 按式(6-7)计算所测各样品中的活菌数。

$$活菌数(cfu/mL) = \frac{(\sum_{i=1}^{n} N_i) \times 10/9}{n} \times 稀释倍数 \tag{6-7}$$

式中：n 为用于计数的试管数；N_i 为不同试管中长出的菌落数。

7. 问题与思考

(1) 本法的原理是什么？最大特点在何处？有何优点？

(2) 在梯度稀释过程中，稀释度为何不能采用常规的吹吸方法进行搅拌，而只能用缓缓地上下来回方式搅拌？

(3) 计算菌落数时，为何还要将每管数得的平均数乘以 10/9？

(4) 除两歧双歧杆菌和乳酸菌外，本法是否适用于产气性厌氧菌的菌落计数？

6.4.3 用 MPN 法测定活性污泥中的亚硝化细菌数量

1. 目的要求

(1) 了解 MPN 法测定亚硝化细菌数量的原理。

(2) 学会采用 MPN 法测定污水处理厂活性污泥中的亚硝化细菌数量的方法。

2. 实验原理

硝化细菌是一群形态各异、生理特性相似的革兰氏阴性细菌，长期以来被认为主要包括 2 个生理亚群，即能将氨氧化为亚硝酸的亚硝化细菌和将亚硝酸氧化为硝酸的硝酸化细菌。由于该菌群具有上述生理特点，因而在污水氮的有效处理中起到重要作用(即污水在好氧下通过硝化作用使氨态氮转化为硝态氮，再在缺氧(厌氧)条件下，通过某些微生物反硝化或厌氧氨氧化作用使硝态氮转化为氮气释放，将氮从污水中去除)。以往研究表明，污水处理系统活性污泥中的亚硝化细菌数量也是判断污水处理中脱氮效果好坏的重要依据之一。本实验介绍采用 MPN 法测定活性污泥中的亚硝化细菌数量。

MPN(most probable number)法的中译名为最大可能数法或最近似值法，它是将不同稀释度的待测样品接种至液体培养基中培养，然后根据受检菌的特性选择适宜的方法以判断其生长，并经统计学处理而进行计数。此法也称为稀释液体培养计数法或稀释频度法。

3. 实验器材

1) 活性污泥样品

采自污水处理厂，共 2 份。

2) 培养基(改良 Buhospagckud 培养基)

$(NH_4)_2SO_4$ 2 g，$FeSO_4 \cdot 7H_2O$ 0.2 g，K_2HPO_4 1 g，$MgSO_4 \cdot 7H_2O$ 0.5 g，NaCl 2 g，$CaCO_3$ 5 g，蒸馏水 1000 mL，pH 7.2，121 ℃，20 min 灭菌。

3) 试剂

(1) pH 7.2 磷酸盐缓冲液：0.2 mol/L Na_2HPO_4 溶液 180 mL，0.2 mol/L NaH_2PO_4 溶液 70 mL，蒸馏水 250 mL。

（2）Griess 试剂

Ⅰ液：对氨基苯磺酸 0.5 g，稀乙酸（10% 左右）150 mL。

Ⅱ液：α-萘胺 0.1 g，蒸馏水 20 mL，稀乙酸（10% 左右）150 mL。

（3）二苯胺试剂：二苯胺 0.5 g，浓硫酸 100 mL，蒸馏水 20 mL。

先将二苯胺溶于浓硫酸中，再将此溶液倒入 20 mL 蒸馏水中。

4）器皿

CSP-2 型超声波发生器（频率为 200 Hz）、无菌试管、无菌移液管（10 mL、1 mL）、无菌烧杯（100 mL）、比色用白瓷板、记号笔、试管架等。

4. 实验步骤

1）活性污泥样品预处理

将采集的活性污泥样品 1 mL 加入装有 99 mL、pH 7.2 的磷酸盐缓冲液的 100 mL 烧杯中，用 CSP-2 型超声波发生器（频率为 200 Hz）超声振荡 1 min，以分散包埋在菌胶团中的细菌。

2）样品液稀释

将上述处理过的活性污泥，用 pH 7.2 的磷酸盐缓冲液做逐级稀释，从 10^{-3} 稀释至 10^{-7}。

3）样品稀释液的接种和培养

将上述不同稀释度的样品液各 1 mL，分别接种于含 10 mL 改良 Buhospagckud 培养基的试管中，每一稀释度重复接种 5 管，28 ℃下培养 20 d（不接种的对照管同时培养）。

4）结果观察

用无菌移液管分别吸取少许上述不同稀释度的试管培养基并加入比色皿白瓷板凹窝中，然后在其中分别加入 Griess 试剂（Ⅰ液和Ⅱ液各 2 滴），出现红色、橙色和棕色者为亚硝化细菌阳性管［若培养基中有亚硝酸盐，则它与Ⅰ液（对氨基苯磺酸）发生重氮化作用，生成对重氮苯磺酸；后者可与Ⅱ液（α-萘胺）反应，生成 N-α-萘胺偶氮苯磺酸（红色化合物）］。如加入 Griess 试剂后不变色，再加入 2 滴二苯胺试剂，出现蓝色者为硝化细菌阳性管（硝酸盐氧化二苯胺的反应），同时也是亚硝化细菌阳性管（亚硝化细菌将培养基中铵盐氧化成亚硝酸盐，从而使活性污泥样品中的硝化细菌将亚硝酸盐进一步氧化成硝酸盐）。此外，在观察结果时，须先测定空白对照管液体中是否含亚硝酸盐和硝酸盐。

5. 注意事项

（1）除概述中提及的亚硝化和硝酸化细菌外，自然界还有一些异养细菌（如节杆菌）、真菌（如曲霉）和某些放线菌也能将氨（或含氮有机物，如胺和酰胺）氧化成亚硝酸和硝酸，但它们的硝化作用是很低的。此外，科学家又先后发现了自养的氨氧化古生菌（2005 年）和全程硝化细菌（2015 年年末，即能独自完成氨氧化和硝酸化两个过程的硝化细菌）。

（2）自 20 世纪 80 年代以来，科学家已先后发现脱氮副球菌、脱氮硫杆菌、假单胞菌属和芽孢杆菌属某些菌种等都具有好氧反硝化作用，可在土壤、水产养殖和污（废）水处理系统中进行好氧反硝化作用。

（3）亚硝化细菌生长极其缓慢，故培养时间不宜太短，否则可能会取得假阴性结果。

（4）亚硝化细菌培养温度一般因菌源而异。从中温环境中取得的样品，最适生长温度为 26～28 ℃,而从高温环境下取得的样品,则在 40 ℃下生长较好。

6. 实验报告

本实验测定中,培养基不论出现红色或蓝色,都记作亚硝化细菌阳性管,并将上述各测定结果记录在表 6-9 中。

表 6-9　不同稀释度阳性管数

样品	样品稀释度					
	10^{-3}	10^{-4}	10^{-5}	10^{-6}	10^{-7}	亚硝化细菌/(MPN/mL)

最后根据不同稀释度出现的阳性管数,查 MPN 检数表,并根据样品的稀释度换算成 1 mL 活性污泥样品中所含的亚硝化细菌数量。

可根据不同稀释度培养基阳性管数确定数量指标。不论稀释度及重复次数如何,数量指标均为 3 位数字。其第一位数字必须是在不同稀释度中所有重复次数都为阳性的最高稀释度,如表 6-10 所示。在此样品中,其数量指标为“542”。如果其后的稀释度还有阳性管数,10^{-7} 不是 0 而是 2,则应将此数加入数量指标的最末位数字上,即为“544”。则查 MPN 表后,结果为 3.5×10^5 MPN/mL。

表 6-10　活性污泥样品中亚硝化细菌测定结果

稀释度	10^{-3}	10^{-4}	10^{-5}	10^{-6}	10^{-7}
阳性管数/管	5	5	4	2	0

7. 问题与思考

(1) 试述亚硝化细菌生长中的碳、氮、无机盐及能量来源。

(2) 采用 Griess 试剂和二苯胺试剂检测 NO_2^- 及 NO_3^- 的机制是什么?

第 7 章

水环境微生物学实验

水质微生物检测在水资源保护、水污染治理、水产养殖等领域有着广泛的应用。尤其是饮用水中的微生物污染是水质安全的重要问题,饮用水中的病原微生物可能导致大面积的人群感染。因此,通过水质微生物检测,可以了解水体的卫生状况和潜在的健康风险,为决策者提供科学依据,促进水资源的合理利用和保护。同时,对于水污染治理和水产养殖来说,水质微生物检测可以帮助评估水体的质量和健康状况,为污染治理和养殖管理提供指导。目前我国对于生活饮用水的微生物监测主要有菌落总数、总大肠菌群、耐热大肠菌群、大肠埃希氏菌、贾第鞭毛虫和隐孢子虫共计 6 项。检测方法主要涉及常规培养方法,包括膜过滤法、多管发酵法与酶底物法。

水体中微生物的检测要求学生具备全面的学科素养、实践经验及团队协作能力,通过实践操作能够训练学生的动手能力和环境保护意识,以推动相关领域的科学研究取得更深入的进展。通过各种检测方法的应用,可以使学生全面了解水体中的微生物污染状况,为水资源保护、水产养殖等实践应用提供科学依据。未来,随着科学技术的不断发展,水质微生物检测的方法和技术将不断得到改进和完善,进一步为人类和自然生态系统的健康保驾护航。

实验 7.1　水体中细菌总数的测定

1. 实验目的

(1) 学习水样的采集和水样中细菌总数测定的全过程及具体操作方法。

(2) 掌握平板菌落计数的方法。

2. 实验原理

各种天然水体中常含有一定数量的微生物。水中细菌总数往往同水体受有机污染程度相关,因而是评价水质污染程度的重要指标之一。细菌总数是指 1 mL 水样在营养琼脂培养基中,37 ℃培养 2 h 后所生长的细菌菌落的总数(单位:cfu/mL),可用稀释平板计数法检测。

由于水中细菌种类繁多,它们对营养和其他生长条件的要求差别很大,不可能找到一种培养基在一种条件下使水中的所有细菌均能生长繁殖。因此,采用普通牛肉膏蛋白胨培养基培养出的细菌总数只是一种近似值,而且所得的菌落数实际上要低于被测水样中真正存在的活细菌数目。

3. 实验器材

(1) 样品:自来水、河水或湖水等。

(2) 培养基:牛肉膏蛋白胨培养基。

（3）溶液及试剂：牛肉膏 3 g、蛋白胨 10 g、NaCl 15 g、琼脂粉 15～20 g、无菌水 1000 mL。

（4）仪器及其他用具：高压灭菌锅、恒温培养箱、锥形瓶、具塞广口瓶、移液枪、培养皿、试管等。

4. 实验步骤

1）水样的采集与处理

取距水面 10～15 cm 的深层水样。先将灭菌的具塞广口瓶，瓶口向下浸入水中，然后翻转过来使瓶口向上，除去玻璃塞，待水盛满后，将瓶塞盖好，再将瓶子从水中取出，并立即用无硅胶塞塞好瓶口，以备检验。水样采集后应立即检验，如需要保存或运送，应采取冰镇措施。水样保存不得超过 4 h。

2）细菌总数测定

（1）稀释水样

用移液枪吸取 1 mL 水样，注入盛有 9 mL 无菌水的试管中，混匀成 10^{-1} 稀释液，注意在吸水样前，水样要彻底搅动均匀。吸取 10^{-1} 稀释液 1 mL 按 10 倍稀释法稀释成 10^{-2}、10^{-3}、10^{-4} 等连续的稀释度。根据水样的洁净程度，污染重者选取 10^{-2}、10^{-3}、10^{-4} 三个连续稀释度，中等污染者选取 10^{-1}、10^{-2}、10^{-3} 三个连续稀释度（稀释度的选择是本实验精确度的关键，选择适宜的稀释度使平皿上菌落总数在 30～300 cfu/mL）。

（2）准备培养基

由高倍至低倍吸取稀释液，每个梯度稀释液分别注入两个培养皿，每皿 1 mL，共三个稀释度，然后将 15 mL 冷却至 45 ℃的牛肉膏蛋白胨培养基注入含水样稀释液的培养皿中，立即旋转培养皿，使水样与培养基充分混匀（图 7-1），方法是握住平皿，先往一个方向画圆，再

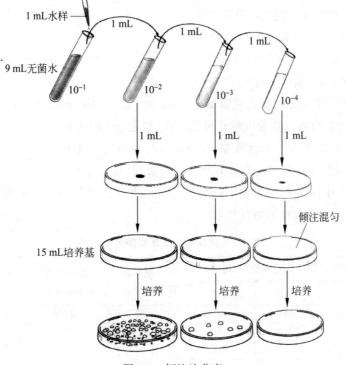

图 7-1　倾注法分离

朝相反方向回转；或一面画圆，一面适当倾斜。小心不要将混合液体溅到培养皿边缘。另取一空的灭菌培养皿，倾注牛肉膏蛋白胨培养基 15 mL 作空白对照，让平皿培养基于水平位置放置至凝固。

也可先将 15 mL 冷却至 45 ℃ 的牛肉膏蛋白胨培养基注入培养皿中，待凝固后用移液枪从三个稀释度的试管中各取 0.2 mL 稀释液，分别涂布于平板中。

（3）培养

将培养皿倒置于 37 ℃ 恒温培养箱中培养 24 h。

3）菌落计数

对培养的菌落进行计数时，可用眼睛直接观察，必要时可用放大镜检查。记下每个培养皿的菌落后，计算各种稀释倍数下的平皿平均菌落数。计数时，若一个培养皿上有较大片状菌落生长，则不应采用该培养皿，而应采用无片状菌落生长的培养皿。若片状菌落面积不到培养皿面积的一半，而其余一半培养皿上菌落均匀分布，则可以对这一半菌落进行计数，乘以 2 后代表该培养皿的菌落数。

细菌总数是以每个平皿菌落的总数或平均数乘以稀释倍数而得来的，首选平均菌落数在 30～300 cfu/mL 的数据进行计算，各种不同情况的计算方法如下：

（1）首选平均菌落数在 30～300 cfu/mL 者进行计算，当只有一个稀释度的平均菌落数符合此范围时，即可用它作为平均值乘其稀释倍数（如表 7-1 例次 1）。

（2）若有两个稀释度的平均菌落数都在 30～300 cfu/mL，则应按两者的比值来决定。若其比值小于 2，应报告两者的平均数；若比值大于 2，则报告其中较小的数字（如表 7-1 例次 2 和例次 3）。

（3）如果所有稀释度的平均菌落数均大于 300 cfu/mL，则应按稀释度最高的平均菌落数乘以稀释倍数计算（如表 7-1 例次 4）。

（4）若所有稀释度的平均菌落数均小于 30 cfu/mL，则应按稀释度最低的平均菌落数乘以稀释倍数计算（如表 7-1 例次 5）。

（5）如果全部稀释度的平均菌落数均不在 30～300 cfu/mL，则以最接近 300 cfu/mL 或 30 cfu/mL 的平均菌落数乘以稀释倍数计算（如表 7-1 例次 6）。

（6）菌落计数的报告。菌落数在 100 cfu/mL 以内时按实有数报告；大于 100 cfu/mL 时，采用两位有效数字；在两位有效数字后面的数值，以四舍五入方法计算。为了缩短数字后面的零数也可用 10 的指数来表示（如表 7-1 的"报告方式"栏）。在所需报告的菌落数多至无法计算时，应注明水样的稀释倍数。

表 7-1　稀释度选择及菌落报告方式

例次	不同稀释度的平均菌落数/(cfu/mL)			两个稀释度菌落数之比	菌落总数/(cfu/mL)	报告方式/(cfu/mL)
	10^{-1}	10^{-2}	10^{-3}			
1	1360	164	20	—	16400	16000 或 1.6×10^4
2	2760	295	46	1.6	37750	38000 或 3.8×10^4
3	2890	271	60	2.2	27100	27000 或 2.7×10^4
4	无法计数	4651	513	—	513000	510000 或 5.1×10^5

续表

例次	不同稀释度的平均菌落数/(cfu/mL)			两个稀释度菌落数之比	菌落总数/(cfu/mL)	报告方式/(cfu/mL)
	10^{-1}	10^{-2}	10^{-3}			
5	27	11	5	—	270	270 或 2.7×10^2
6	无法计数	305	12	—	30500	31000 或 3.1×10^4

　　菌落的计算遵循以下原则：平皿菌落的计算，可用肉眼观察，必要时用放大镜检查，防止遗漏，也可借助于菌落计数器计数。对那些看来相似，并且长得相当接近，但并不接触的菌落，只要它们之间的距离至少相当于最小菌落的直径，便应该予以计数。对链状菌落，看来似乎是由一团细菌在琼脂培养基和水样的混合中被崩解所致，应把这样的一条链当作一个菌落来计数，不可去数链上各个单一的菌链。若同一个稀释度中一个平皿有较大片状菌落生长时，则不宜采用，而应以无片状菌落生长的平皿计数该稀释度的平均菌落数。若片状菌落少于平皿的一半时，而另一半中菌落分布又均匀，则可将其菌落数的 2 倍作为全皿的数目。在记下各平皿菌落数后，应算出同一稀释度的平均菌落数，供下一步计算时用。

5．注意事项

　　(1) 注意无菌操作，玻璃器皿洗净后应用干热灭菌法(160 ℃，2 h)进行灭菌，避免杂菌污染而影响检测结果。

　　(2) 部分实验器材不得在各样品间重复使用，以免交叉污染，如不能用同一灭菌移液管移取不同水样。

　　(3) 培养基的 pH 要正确调至 7.4～7.6。

　　(4) 若培养基出现产气、混浊、长菌膜、变色、沉淀等现象，应废弃。

6．实验报告

将实验数据填入表 7-2，并报告所检测水样的细菌菌落总数。

表 7-2　细菌菌落总数

组别	稀释浓度及菌落数			板菌落状况	报告方式选取	菌落总数(最低稀释度下菌落数×稀释倍数)
	10^{-2}	10^{-3}	10^{-4}			
1						
2						
平均						

7．问题与思考

　　(1) 微生物的计数应考虑哪些原则？

　　(2) 培养时，为什么要把已接种的培养基倒置保温培养？

　　(3) 你所测水源的污染程度如何？

　　(4) 国家对自来水的细菌总数有一个标准，各地能否自行设计其测定条件(诸如培养温度、培养时间等)来测定水样细菌总数呢？为什么？

实验7.2 水体总大肠菌群的测定

1. 实验目的
（1）了解水中肠道细菌常规检测的卫生学意义和基本原理。
（2）掌握测定水中总大肠菌群数的全过程及具体操作方法。
（3）通过检验过程，了解大肠菌群的生化特征。

2. 实验原理
水中的病原菌多数来源于病人和病畜的粪便。人的肠道中主要存在3大类细菌：①大肠埃希氏菌；②肠球菌（*Enterococcus faecalis*）；③产气荚膜杆菌（*Clostridium perfringen*）。由于大肠菌群的数量大，在体外存活时间与肠道致病菌相近，且检验方法比较简便，因此一般采用测定大肠菌群或大肠埃希氏菌的数量作为水被粪便污染的标志。如果水中大肠菌群的菌体数超过一定的数量，则说明此水已被粪便污染，并有可能含有病原菌。

大肠菌群是指那些在乳糖培养基中，经 37 ℃，24～48 h 培养后能产酸产气的需氧和兼性厌氧、革兰氏阴性、无芽孢的杆状细菌。主要包括埃希菌属（*Escherichia*）、柠檬酸杆菌属（*Citrobacter*）、肠杆菌属（*Enterobacter*）、克雷伯氏菌属（*Klebsiella*）等菌属的细菌。大肠埃希氏菌的检测方法主要有多管发酵法和滤膜法，其中多管发酵法是标准分析法。

多管发酵法是以最大可能数（MPN）来表示实验结果的，实际上也是根据统计学理论（概率论）估计水体中大肠埃希氏菌群密度和卫生质量的一种方法，为我国大多数卫生单位和水厂所使用。它包括初发酵实验、平板分离和复发酵实验3个部分。其基本原理是将样品加入含乳糖蛋白胨培养基的试管中，37 ℃条件下进行发酵富集培养，大肠菌群在培养基中生长繁殖并分解乳糖产酸产气，产生的酸使溴甲酚紫指示剂由紫色变为黄色，产生的气体进入倒管中，指示产气。然后在 44.5 ℃条件下进行复发酵培养，培养基中的胆盐三号可抑制革兰氏阳性菌的生长，最后产气的细菌确定为粪大肠菌群。通过 MPN 表得出大肠菌群浓度值。水体中有残留活性氯时可加入硫代硫酸钠溶液消除干扰；含有高浓度重金属离子时，可加入乙二胺四乙酸二钠溶液消除干扰。

3. 实验器材
（1）样品：河水、湖水等。
（2）培养基：乳糖蛋白胨培养基、伊红亚甲蓝（eosin methylene blue，EMB）琼脂培养基（或品红亚硫酸钠琼脂培养基）。
（3）溶液及试剂：牛肉膏 3.0 g、蛋白胨 10.0 g、NaCl 5.0 g、琼脂粉 15～20 g、乳糖、K_2HPO_4、Na_2SO_3、1.6% 的溴甲酚紫乙醇溶液、5% 的碱性品红乙醇溶液、2% 伊红水溶液、0.5% 亚甲蓝水溶液、95% 乙醇、草酸铵结晶紫染色液、1% 草酸铵溶液、碘、碘化钾、番红、100 g/L NaOH、10% HCl、无菌蒸馏水、精密 pH 试纸（6.4～8.4）等（部分染色液和常用试剂及溶液的配制方法见附录10、附录11）。
（4）仪器及其他用具：高压灭菌锅、恒温培养箱、微型旋涡混合器、冰箱、光学显微镜、载玻片、酒精灯、接种环、量筒、培养皿、试管、杜氏小管、移液枪、烧杯、锥形瓶、采样瓶。

4．实验步骤

1）水样的采集

供细菌学检验的水样，必须按一般无菌操作的基本要求采集，并保证在运送、储存过程中不受污染。水样从采集到检验不应超过 4 h，在 0～4 ℃保存不应超过 24 h，如不能在 4 h 内分析，应在检验报告上注明保存时间和条件。

采样瓶应先灭菌，采样后，瓶内应留有空隙。如果与其他化验项目联合取样，细菌学分析水样应在其他样品之前采样。

2）样品稀释与接种

将样品充分混匀后，在装有 50 mL 三倍乳糖蛋白胨培养基的 2 支大试管中(内有倒管)，按无菌操作要求各加 100 mL 水样；在装有 5 mL 三倍乳糖蛋白胨培养基的 10 支试管中(内有倒管)，各加 10 mL 水样。对于受到污染的样品，先将样品稀释再按照上述操作接种，以生活污水为例，可先将样品稀释 10^{-4} 倍，然后再进行接种操作。

3）初发酵实验

(1) 准备培养基

取 15 支试管，其中，5 支试管中各加入 5 mL 的三倍浓缩乳糖蛋白胨培养基，10 支试管中各加入 10 mL 的普通乳糖蛋白胨培养基；加完培养基后，向每支试管中加入 1 支小倒管(杜氏小管)，用海绵硅胶塞将试管塞好、扎紧，然后放入高压灭菌锅中灭菌。

(2) 稀释水样

用移液枪吸取水样 10 mL 放于盛有 90 mL 无菌水和若干玻璃珠的锥形瓶中，充分振荡混合均匀，并使其中的细菌尽量呈单个存在，即为 10^{-1} 稀释液；再从 10^{-1} 制备 10^{-2} 稀释液，依次类推，稀释到所需倍数。

(3) 接种

在无菌环境下分别向 5 支三倍浓缩乳糖蛋白胨培养基试管(接种前一定先检查杜氏小管内有无气泡)中各加入水样 10 mL；5 支普通乳糖蛋白胨培养基试管中各加入水样 1 mL；另 5 支普通乳糖蛋白胨培养基试管中各加入 10^{-1} 稀释液 1 mL，将各支试管充分混匀。

(4) 培养

将加过水样的试管塞好、扎紧，放入 37 ℃恒温培养箱中培养 24 h。

(5) 结果观察

37 ℃下培养 24 h 后取出观察，观察有无气体(杜氏小管内有无气体)和酸产生(培养基有无变色)。在 48 h 之间，培养管内倒置的杜氏小管内有任何量的气体积累，或培养基颜色从紫色变为黄色，便可初步断定为阳性反应。

若实验所测定的 15 支试管中均为阳性反应，说明浓水样污染严重，可将样品进一步稀释后，再按上述方法接种，培养和观察。

4）平板培养实验

(1) 准备培养基

取 3 个灭过菌的培养皿，向其中加入配制好的伊红亚甲蓝琼脂培养基(或品红亚硫酸钠琼脂培养基)，加入量以平铺整个培养皿为止。整个过程必须在酒精灯火焰的外围进行以保证无菌环境。待伊红亚甲蓝琼脂培养基(或品红亚硫酸钠琼脂培养基)冷却凝固,冷却过程中不能移动培养皿以保证凝固后的培养皿表面光滑平整。

(2) 接种

将产酸产气及只产酸的发酵管分别划线接种在伊红亚甲蓝琼脂培养基(或品红亚硫酸钠琼脂培养基)上(整个过程必须在酒精灯火焰的外围进行)。

(3) 培养

将划过线的培养皿放入 37 ℃恒温培养箱中,培养 24 h。放置时,应将培养皿倒置,以防止水分的挥发和大水滴的滴落。

为了确保获得分离的是单菌落,须注意以下事项:①划线间距至少相隔 0.5 cm;②接种钉尖端要稍弯;③先对试管轻击并使之倾斜,以免接种针挑取到任何膜状物或浮渣;④划线时要用接种环的弯曲部分接触琼脂培养基平面,以免刮伤或戳破培养基。

(4) 结果观察

24 h 后,观察在平板上出现的单个菌落。

在伊红亚甲蓝琼脂培养基上可能出现三种菌落:深紫黑色,具有金属光泽的菌落;紫黑色,不带或略带金属光泽的菌落;淡紫红色,中心颜色较深的菌落。在品红亚硫酸钠琼脂培养基上会出现:紫红色,具有金属光泽的菌落;深红色,不带或略带金属光泽的菌落;淡红色,中心颜色较深的菌落。

有紫黑色金属光泽者为较典型的大肠菌群菌落。尽可能挑取典型的或接近典型的大肠菌群菌落,在营养琼脂斜面上划线,置于 37 ℃恒温培养箱中培养 24 h。挑取斜面培养物制成涂片,进行革兰氏染色,凡属革兰氏阴性杆菌,即确认了大肠菌群的存在。

5) 复发酵验证实验

(1) 准备培养基

取 3 支试管,在每支试管中加入 10 mL 普通浓度乳糖蛋白胨培养基,加入杜氏小管,塞好、扎紧放入高压蒸汽灭菌锅中灭菌。

(2) 复发酵

上述涂片镜检的菌落如为革兰氏阴性无芽孢杆菌,则挑取该菌落的另一部分再接种于普通浓度乳糖蛋白胨培养基中(内有杜氏小管),每管可接种分离自同一初发酵管的最典型的菌落 1~3 个,盖好盖子。整个过程必须在酒精灯火焰外围的无菌环境中进行。然后将 3 支试管放入 37 ℃恒温培养箱中培养 48 h。有产酸、产气者(不论杜氏小管内气体多少皆可作为产气论),即证实有总大肠菌群存在。

6) 结果计算

在初发酵实验中,可能有极少数能发酵乳糖产气的非大肠菌群细菌混在阳性可疑反应管中。通过对初发酵中的阳性可疑管进行平板和复发酵实验,并进行革兰氏染色和细菌形态的观察,可将那些少量的非大肠菌群细菌("假阳性管")除去,故在记录时只能把三步实验都呈阳性的试管计入阳性反应管。

表 7-3 为接种 5 份 10 mL 水样、5 份 1 mL 水样、5 份 0.1 mL 水样时,不同阳性及阴性情况下 100 mL 水样中细菌数的最大可能数和 95% 可信限值。

表 7-3　最大可能数和 95％可信限值

| 出现阳性份数 | | | 每 100 mL 水样中细菌数的最大可能数 | 95％可信限值 | | 出现阳性份数 | | | 每 100 mL 水样中细菌数的最大可能数 | 95％可信限值 | |
10 mL 管	1 mL 管	0.1 mL 管		下限	上限	10 mL 管	1 mL 管	0.1 mL 管		下限	上限
0	0	0	<2	—	—	4	2	1	26	9	78
0	0	1	2	<0.5	7	4	3	0	27	9	80
0	1	0	2	<0.5	7	4	3	1	33	11	93
0	2	0	4	<0.5	11	4	4	0	34	12	93
1	0	0	2	<0.5	7	5	0	0	23	7	70
1	0	1	4	<0.5	11	5	0	1	34	11	89
1	1	0	4	<0.5	11	5	0	2	43	15	110
1	1	1	6	<0.5	15	5	1	0	33	11	93
1	2	0	6	<0.5	15	5	1	1	46	16	120
2	0	0	5	<0.5	13	5	1	2	63	21	150
2	0	1	7	1	17	5	2	0	49	17	130
2	1	0	7	1	17	5	2	1	70	23	170
2	1	1	9	2	21	5	2	2	94	28	220
2	2	0	9	2	21	5	3	0	79	25	190
2	3	0	12	3	28	5	3	1	110	31	250
3	0	0	8	1	19	5	3	2	140	37	310
3	0	1	11	2	25	5	3	3	180	44	500
3	1	0	11	2	25	5	4	0	130	35	300
3	1	1	14	4	34	5	4	1	170	43	190
3	2	0	14	4	34	5	4	2	220	57	700
3	2	1	17	5	46	5	4	3	280	90	850
3	3	0	17	5	46	5	4	4	350	120	1000
4	0	0	13	3	31	5	5	0	240	68	750
4	0	1	17	5	46	5	5	1	350	120	1000
4	1	0	17	5	46	5	5	2	540	180	1400
4	1	1	21	7	63	5	5	3	920	300	3200
4	1	2	26	9	78	5	5	4	1600	640	5800
4	2	0	22	7	67	5	5	5	≥2400	—	—

根据证实总大肠菌群存在的阳性管数,查表 7-3"最大可能数",即求得每 100 mL 水样中存在的总大肠菌群数。

对于污染严重的地表水或废水,可进一步稀释初发酵接种水样。如果初发酵接种水样量为 10 mL、1 mL、0.1 mL,而不是较低或较高的 3 个水样量,可直接查表求得大肠菌群指数(MPN),再经式(7-1)换算成每 100 mL 的 MPN 值。

$$\text{MPN} = \text{MPN 指数} \times 10(\text{mL}) / \text{接种量最大的一管的水样}(\text{mL}) \tag{7-1}$$

例如,10 mL 发酵管中 5 支阳性,1 mL 发酵管中 4 支阳性,0.1 mL 发酵管中 2 支阳性,查表 7-3 可得:每 100 mL 水样中大肠埃希氏菌菌数最大可能数为 220,大肠埃希氏菌群数为 220 个/100 mL,如水样中的细菌总数为 80 cfu/mL,则大肠菌群数占细菌总数2.75%。

5. 注意事项

1) 接种前的准备工作

(1) 检查接种工具,进行环境消毒。微生物检测实验室尽可能为独立房间,避免环境污染。实验前 30 min 将无菌室的紫外灯打开对环境进行消毒,进入房间后关闭紫外灯。实验开始前用 75% 乙醇将台面和双手进行消毒。

(2) 在欲接种的培养基试管上贴好标签,标上接种的菌名、操作者、接种日期等。

(3) 将培养基、接种工具及其他实验涉及的用品全部放在实验台上摆好,进行环境消毒。

2) 初发酵接种

将移液枪调整至取样体积,装上已消毒的相应枪头,分别取 3 个不同体积的水样至已消毒灭菌的装有普通浓度乳糖蛋白胨培养基的试管中。接种之前应充分摇匀采样瓶中的水样。当接种量小于 1 mL 时,应采取逐级稀释法进行接种,如要接种量为 0.01 mL 水样,可在无菌操作条件下,先从样品中取 1 mL 水样接种于已灭菌的生理盐水试管中置于微型旋涡混合器上振荡均匀,再从上述试管中取 1 mL 水样接种于已灭菌的生理盐水试管中,在微型旋涡混合器上振荡均匀。最后从此试管中取 1 mL 水样接种于灭菌后的发酵管中进行发酵培养。

3) 复发酵接种

将产酸产气的发酵管进行镜检,当镜检为革兰氏阴性无芽孢杆菌时,进行复发酵实验(也可不进行镜检,直接进行复发酵试验)。

实验过程应严格在无菌条件下进行,同时注意个人防护措施,做实验时应穿实验服(有条件的应穿隔离衣),穿戴口罩、鞋套、手套、头套等。实验结束时实验室废弃物应进行消毒处理(高压灭菌锅灭菌),应对实验室进行乙醇/过氧化氢拖洗、实验台擦洗等,最后用紫外灯对环境进行消毒。

6. 实验报告

(1) 简述实验过程。

(2) 记录实验结果(表 7-4)。

表 7-4   水体总大肠菌群测定实验结果

项 目		原溶液	10^{-1}	10^{-2}	空白对照
初发酵	产酸				
	产气				
EMB 平板培养实验	紫黑色				
	淡紫红色				
革兰氏染色	G$^-$菌				
阳性管数/管	—				

注:阳性用"+"表示,阴性用"−"表示。

7. 问题与思考

(1) 测定总大肠菌群数的意义是什么? 为什么要选择大肠菌群作为水源被肠道病原菌污染的指示菌?

（2）EMB 琼脂培养基含有哪几种主要成分？检查大肠菌群时，各起什么作用？

（3）实验过程中发现什么问题？你认为原因何在，如何克服？

实验 7.3　水体中粪大肠菌群的测定

1．实验目的

（1）学习并掌握饮用水、地表水和污水等水样样品中粪大肠菌群的测定方法。

（2）学习并掌握 MPN 表的检索。

2．实验原理

粪大肠菌群，又称耐热大肠菌群，是指在 44.5 ℃条件下培养 24 h 能发酵乳糖、产酸产气的需氧和兼性厌氧的革兰氏阴性无芽孢杆菌。粪大肠菌群是总大肠菌群的一部分，主要来自粪便，包括柠檬酸杆菌、克雷伯氏菌等。受粪便污染的水、食品、化妆品、土壤等都含有粪大肠菌群，如若检出粪大肠菌群，说明已被粪便污染。

粪大肠菌群的检测方法有两种，一种为多管发酵法，适用于各种水样，但操作频繁，需要时间较长，以最大可能数（MPN）来表示实验结果。另外一种为滤膜法，是近年来新兴的测定方法，操作相对简单快速，以菌落形成单位 cfu 来表示实验结果。本实验重点介绍多管发酵法测定粪大肠菌群的步骤，其基本原理是将样品加入含乳糖蛋白胨培养基的试管中，37 ℃条件下进行发酵富集培养，大肠菌群在培养基中生长繁殖并分解乳糖产酸产气，产生的酸使溴甲酚紫指示剂由紫色变为黄色，产生的气体进入倒管中，储存产气。然后在 44.5 ℃条件下进行复发酵培养，培养基中的胆盐三号可抑制革兰氏阳性菌的生长，最后产气的细菌确定为粪大肠菌群。通过 MPN 表得出粪大肠菌群浓度值。水体中有残留活性氯时可加入硫代硫酸钠溶液消除干扰；含有高浓度重金属离子时，可加入乙二胺四乙酸二钠溶液消除干扰。

3．实验器材

（1）样品

饮用水、污水、地表水。

（2）培养基

营养琼脂培养基：牛肉膏 3.0 g；蛋白胨 10.0 g；NaCl 5.0 g；琼脂粉 15～20 g；蒸馏水 1000 mL。将上述成分混匀后，调节 pH 为 7.4～7.6，过滤除去沉淀，分装于锥形瓶中，121 ℃灭菌 15 min。

乳糖蛋白胨培养基：蛋白胨 10 g；牛肉膏 3 g；乳糖 5 g；NaCl 5 g；1.6％溴甲酚紫乙醇溶液 1 mL；蒸馏水 1000 mL。配制时先将除 1.6％溴甲酚紫乙醇溶液之外的其他成分加热溶解于 1000 mL 蒸馏水中，调 pH 为 7.2～7.4，再加入 1.6％溴甲酚紫乙醇溶液 1 mL，充分混匀，然后分装于含有玻璃倒管的试管中，115 ℃灭菌 20 min。

三倍乳糖蛋白胨培养基：称取三倍的乳糖蛋白胨培养基成分的量，溶解于 1000 mL 水中，配成三倍乳糖蛋白胨培养基，配制方法同上。

EC 培养基：胰蛋白胨 20 g；乳糖 5 g；胆盐三号 1.5 g；磷酸氢二钾 4 g；磷酸二氢钾 1.5 g；NaCl 5 g；蒸馏水 1000 mL。将上述成分加热溶解，然后分装于含有玻璃倒管的试管中,115 ℃灭菌 20 min,灭菌后 pH 应为 6.9 左右。

（3）实验仪器

高压蒸汽灭菌器、烘箱、水浴锅、恒温培养箱、灭菌离心管、灭菌培养皿、灭菌锥形瓶、灭菌移液管、灭菌试管、放大镜、记号笔、革兰氏染色试剂等。

4. 实验步骤

1）样品采集和保存

样品的采集方法与细菌总数测定样品采集方法相同。采样后应在 2 h 内检测,否则应在 10 ℃ 以下冷藏但不得超过 6 h。

2）样品稀释与接种

将样品充分混匀后,在装有 50 mL 三倍乳糖蛋白胨培养基的 2 支大试管中（内有倒管）,按无菌操作要求各加 100 mL 水样;在装有 5 mL 三倍乳糖蛋白胨培养基的 10 支试管中（内有倒管）,各加 10 mL 水样。对于受到污染的样品,先将样品稀释再按照上述操作接种,以生活污水为例,可先将样品稀释 10 倍,然后再进行接种操作。

3）初发酵实验

将接种后的试管在 37 ℃ 培养 24 h,试管颜色变黄为产酸,玻璃倒管内有气泡为产气,产酸和产气的试管报告为阳性样本,不产酸不产气的试管报告为大肠菌群阴性样本。如产气不明显,可轻拍试管,有小气泡升起的为阳性。

4）复发酵实验

将初发酵阳性的发酵管轻微振荡,用接种环将培养物接种到 EC 培养基中。接种后,所有发酵管必须在 30 min 之内放进恒温培养箱或水浴锅中,44.5 ℃ 培养 24 h。培养后立即观察,倒管中产气则证明粪大肠菌群阳性。

5）空白和阴性对照

每次实验都要用无菌水进行实验室空白测定。阴性对照可将粪大肠菌群的阳性菌株（如大肠埃希氏菌）和阴性菌株（如产气肠杆菌）制成浓度为 300～3000 MPN/L 的菌悬液,分别取相应体积的菌悬液接种,按照上述步骤进行初发酵实验和复发酵实验,阴性菌株应呈现阴性反应,阳性菌株应呈现阳性反应,否则该次样品测定结果无效。

6）结果计算

根据不同接种量的发酵管所出现阳性结果的数量,查表 7-5 可得每升粪大肠菌群 MPN。

表 7-5 最大可能数（MPN）

10 mL 样品的阳性管数/管	100 mL 样品的阳性管数/管		
	0	1	2
	1 L 样品中粪大肠菌群数/cfu	1 L 样品中粪大肠菌群数/cfu	1 L 样品中粪大肠菌群数/cfu
0	<3	4	11
1	3	8	18
2	7	13	27
3	11	18	38
4	14	24	52
5	18	30	70

续表

10 mL 样品的阳性管数/管	100 mL 样品的阳性管数/管		
	0	**1**	**2**
	1 L 样品中粪大肠菌群数/cfu	1 L 样品中粪大肠菌群数/cfu	1 L 样品中粪大肠菌群数/cfu
6	22	36	92
7	27	43	120
8	31	51	161
9	36	60	230
10	40	69	>230

5．注意事项

（1）接种环要求用酒精灯灼烧消毒，复发酵接种时每次接种操作均须在酒精灯上灼烧接种环。

（2）初发酵后同时有阴性和阳性的样本表明稀释效果达到最佳。

6．实验报告

记录并报告不同来源水体中粪大肠菌群数的测定结果。

7．问题与思考

（1）与总大肠菌群相比，为何水中粪大肠菌群测定阳性的结果更能说明该水样被粪便污染？

（2）不同来源水体中粪大肠菌群的数量范围是多少？

实验 7.4　富营养化水体中藻类的测定（叶绿素 a 法）

1．实验目的

（1）了解富营养化水体评价方法。

（2）掌握藻类叶绿素含量的测定原理及方法。

2．实验原理

水体富营养化是指在人类活动的影响下，生物所需的氮、磷等营养物质大量进入湖泊、河口、海湾等缓流水体，引起藻类及其他浮游生物迅速繁殖，水体溶解氧量下降，水质恶化，鱼类及其他生物大量死亡的现象。在自然条件下，湖泊也会从贫营养状态过渡到富营养状态，不过这种自然过程非常缓慢。然而，人为排放含营养物质的工业污水和生活污水所引起的水体富营养化则可以在短时间内出现。水体出现富营养化现象时，浮游藻类大量繁殖，形成水华。因占优势的浮游藻类的颜色不同，水面往往呈现蓝色、红色、棕色、乳白色等，这种现象在海洋中则叫作赤潮或红潮。

根据叶绿素的光学特征，叶绿素可分为 a、b、c、d、e 这 5 类，其中叶绿素 a 存在于所有植物中，占有机物干重的 1%～2%，是水体初级生产力和估算水中浮游植物浓度的重要指标，通过叶绿素 a 的测定和生产力的测定可以了解水中藻类状况，以便采取有效的防治措施。

叶绿素是植物进行光合作用的主要脂溶性色素，它在光合作用的光吸收中起核心作用。

所有光合器官中都含有叶绿素。叶绿素 a 和叶绿素 b 都溶于乙醇、乙醚、丙酮等,难溶于石油醚,有旋光性,主要吸收橙红光和蓝光。因此,这两种光对光合作用最有效。当植物细胞死亡后,叶绿素即游离出来,游离叶绿素很不稳定,光、热、酸、碱、氧、氧化剂等都会使其分解。在酸性条件下,叶绿素中的镁原子很容易被酸中的氢原子所取代,使绿色消失而变黄,生成绿褐色的脱镁叶绿素,加热会使反应加速进行。

叶绿素的实验室测量方法有分光光度法、荧光法、色谱法等,其中以传统的分光光度法应用最为广泛。

根据叶绿体色素提取液对可见光谱的吸收性,利用分光光度计在某一特定波长下测定其吸光度,即可用公式计算出提取液中各色素的含量。

根据朗伯-比尔定律(Lambert-Beer law),某有色溶液的吸光度 A 与其中溶液浓度 c 和液层厚度 L 成正比。

$$A = KcL \tag{7-2}$$

式中:K 为吸光系数;c 为溶液浓度(mol/L);L 为液层厚度(cm)。

各有色物质溶液在不同波长下的吸光系数可通过测定已知浓度的纯物质在不同波长下的吸光度而求得。如果溶液中有数种吸光物质,则此混合液在某一波长下的总吸光度等于各组分在相应波长下吸光度的总和,这就是吸光度的加和性。

1) 单色法

已知叶绿素 a 的 80%丙酮提取液在红光区的最大吸收峰分别为 663 nm 和 645 nm,又知在波长 663 nm 下,叶绿素 a 在该溶液中的比吸光系数为 82.04,因此 $c_a = A_{663}/82.04$,可以计算出叶绿素 a 的含量(mg/L)。

2) 三色法

已知叶绿素 a、叶绿素 b 的 80%丙酮提取液在红光区的最大吸收峰分别为 663 nm 和 645 nm,且两吸收曲线相交于 652 nm 处。因此测定提取液在 663 nm、645 nm、652 nm 波长下的吸光值,根据经验公式便可分别计算出叶绿素 a、叶绿素 b 和叶绿素总量。

已知在波长 663 nm 下,叶绿素 a、叶绿素 b 在该溶液中的比吸光系数分别为 82.04 和 9.27,在波长 645 nm 下分别为 16.75 和 45.60,可根据加和性原则列出以下关系式:

$$A_{663} = 82.04c_a + 9.27c_b \tag{7-3}$$

$$A_{645} = 16.75c_a + 45.6c_b \tag{7-4}$$

式中:A_{663}、A_{645} 分别为波长 663 nm 和 645 nm 处测定叶绿素溶液的吸光度;c_a、c_b 分别为叶绿素 a、叶绿素 b 的浓度(g/L)。

解联立方程式(7-3)、式(7-4)可得以下方程:

$$c_a(\text{g/L}) = 0.0127A_{663} - 0.00259A_{645} \tag{7-5}$$

$$c_b(\text{g/L}) = 0.0229A_{645} - 0.00467A_{663} \tag{7-6}$$

如把叶绿素含量单位由 g/L 改为 mg/L,式(7-5)、式(7-6)则可改写为

$$c_a(\text{mg/L}) = 12.7A_{663} - 2.59A_{645} \tag{7-7}$$

$$c_b(\text{mg/L}) = 22.9A_{645} - 4.67A_{663} \tag{7-8}$$

叶绿素总量(c_T):

$$c_T(\text{mg/L}) = c_a + c_b = 20.31A_{645} + 8.03A_{663} \tag{7-9}$$

叶绿素总量也可以根据下式求导:

$$A_{652} = 34.5c_T \tag{7-10}$$

由于 652 nm 为叶绿素 a 与叶绿素 b 在红光区吸收光谱曲线的交叉点(等吸收点),两者有相同的比吸光系数(均为 34.5),因此也可以在此波长下测定一次吸光度(A_{652}),求出叶绿素总量:

$$c_T(g/L) = A_{652}/34.5 \tag{7-11}$$

$$c_T(mg/L) = A_{652} \times 1000/34.5 \tag{7-12}$$

因此,可利用式(7-7)、式(7-8)分别计算叶绿素 a 与叶绿素 b 的含量,利用式(7-9)或式(7-10)可计算叶绿素总量。

可见,叶绿素提取后测定方法又可分为两种:单色法(663 nm)与三色法(645 nm、663 nm、652 nm)。具体使用单色法还是三色法将依据测定对象而定。

常见浮游植物叶绿素 a 测定方法包括:标准方法、超声波法、反复冻融法、延时提取法、热丙酮法、丙酮加热法、热乙醇法、混合溶剂法等。丙酮加热法测量叶绿素 a 具有提取效率高、数据稳定性好、操作耗时短、操作简便等优点,尤其是应急监测或大批量水环境样品测定时更显现优势。

3. 实验器材

(1) 材料:铜绿微囊藻(*Microcystis aeruginosa*)、蛋白核小球藻(*Chlorella pyrenoidosa*)。

(2) 溶液及试剂:80%丙酮水溶液。

(3) 仪器及其他用具:分光光度计、比色皿、离心机、水浴锅、温度计、离心管、移液枪、枪头、锡箔纸、刻度试管。

4. 实验步骤

1) 蓝藻叶绿素的测定(单色法)

(1) 样品浓缩:用移液枪吸取 2 mL 铜绿微囊藻(蓝藻)液置于 10 mL 离心管中,12000 r/min 离心 5 min,用移液枪吸去上清液。

(2) 色素提取:在离心管中加入 2 mL 80%丙酮水溶液,用锡箔纸完全包裹离心管,并置于光线较暗处 55 ℃水浴 30 min,12000 r/min 离心 5 min,吸出上清液转移至 10 mL 刻度试管中,并用 80%丙酮定容至 5 mL。

(3) 测定:取一比色皿,以 80%丙酮水溶液为空白,测定萃取液在 663 nm 处的吸光度,每个样品测定三次,相对误差应小于 5%。测定结果按照 $c_a = A_{663}/82.04$ 计算出叶绿素的含量(mg/L)。

2) 绿藻叶绿素的测定(三色法)

(1) 样品浓缩:用移液枪吸取 2 mL 蛋白核小球藻(绿藻)液置于 10 mL 离心管中,12000 r/min 离心 5 min,用移液枪吸去上清液。

(2) 色素提取:在离心管中加入 2 mL 80%丙酮水溶液,用锡箔纸完全包裹离心管,并置于光线较暗处 55 ℃水浴 60 min,12000 r/min 离心 5 min,吸出上清液转移至 10 mL 刻度试管中,并用 80%丙酮定容至 5 mL。

(3) 测定:将上清液倒入比色皿中,分别测定萃取液在 663 nm、645 nm、652 nm 处的吸光度,每个样品测定 3 次,相对误差应小于 5%。测定结果按照三色法公式,可计算出叶绿素 a、叶绿素 b 与叶绿素总量(mg/L)。

根据式(7-13),计算出原藻液中各叶绿素含量 c_{chl}(mg/L):

$$c_{chl}(mg/L) = c(mg/L) \times 提取液总量(L) / 初始体积(L) \tag{7-13}$$

根据式(7-14),计算出不同藻液中单个细胞中各叶绿素含量 c_{chl}(mg/个):

$$c_{chl}(mg/个) = c(mg/L) \times 提取液总量(L) / 藻细胞总数(个) \tag{7-14}$$

5. 注意事项

(1) 在实验过程中,要控制好加热的时间与温度,且需采取避光措施。温度过高,有光照以及加热时间过长,均可能破坏叶绿素 a 的稳定性。

(2) 丙酮挥发性强,并具有一定毒性,提取过程中要注意个人防护。

6. 实验报告

(1) 将不同波长下分别测得的蓝藻和绿藻的吸光度记录在表 7-6 中。

表 7-6　不同波长下的蓝藻、绿藻吸光度

藻类名称	波长/nm		
	663	645	652
蓝藻		—	—
绿藻			

(2) 根据式(7-15),计算蓝藻的叶绿素含量。

$$c_a = A_{663}/82.04 \tag{7-15}$$

根据下列公式,分别计算绿藻的叶绿素 a、叶绿素 b 含量。

$$c_a(mg/L) = 12.7A_{663} - 2.69A_{645}$$

$$c_b(mg/L) = 22.9A_{645} - 4.68A_{663}$$

并将计算结果记录在表 7-7 中。

表 7-7　蓝藻、绿藻中叶绿素 a、叶绿素 b 与各叶绿素含量　　　　　　　　　mg/L

藻类名称	叶绿素 a	叶绿素 b	各叶绿素含量
蓝藻(单色法)		—	—
绿藻(三色法)			

(3) 已知:提取液总量 5 mL,初始体积 2 mL,根据式(7-13),计算出原蓝藻和绿藻溶液中各叶绿素的含量。并将计算结果记录在表 7-8 中。

表 7-8　蓝藻、绿藻溶液中各叶绿素含量　　　　　　　　　mg/L

藻类名称	叶绿素 a	叶绿素 b	各叶绿素含量
蓝藻		—	—
绿藻			

(4) 假设:蓝藻藻液密度为 4.0×10^7 个/mL,即每毫升蓝藻藻液中含有 4.0×10^7 个蓝藻细胞;绿藻藻液密度为 8.0×10^7 个/mL,即每毫升绿藻藻液中含有 8.0×10^7 个绿藻细

胞。根据式(7-14),计算出蓝藻和绿藻单个细胞中各叶绿素的含量。并将计算结果记录在表 7-9 中。

表 7-9　蓝藻、绿藻单个细胞中各叶绿素含量 　　　　　　　　　　　　　g/个

藻类名称	叶绿素 a	叶绿素 b	各叶绿素含量
蓝藻		—	—
绿藻			

7. 问题与思考

(1) 藻类叶绿素测定的基本原理是什么?

(2) 为什么蓝藻只采用单色法测定叶绿素?

(3) 分别用单色法与三色法测定绿藻叶绿素,其结果相同吗? 为什么?

(4) 计算藻类叶绿素 a 与叶绿素 b 含量的比值,可以得到什么结论?

实验 7.5　水中生化需氧量的测定

1. 目的要求

(1) 了解并掌握生化需氧量(BOD)的含义。

(2) 学习测定 BOD 的原理与常见方法。

(3) 学习 BOD 的计算方法。

2. 实验原理

在水环境的各类污染物中耗氧污染物仍是当前影响水体水质的重要因素,其主要危害是消耗水中溶解氧(dissolved oxygen,DO),导致水质恶化。在我国,各主要河流、湖泊中有机污染物(主要的耗氧污染物)超标的情况仍相当严重。由于水中有机物的成分十分复杂,在现有的技术装备条件下,很难定量分析各种有机物的含量。因而,在未来相当长的时间内,采用生化需氧量(biochemical oxygen demand,BOD)、化学需氧量(chemical oxygen demand,COD)、总有机碳(total organic carbon,TOC)、总需氧量(total oxygen demand,TOD)等指标综合反映有机污染物的污染程度,仍将是水环境监测中的重要方法。

BOD 是指在一定条件下,好氧微生物分解水中的可氧化物质(特别是有机物)的生物化学过程中所消耗的 DO 量。用 BOD 作为水质有机污染指标是从英国开始的,以后逐渐被世界各国所采用。水体中有机物的含量越高,DO 的消耗越多,BOD 就越高,水质就越差。因此,BOD 是反映水体被有机物污染程度的一项综合指标。微生物分解有机物大致可分为两个阶段:第一阶段进行的主要内容是碳水化合物的氧化,因此称为碳化阶段,在 20 ℃条件下这一过程一般需要 7~20 d 才能完成;第二阶段是指含氮化合物在硝化细菌的作用下被氧化为氨,如果氧气充足,氨会再次被氧化为亚硝酸和硝酸,通常把这一过程称为硝化阶段。此阶段进程更为缓慢,温度为 20 ℃时需 100 d 以上才能完成。研究表明,经过 5 d 的生化过程,碳化阶段可以进行一大半,并且开始进入硝化阶段。对生活污水来说,相当于完全氧化分解耗氧量的 70%。因此,目前国内外均采用 20 ℃条件下培养 5 d 的生化需氧量(BOD$_5$)作为水体质量的重要参数,BOD$_5$ 的值已成为水体环境评估中必须监测的一项重要指标。

　　现阶段测定 BOD 的方法主要有以下 4 种。①标准稀释法。该方法将水样稀释至一定浓度后,在 20 ℃恒温下培养 5 d,分别测定培养前后水中的 DO,就可以计算出相应的 BOD(即 BOD_5)。该方法于 1936 年被美国公共卫生协会标准方法委员会(American Public Heath Association,APHA)采用,ISO/TC 147 也推荐该法,它是国际上约定俗成的分析方法,应用广泛。2009 年中华人民共和国环境保护部修订的标准《水质　五日生化需氧量(BOD_5)的测定　稀释与接种法》(HJ 505—2009)采用的也是该方法。该法适用于 2 mg/L<BOD_5<6000 mg/L 的水样,当 BOD_5>6000 mg/L 时,稀释带来的误差会比较大。②微生物电极法。该方法将水中氧气的量与电流联系起来,利用电流与水样中可生化降解的有机物的差值与氧的减少量存在定量关系这一前提来换算出水样的 BOD。通常采用 BOD_5 标准样品作参比,然后换算出水样 BOD。与标准稀释法相比,该法的测定周期短,重现性较好,测定精度也有所提高,但是不适于测定含高浓度杀菌剂和农药类等有害物质的废水。③活性污泥曝气降解法。该方法是先控制温度为 30~35 ℃,然后利用活性污泥强制曝气,降解待测废水样品 2 h,再利用重铬酸钾把生物降解前后的样品进行充分消解,最后测定生物降解前后的 COD,其差值即 BOD。根据与标准方法的实验结果对比,可再进一步换算为 BOD。该方法的最大优点是针对某种特定废水的测定可靠性较高,测定范围较宽,一般不需要对水样进行稀释。但这种方法对温度的控制不易把握,而且整个测定过程较为烦琐。④测压法。该法是在密闭的培养瓶中,水样中的 DO 被其中的微生物消耗,而微生物因呼吸作用产生 CO_2 的量与消耗 O_2 的量相等,当 CO_2 被吸收剂吸收后导致密闭系统的压力降低,然后再根据压力计测得的压降求出水样的 BOD。测压法相当于通过物理方法测定水样的 BOD,无须化学分析,水样一般不需要稀释,操作比较简单。不过这种方法的准确度和精确度还有待于进一步提高。

　　以上是常用的 4 种测定方法,但是,随着社会经济的发展与对环境监测技术要求的不断提高,经典的测定方法也日益凸显了一些缺点和不足,如操作步骤相对复杂、过于耗时、存在明显的滞后性等。因此,一些新型的 BOD 快速测定法也应运而生,其中发展较为迅速与得到广泛认可的一种方法称“BOD 微生物传感器法”。这种传感器主要由固定化微生物膜、物理换能器和信号输出装置组成。

　　BOD 微生物传感器的主要原理是:当没有有机物存在(即处于氧饱和的磷酸盐缓冲液中)的条件下,微生物处于内源呼吸阶段,氧气扩散达到平衡时,BOD 电极输出的电流就会达到稳定状态;而当加入有机物后,微生物的代谢就有外源呼吸发生,由溶液扩散到基础电极的氧会逐渐减少,最终建立起新的耗氧和供氧的动力学平衡。在一定条件下,由两个稳态所得的电流差值与被测样品的浓度成线性关系,这样就可以求出所需要的 BOD。除了以上介绍的这一类常规的微生物传感器外,研究人员还开发了很多新型的如采用可发荧光的基因工程菌作为菌剂的传感系统。其中,使用结合了电荷耦合器件(charge coupled device,CCD)的摄像头及多功能的计数器把细菌发出的光加以显示和转化,样品污染的程度就可以直接从可视的颜色渐变与三维成像模式来判断。当然也可以读出具体的数值,而且这种传感系统测定的 BOD 与常规方法测定的结果相关性很好。除此以外,还有更多独具特点且效果稳定快速的传感系统在不断地研发和推广当中。

　　BOD 微生物传感器法(图 7-2)最大的优点是快速,一般仅需要 10~20 min,可实现在线监控,在实际环境监测中的应用潜力更为巨大。但是就目前来说,大多数的传感器用于水质监测时的普适性还不够好,在一些强酸、强碱和盐度较高的水环境中应用还是会受到不同程度的制约,而且由于对微生物的固定化技术还不够完善,有时导致传感器的稳定性不是太好。

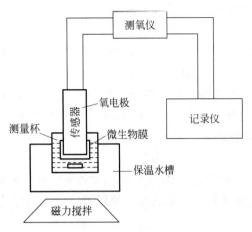

图 7-2 BOD 微生物传感器原理示意

因此,目前国内外普遍规定用五日培养法(与标准稀释法类似)测定水中的 BOD_5,即以 20℃条件下培养 5 d 所消耗的水中 DO 作为 BOD_5,常用的 BOD 测定仪如图 7-2 所示。以下就该方法做一些具体介绍。

3. 实验器材

1)试剂

在测定过程中,除特别说明外,仅使用符合国家标准的分析纯试剂和蒸馏水,或者具有同等纯度的水。水中铜含量不得高于 0.01 mg/L,并不应含有氯、氯胺、苛性碱、有机物和酸类。

(1)接种水

如果实验样品本身未含足够合适的微生物,应该通过以下方式之一来获取接种水。

① 从污水管道或没有明显工业污染的住宅区污水管中采取城市废水。

② 可取花园土壤 100 g 加到 1 L 水中,混合均匀并静置 10 min 后取 10 mL 上清液,用水稀释至 1 L 备用。

③ 污水处理厂出水或含有城市污水的河水或湖水。

④ 有时也可以用商品化的微生物进行接种,其中的微生物来自废水环境,包括假单胞菌(*Pseudomonas*)、芽孢杆菌(*Bacillus*)、诺卡菌(*Nocardia*)和链霉菌(*Streptomyces*)等。

(2)化学试剂

① 0.2 mol/L 氢氧化钠溶液:将 8 g 氢氧化钠溶于水,稀释至 1000 mL。

② 0.2 mol/L 盐酸溶液:将 16.6 mL 浓盐酸溶于水,稀释至 1000 mL。

③ 亚硫酸钠(Na_2SO_3)溶液:终浓度为 1.575 g/L,此溶液不稳定,易被氧化,需使用时现配。

④ 氯化钙溶液:称取 27.5 g 无水氯化钙溶于水中,并稀释至 1 L。

⑤ 氯化铁溶液:称取 0.25 g 三氯化铁($FeCl_3 \cdot 6H_2O$)溶于水中,并稀释至 1 L。

⑥ 磷酸盐缓冲液：将 8.5 g 磷酸二氢钾（KH_2PO_4）、21.75 g 磷酸氢二钾（K_2HPO_4）、33.4 g 七水磷酸氢二钠（$Na_2HPO_4 \cdot 7H_2O$）及 1.7 g 氯化铵（NH_4Cl）共同溶解于约 500 mL 蒸馏水中，稀释并定容至 1000 mL，混合均匀。

⑦ 硫酸镁溶液：配制浓度为 22.5 g/L。

（3）稀释水

在 1000 mL 容量瓶中预先加入约 500 mL 水，再分别加入氯化铁溶液、氯化钙溶液、硫酸镁溶液与磷酸盐缓冲溶液各 1 mL，然后用水稀释至 1000 mL，并混合均匀。将此溶液恒温在 20 ℃ 左右，然后用小型无油空气泵进行曝气，瓶口盖以经洗涤晾干的 2 层纱布。曝气时间 1 h（也可鼓入适量纯氧）以上，使水中的 DO 接近饱和（不低于 8 mg/L）。此稀释水须 $BOD_5 < 0.2$ mg/L（8 h 内使用）。

2）器材

溶氧仪；恒温培养箱，能控制在（20 ± 1）℃；250 mL 溶解氧瓶或具塞试管瓶 2～6 个；单层玻璃采水器；量筒；容量瓶；三角瓶和移液管等（注意：所有玻璃器皿都要认真清洗，否则对测定结果有影响）。

4. 实验步骤

一般采集的样品应该立即测定，而不能保藏，因为在室温下，采集的样品停留 8 h 后，初始的 BOD 有 40% 以上可能被消除。因此，在实验前 8 h 左右就应该给生化培养箱接通电源，并使温度控制在 20 ℃ 左右正常运行。还要将实验中可能用到的稀释水、接种水和接种的稀释水放入培养箱内恒温储藏备用。

1）水样预处理

（1）水样的 pH 若不在 6～8 时，可用盐酸或氢氧化钠稀溶液调节，不管有无沉淀生成，用量不应超过水样体积的 0.5%。

（2）水样中含有铜、铅、锌、镉、铬、砷、氰等有毒物质时，可使用含有经驯化的微生物接种液的稀释水进行稀释，或者增大稀释倍数，以减少有毒物的浓度及可能造成的影响。

（3）含有少量游离氯的水样，一般放置 1～2 h 游离氯即可消失。对于游离氯在短时间不能消散的水样，可加入亚硫酸钠溶液以去除。

（4）从水温较低的水域中采集的水样，可能遇到 DO 过饱和，此时应将水迅速升温至 20 ℃ 左右，充分振荡，以赶出过饱和的 DO。从水温较高的水域或污水排放口采得的水样，则应迅速使其冷却至 20 ℃ 左右，并充分振荡，使之与空气中的氧分压接近平衡。

（5）将已知体积的水样置于稀释容器中，用稀释水或接种稀释水进行稀释，轻轻地混合，避免夹杂空气泡。

2）不经稀释水样的测定

（1）DO 含量较高、有机物含量较少的地表水，可不经稀释而直接以虹吸法将约 20 ℃ 的混匀水样转移到两个溶解氧瓶内，转移过程中应注意不使其产生气泡。以同样的操作使两个溶解氧瓶充满水样后溢出少许，加塞。瓶内不应留有气泡。

（2）其中一瓶随即测定 DO，另一瓶的瓶口进行水封后，放入培养箱中，20 ℃ 培养 5 d。在培养过程中注意添加封口水。

（3）从开始放入培养箱算起，经过 5 d 后，弃去封口水，测定剩余的 DO。

3）需要经过稀释的水样的测定

（1）稀释倍数确定

可先用重铬酸钾法测得其 COD,然后估计 BOD_5 的可能值来设定稀释倍数。使用稀释水时,可由 COD 分别乘以系数 0.075、0.15、0.225,即获得 3 个稀释倍数。使用接种稀释水时,则分别乘以系数 0.075、0.15、0.225,即获得 3 个稀释倍数。

（2）稀释操作

按照选定的稀释比例,用虹吸法沿筒壁先引入部分稀释水（或接种稀释水）于 1000 mL 量筒中,加入需要量的均匀水样,再加入稀释水（或接种稀释水）至 800 mL,用带胶板的玻璃棒小心地上下搅匀（注意：搅拌时勿使玻璃棒的胶板露出水面,防止产生气泡）。之后测定培养 5 d 前后的 DO。另取两个溶解氧瓶,用虹吸法装满稀释水（或接种稀释水）作为空白试验,测定培养 5 d 前后的 DO。

4）数据处理

（1）未经稀释的水样按下式计算：

$$BOD_5 = DO_1 - DO_2 \tag{7-16}$$

式中：BOD_5 为水样的 5 d 生化需氧量(mg/L)；DO_1 为水样在培养前的 DO 浓度(mg/L)；DO_2 为水样在培养 5 d 后的 DO 浓度(mg/L)。

（2）经稀释后培养的水样按下式计算：

$$BOD_5 = \frac{(a_1 - a_2) - (b_1 - b_2)f_1}{f_2} \tag{7-17}$$

式中：a_1 为水样在培养前的 DO 浓度(mg/L)；a_2 为水样经 5 d 培养后的剩余 DO 浓度(mg/L)；b_1 为稀释水（或接种稀释水）在培养前的 DO 浓度(mg/L)；b_2 为稀释水（或接种稀释水）经 5 d 培养后的剩余 DO 浓度(mg/L)；f_1 为稀释水（或接种稀释水）在培养基中所占比例；f_2 为水样在培养基中所占比例。

5）影响因素

（1）稀释水

稀释水中的 DO 要求为 8～9 mg/L(20 ℃),并且稀释水自身的 BOD_5 应小于 0.2 mg/L。

（2）水样的稀释倍数

正确的稀释倍数应使培养后剩余的 DO 浓度为原始浓度的 1/3～2/3,或者消耗的 DO 在 2 mg/L 以上,而剩余 DO 在 1 mg/L 以上。

（3）测定温度

要严格控制培养温度在 20 ℃,否则有机物的氧化速率加快或减慢都会直接影响测定结果的数值。

（4）pH

一般对有机物进行有效降解的微生物适宜在 pH 6.5～8.3 存活,因此,在对 BOD_5 的测定过程中,稀释水的 pH 最好用缓冲液调为 7.2 左右。

（5）有毒物质

很多工业废水中含有重金属离子或有机农药等可能对微生物产生毒害的物质,这样会使微生物的生长受到明显干扰,因此在测定前一定要对水样进行预处理。

(6) 硝化作用

微生物在水中除会氧化有机物耗氧以外,还会在硝化细菌和亚硝化细菌的作用下将氨类物质转化为亚硝酸盐或硝酸盐,这一过程会影响最终的测定结果。因此,根据不同来源的水样,应加入硝化抑制剂(通常采用丙烯基硫脲或烯丙基硫脲)来避免硝化作用导致的误差。

(7) DO

一般稀释水的 DO 应控制在 8～9 mg/L 较为合适,稀释水中的 DO 过高或过低都会导致 BOD_5 测定的实验失败。

5. 注意事项

(1) 每次转移水样时,要注意一定不能引入气泡。

(2) 稀释水应在使用时现配,并且要保证其中有足够的 DO 和适量的无机营养物。

(3) 对于污染程度严重的废水,应参照有关标准对水样进行稀释。

(4) 对于毒性较大、微生物含量较少的废水,必须对其进行接种培养。

6. 实验报告

(1) 计算所测水样的 BOD_5。

(2) 试比较不同来源与 BOD_5 数值不同的水样在感官上的异同。

(3) 总结 BOD_5 测定失败可能的原因。

7. 问题与思考

(1) 试总结 BOD_5 测定整个过程中需注意的事项。

(2) 如何较为快速地确定对水样的稀释倍数?

(3) 不同的 BOD_5 测定方法对应什么样的测试样品较为合理?

第 8 章

土壤环境微生物学实验

　　土壤是微生物生活的良好环境,各类微生物都可在土壤中生存发展,成为土壤"居民",土壤中普遍分布着数量众多的微生物,重要的类群有细菌、放线菌、真菌、藻类和原生动物等,它们的数量很大,1 g土壤中就有几亿到几百亿个。大部分土壤微生物对作物生长发育是有益的,它们对土壤的形成发育、物质循环和肥力演变等均有重大影响,当然也有一些不被人喜欢的致病微生物。正是有了土壤微生物的默默耕耘,大地才会有春华秋实的生生不息。那么微生物在土壤中究竟做了些什么呢? 首先,土壤微生物可以形成土壤结构。土壤并不是单纯的土壤颗粒和化肥的简单结合,作为土壤的活跃组成成分,土壤微生物在自己的生活过程中,通过代谢活动的氧气和二氧化碳的交换,以及分泌的有机酸等,有助于土壤粒子形成大的团粒结构,最终形成真正意义上的土壤。其次,土壤微生物最显著的成效就是分解有机质。比如作物的残根败叶和施入土壤中的有机肥料等,只有经过土壤微生物的作用,才能腐烂分解,释放出营养元素,供作物利用,并形成腐殖质,改善土壤的结构。然后,土壤微生物还可以分解矿物质,土壤微生物的代谢产物能促进土壤中难溶性物质的溶解。例如,磷细菌能分解出磷矿石中的磷,钾细菌能分解出钾矿石中的钾,以便作物吸收利用,提高土壤肥力。这些土壤微生物就好比土壤中的肥料加工厂,将土壤中的矿质肥料加工成作物可以吸收利用的形态。另外,土壤微生物还有固氮作用,氮气占空气组成的4/5,但植物不能直接利用,某些微生物可借助其固氮作用将空气中的氮气转化为植物能够利用的固定态氮化物。有了这样的土壤微生物,就相当于土壤有了自己的氮肥生产车间。

　　微生物还可以降解土壤中残留的有机农药、城市污染物和工厂废弃物等,把它们分解成低害甚至无害的物质,降低残毒危害。当然,这些所有的功能都是由不同种群的微生物完成的,每一个功能的实现都需要大量的微生物共同工作。土壤中的微生物这么能干,你可能会想,要是能让它们听人类的话,想要它们干什么,它们就发挥什么功能就好了。是的,科学家们也是这么想的。现在,在医药卫生事业、工农业生产上,已经有大量应用微生物的例子。就拿土壤中的微生物来说吧,通过开发和筛选有效菌种,培育高效菌种,可以修复污染的土壤,生产菌肥、生物农药等。尽管如此,大多数土壤微生物未知种群蕴藏着目前还无法估量的资源,科学家们目前对于土壤微生物的认识、了解和利用还都很有限。从土壤微生物资源中分离筛选、开发出功能微生物,将是今后应该加强研究的重要工作。

　　本章通过学习土壤中微生物的检测,将使同学们深入了解土壤中微生物的种类、数量和功能,明确微生物在土壤生态平衡、促进土壤肥力和提高生产力方面的作用,培养同学们更加严谨的科研精神、科学态度以及团队协作能力,提高同学们的环境保护意识和持之以恒的科研信念。

实验 8.1 土壤中细菌、放线菌及真菌总数的测定

土壤中的细菌占土壤微生物总数的 $70\%\sim90\%$,主要是能分解各种有机物质的种类。它的数量很大,生物量却并不很高。它们个体小,代谢强,繁殖快,与土壤接触的表面积大,因而是土壤中最活跃的因素。土壤中的放线菌能够产生各种胞外酶,降解土壤中各种不溶性有机物,从而获得细胞代谢所需的各类营养物质,对有机质的矿化起到重要作用。真菌在土壤中的数量仅次于细菌,种类繁多,可分解糖类、淀粉、纤维素等,参与腐殖质的形成和分解过程,促进植物生长,抵御病原菌的侵袭,能够帮助维护生态平衡。

1. 目的要求

(1) 掌握倒平板的方法和常用的分离纯化微生物的基本操作技术。

(2) 了解土壤环境中细菌、放线菌和真菌的数量。

(3) 学会从菌落及培养特征区分不同菌株。

2. 实验原理

在自然界中,微生物的种类很多,数量很大,但不同种类的微生物绝大多数都是混杂生活在一起的,当我们希望获得某一种微生物时,首先必须把要分离的材料进行适当稀释,按其生长所需要的条件,使其在平板上由一个菌体通过很多次细胞分裂而进行繁殖,形成一个可见的细胞群体集合,即菌落。每一种微生物所形成的菌落都有自己的特点,如菌落的大小,表面干燥或湿润、隆起或扁平、粗糙或光滑,边缘整齐或不整齐,菌落透明、半透明或不透明,颜色以及质地疏松或紧密等。这样,就能从中挑选出所需要的纯种,这种获得纯培养的方法称为微生物的分离与纯化。

这里我们选择操作简便的平板分离法来分离与纯化微生物,根据该微生物对营养、酸碱度、氧等条件要求的不同,供给它适宜的培养条件,或加入某种抑制剂形成只利于此菌生长,而抑制其他菌生长的环境,从而淘汰其他一些不需要的微生物,再用稀释涂布平板法、稀释混合平板法或平板划线分离法等分离、纯化该微生物,直至得到纯菌株。值得指出的是从微生物群体中经分离生长在平板上的单个菌落并不一定保证是纯培养。因此,纯培养的确定除观察其菌落特征外,还要结合显微镜检测个体形态特征后才能确定,有些微生物的纯培养要经过一系列的分离与纯化过程和多种特征鉴定方能得到。

本实验分别利用细菌、放线菌、真菌所要求的营养条件,利用牛肉膏蛋白胨培养基、高氏1号琼脂培养基、马丁氏琼脂培养基制成平板进行分离,然后利用菌落形态上的差异,可以把细菌、放线菌、真菌筛选出来并可计算出其数量,再接种到试管斜面上,然后在平板上反复进行分离培养,最后可获得纯种。

3. 实验器材

(1) 培养基:牛肉膏蛋白胨培养基(细菌)、高氏1号琼脂培养基(放线菌)、马丁氏琼脂培养基(真菌)。

(2) 仪器或其他用具:高压蒸汽灭菌锅、恒温培养箱、无菌玻璃涂棒、接种环、无菌培养皿、显微镜、酒精灯、火柴等。

(3) 试剂:细菌需要盛 $4.5\ \mathrm{mL}$ 无菌水的试管,盛99 mL无菌水并带有玻璃珠的三角烧

瓶；真菌需要链霉素,其他与细菌相同；放线菌需要 10％酚,其他与细菌相同。

4．实验步骤

1）土壤稀释液的制备

（1）土壤样品的采集

取土壤表层以下 5～10 cm 处的土样,放入无菌袋中备用,或放在 4 ℃冰箱中暂存。

（2）制备稀释液（要无菌操作,图 8-1）

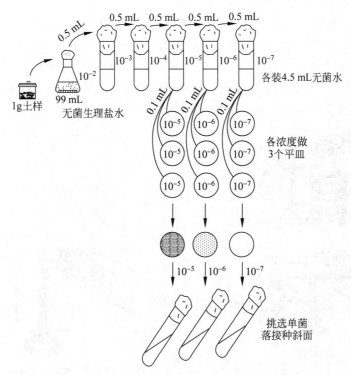

图 8-1　菌悬液逐级稀释过程和稀释液的取样培养示意

① 制备土壤悬液：称土样 1 g,迅速倒入带玻璃珠的装有 99 mL 无菌水的三角瓶中（玻璃珠用量以充满瓶底最好）,振荡 20 min 左右,使土样充分打散,将菌分散,即成为浓度为 10^{-2} 的土壤悬液。

② 稀释：用一支 0.5 mL 无菌吸管吸取 0.5 mL 土壤悬液注入盛有 4.5 mL 无菌水的试管中,即为 10^{-3} 稀释液,如此重复,可依次制成 10^{-4}、10^{-5}、10^{-6}、10^{-7} 的稀释液。注意每一个稀释度换用一支移液管,每次吸取时用无菌吸管吹吸 3 次,使充分混匀,以减少稀释中的误差,亦可用微量加样器代替无菌吸管（细菌：10^{-5}、10^{-6}、10^{-7}；放线菌：10^{-1}、10^{-2}、10^{-3}；真菌：10^{-2}、10^{-3}、10^{-4}）。

2）分离纯化微生物

（1）稀释涂布平板法

① 倒平板：在无菌培养皿的皿盖上标注培养基种类、稀释度和分离方法。将牛肉膏蛋白胨培养基加热溶化,待冷却至 45～50 ℃（手握不觉得太烫为宜。注意温度要适宜,温度过高,培养皿盖上凝结水太多,菌易被冲掉或烫死；温度过低,则培养基凝固,不易倒出）时混

均匀后倒平板。倒平板的方法(图 8-2)为：右手持盛培养基的试管或三角瓶置火焰旁边，左手松动试管塞或瓶塞，用手掌边缘和小指、无名指夹住拔出，试管或瓶口保持对着火焰。如果试管内或三角瓶内的培养基一次用完，管塞或瓶塞则不必夹在手中，否则需要用手指夹住。试管(瓶)口在火焰上灭菌，然后左手拿培养皿将其盖在火焰附近打开一缝，迅速倒入培养基约 15 mL(装量以铺满皿底高 1.5~2 mm 为宜)，加盖后轻轻摇动培养皿，使培养基均匀分布，平置于桌面上，待冷凝后即成平板。最好是将平板在室温下放 2~3 d，或 37 ℃下培养 24 h，检查无菌落及皿盖无冷凝水后再使用。

　　② 分离：用无菌吸管分别由 10^{-5}、10^{-6}、10^{-7}(细菌)；10^{-1}、10^{-2}、10^{-3}(放线菌)；10^{-2}、10^{-3}、10^{-4}(真菌)3 管土壤稀释液中各吸取 0.1 mL 对应放入写好稀释度的已倒入相应培养基的培养皿表面中央位置(0.1 mL 的菌悬液要全部滴在培养基上，若吸管尖端有剩余，需将吸管在培养基表面轻轻地按一下)，用右手拿无菌涂棒在培养基表面轻轻地涂布均匀(图 8-3)，室温下静置 5~10 min，使菌悬液吸附进培养基。

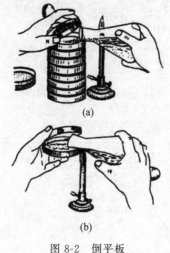

(a)

(b)

图 8-2　倒平板

(a) 皿加法；(b) 手持法

图 8-3　平板涂布操作

　　③ 培养：

　　A. 牛肉膏蛋白胨培养基平板倒置于 37 ℃温室中培养 1~2 d(细菌)；

　　B. 高氏 1 号琼脂培养基平板倒置于 28 ℃温室中培养 5~7 d(放线菌)；

　　C. 马丁氏琼脂培养基平板倒置于 28 ℃温室中培养 2~3 d(真菌)。

　　④ 计数：培养结束后，取出培养平板，算出同一稀释度 3 个平板上的菌落平均数，并按下列公式进行计算：

单位体积中菌落形成单位(cfu/mL)=同一稀释度 3 次重复的平均菌落数×稀释倍数×10

式中：cfu 为 colony forming units 的缩写。一般选择每个平板上长有 30~300 cfu/mL 菌落的稀释度计算单位体积含菌量较为合适。同一稀释度的 3 个重复对照的菌落数不应相差很大，否则表示实验不精确。实际工作中同一稀释度重复对照平板不能少于 3 个，这样便于数据统计，减少误差。由 3 个稀释度计算出的每毫升菌悬液中菌落形成数也不应相差太大。

　　⑤ 挑菌：从培养后长出的单个菌落中分别挑取少许细胞接种到对应培养基的斜面上，置于对应培养温度的温室中培养，待菌苔长出后，检查菌苔是否单纯，也可用显微镜涂片染

色检查是否是单一的微生物,若发现其他杂菌混杂,就要再一次进行分离、纯化,直到获得纯菌落。

（2）稀释混合平板法

此法与稀释涂布平板法基本相同,无菌操作也一样,所不同的是先分别吸取 0.2 mL 不同稀释度的土壤悬液对应放入培养皿,然后尽快倒入溶化后冷却到 45 ℃左右的培养基,在水平位置迅速旋动培养皿,使培养基与菌悬液混合均匀,而又不使培养基荡出培养皿或溅到培养皿盖上。待冷凝成平板后,倒置于温室中培养后计数,再挑取单个菌落,直至获得纯培养。

单位体积中菌落形成单位(cfu)＝同一稀释度 3 次重复的平均菌落数×稀释倍数×5

（3）平板划线分离法

① 倒平板:按稀释涂布平板法倒平板,并用记号笔标明培养基的种类和分离方法。

② 划线:将接种环灼烧灭菌,冷却后挑取上述 10^{-3} 的土壤悬液 1 环在平板上划线(图 8-4):在近火焰处,左手拿皿底,右手拿接种环。划线的方法很多,但无论采用哪种方法,其目的都是通过划线将样品在平板上进行稀释,使之形成单个菌落。常用的划线方法有下列两种:

A. 用接种环以无菌操作挑取土壤悬液 1 环,先在平板培养基的一边作第 1 次平行划线 3～4 条,再转动培养皿约 70°,并将接种环上剩余菌烧掉(由于接种环上沾有菌悬液过多,培养后菌落的密度大,不易呈单菌落,故需将接种环在火焰上重新灼烧,去除多余的菌体),待冷却后通过第 1 次划线部分作第 2 次平行划线,再用同法通过第 2 次平行划线部分作第 3 次平行划线和通过第 3 次平行划线部分作第 4 次平行划线(图 8-5(a))。划线完毕后,盖上皿盖,倒置于恒温箱中培养。注意划线时平板面与接种环面呈 -30°～40°,以手腕力量在平板表面轻巧滑动划线,接种环不要嵌入培养基内划破培养基,线条要平行密集,充分利用平板表面积,注意勿使前后两条线重叠。

B. 将挑取有样品的接种环在平板培养基上作连续划线(图 8-5(b))。划线完毕后,盖上皿盖,倒置于恒温箱中培养。

③ 挑菌:同稀释涂布平板法,一直到所有的菌分布均匀为止。

图 8-4　平板划线操作

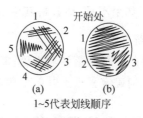

1～5代表划线顺序

图 8-5　划线分离

3）结果记录

菌落特征描写方法如下:

（1）大小：大、中、小、针尖状。可先将整个平板上的菌落粗略观察一下，再决定大、中、小的标准，或由教师指出一个大小范围。

（2）颜色：黄色、金黄色、灰色、乳白色、红色、粉红色等。

（3）干湿情况：干燥、湿润、黏稠。

（4）形态：圆形、不规则等。

（5）高度：扁平、隆起、凹下。

（6）透明程度：透明、半透明、不透明。

（7）边缘：整齐、不整齐。

5. 注意事项

（1）进行稀释涂布平板实验时，涂棒需在培养基表面轻轻涂布，并涂布均匀。

（2）进行稀释混合平板实验时，由于细菌等易吸附在玻璃器皿表面，所以菌悬液加入培养皿后，应当立刻倒入溶化并冷却至 45 ℃左右的培养基，立刻摇匀。否则，细菌将不易分散，影响计数。

（3）进行平板划线分离实验时，注意划线要快速，接种环不要嵌入培养基内划破培养基，线条要平行密集，充分利用平板表面积。注意勿使前后两条线重叠。

（4）进行微生物保藏时，需根据所要保藏的微生物特点选择合适的保藏方法。

6. 实验报告

（1）将培养后菌落计数结果填入表 8-1，并比较稀释涂布平板法、稀释混合平板法所得的计数结果的差异及分析原因。

表 8-1　培养后菌落计数结果

项　　目	分离方法											
	稀释涂布平板法				稀释混合平板法				平板划线分离法			
	1	2	3	平均	1	2	3	平均	1	2	3	平均
平板编号												
稀释度												
单位面积菌数/(cfu/平板)												
单位体积菌数/(cfu/mL)												
微生物的细胞数/个												

（2）你所做的稀释涂布平板法、稀释混合平板法和平板划线分离法是否都能较好地得到单菌落？如果不是，请分析其原因并重做。

7. 问题与思考

（1）要使平板菌落计数准确，需要掌握哪几个关键？为什么？

（2）如何确定平板上某单个菌落是否为纯培养？请写出主要的实验步骤。

实验 8.2　土壤微生物呼吸速率的测定

1. 实验目的

（1）通过实验，了解用 NaOH 吸收法测定土壤微生物呼吸速率的原理。

（2）掌握用 NaOH 吸收法测定土壤微生物呼吸速率的方法。

2. 实验原理

土壤空气的变化过程主要是氧的消耗和 CO_2 的累积过程。土壤空气中 CO_2 浓度高,对作物根系不利,若排出 CO_2,不仅可消除其不利影响,而且可促进作物光合作用。因此,反映土壤排出 CO_2 能力的土壤呼吸强度是一个重要的土壤性质指标。

在土壤新陈代谢过程中产生并向大气释放 CO_2 的过程称土壤呼吸(soil respiration)。它包括微生物呼吸、植物根呼吸和动物呼吸 3 个生物过程,以及在高温条件下的化学氧化过程(非生物过程)。土壤呼吸的测定可以反映土壤生物活性和土壤物质代谢的强度。

土壤微生物呼吸的测定方法主要分为 O_2 消耗量法和 CO_2 排放量法。O_2 消耗量法主要有压力补偿系统中静态培养 O_2 消耗量测定法和静态系统中 O_2 消耗量测定法(压力法);CO_2 排放量法主要有静态系统中 CO_2 释放量的测定方法(滴定法和库仑定量法)、流动系统中 CO_2 释放量的测定方法(红外气体吸收法)、流动和静态系统中 CO_2 释放量的测定方法(气相色谱法)。

土壤呼吸是指未扰动土壤中产生的所有代谢过程,包括 3 个生物学过程(土壤微生物呼吸、土壤动物呼吸、植物根呼吸)和一个化学氧化过程。土壤中的生物学活动是产生 CO_2 的主要来源,因此测定土壤呼吸强度可反映土壤中的生物活性,是土壤肥力的一项重要指标。土壤呼吸是生态系统碳循环的重要组成部分,是全球碳循环的一个主要流通过程,了解土壤碳的动态变化对于估算未来局部或全球碳的变化起到关键作用。土壤呼吸测定方法主要分为直接法和间接法两种。

土壤呼吸直接法是通过测定土壤表面释放出的 CO_2 量来测定土壤呼吸量的方法和技术,在没有土壤无机碳淋溶和沉积损失的情况下,测得的 CO_2 释放速率与真实的土壤呼吸速率近似相等。土壤呼吸直接法大致可分为室内测定法和野外原位测定法。室内测定法虽具有条件可控、可重复实验等优点,但因扰动土壤及与野外条件不一致等原因,难以得到实际呼吸量。野外原位测定法可分为静态气室法、动态气室法和微气象学法等。前两者基本原理是:在一定面积的土壤表面,去除所有绿色植物的地上部分,然后用一定体积的与外界没有任何气体交换的气室(多为不透光材料,即暗箱)罩在土壤表面,定时测定气室内 CO_2 浓度的变化。微气象学法是依据气象学原理测定地表气体排放通量。

土壤呼吸间接法是根据其他指标如土壤腐殖质层质量变化、土壤腺苷三磷酸(adenosine triphosphate,ATP)含量等推算土壤呼吸值,需建立所测指标与土壤呼吸间的定量关系,而这种关系一般只适用于特定的生态系统,有较大的时空局限性,测定结果也难以和其他方法直接比较。土壤呼吸间接法常见的有模型法等,模型法是通过研究影响土壤呼吸的生物和非生物因子,利用一些对土壤呼吸速率影响较大且易于测量的参数建立模型,对土壤呼吸进行预测。

每种测定方法都有优缺点,O_2 消耗量法和 CO_2 排放量法获得的结果并不完全一致,但是对于碱性土壤和有机质含量高的土壤,非生物因素释放的 CO_2 含量高,推荐采用 O_2 消耗量法。

静态碱液吸收法是一种较传统的被普遍采用的方法,最早由 Lundegarah 用于测量土壤

CO_2 的产生量。静态碱液吸收法的原理是用碱($NaOH$、KOH 或固体碱石灰颗粒)吸收 CO_2,形成碳酸根,再用滴定法计算出剩余的碱量,进而计算出一定时间内土壤排放的 CO_2 总量。静态碱液吸收法的优点是设备简单,花费低,可同时进行多样点重复实验,便于对具有较大空间变异性的气体通量进行测量。其主要缺点有以下几点:①取样时间间隔对结果影响较大,不能短时间内连续测定,结果可靠性较低。②气室经过 24 h 遮蔽后,气室内的温度与水分条件改变,而温度与湿度是影响土壤呼吸的重要环境因子。③测定结果精确性不够,在土壤呼吸速率较低的情况下,密闭气室内的 CO_2 由于被碱液吸收,其浓度迅速下降,过低的 CO_2 浓度加速了土壤中 CO_2 的释放,导致测定结果比真实值偏高;在土壤呼吸速率较高的情况下(>5 g/(cm^2/d)),密闭气室内的 CO_2 浓度会因为碱液的不完全吸收而造成气室内土壤与大气之间的浓度梯度增加,从而抑制土壤中 CO_2 的释放速率,导致测定结果比真实值偏低 40% 左右。静态碱液吸收法具体过程如下所示。

用 $NaOH$ 吸收土壤呼吸放出的 CO_2,生成 Na_2CO_3:

$$2NaOH + CO_2 \longrightarrow Na_2CO_3 + H_2O \tag{8-1}$$

先以酚酞作指示剂,用 HCl 滴定,中和剩余的 $NaOH$,并使式(8-1)生成的 Na_2CO_3 转变为 $NaHCO_3$:

$$NaOH + HCl \longrightarrow NaCl + H_2O \tag{8-2}$$

$$Na_2CO_3 + HCl \longrightarrow NaHCO_3 + NaCl \tag{8-3}$$

再以甲基橙作指示剂,用 HCl 滴定,这时所有的 $NaHCO_3$ 均变为 $NaCl$:

$$NaHCO_3 + HCl \longrightarrow NaCl + H_2O + CO_2 \tag{8-4}$$

从式(8-3)、式(8-4)可见,用甲基橙作指示剂时所消耗 HCl 量的 2 倍,即为中和 Na_2CO_3 的用量,从而可计算出吸收 CO_2 的量。

3. 实验器材

(1)材料:新鲜土壤。

(2)仪器设备:天平、大肚吸管、酸式滴定管、洗耳球、滴定管架、锥形瓶、量筒、容量瓶、烧杯、干燥器。

(3)试剂:2 mol/L $NaOH$ 溶液、0.05 mol/L HCl 溶液、1% 酚酞溶液、0.1% 甲基橙溶液。

4. 实验步骤

(1)称取相当于干土质量 20 g 的新鲜土样,置于 150 mL 烧杯中(也可用容重圈采取原状土)。

(2)准确吸取 2 mol/L $NaOH$ 10 mL 于另一个 150 mL 烧杯中。

(3)将两只烧杯同时放入无干燥剂的干燥器中,加盖密闭,放置 1~2 d。

(4)取出盛 $NaOH$ 的烧杯,将溶液移入 250 mL 容量瓶中,稀释至刻度。

(5)吸取稀释液 25 mL,加酚酞 1 滴,用标准 0.05 mol/L HCl 滴定至无色,再加甲基橙 1 滴,继续用 0.05 μmol/L HCl 滴定至溶液由橙黄色变为橘红色,记录后者所用 HCl 的体积(或用溴酚蓝代替甲基橙,滴定颜色由蓝变黄)。

(6)再在另一干燥器中,只放 $NaOH$,不放土壤,用同一方法测定,作为空白对照。

(7)计算 250 mL 溶液中 CO_2 的质量(W):

$$W = \frac{V_1 - V_2}{2} \times C \times \frac{44}{1000} \times \frac{250}{25} \tag{8-5}$$

式中：V_1 为测试溶液用甲基橙作指示剂时所用 HCl 体积的 2 倍(mL)；V_2 为空白实验溶液用甲基橙作指示剂时所用 HCl 体积的 2 倍(mL)；C 为 HCl 的浓度(mol/L)；$\frac{44}{1000}$ 为 CO_2 的毫摩尔质量(g/mmol)；$\frac{250}{25}$ 为分取倍数，再换算为土壤呼吸强度(mg/(g·h))＝$W \times$ 1000×1/20×1/24，其中，20 为实验所用土壤质量(g)；24 为实验所经历的时间(h)。

5. 注意事项

实验用土壤一定要新鲜，一般微生物前期反应剧烈，特别是前几天，之后每天呼吸速率都会降低。

6. 实验报告

将实验数据及结果记录于表 8-2。

表 8-2　土壤微生物呼吸速率测定实验结果

样品名称	样品质量/g	测定时间/h	呼吸速率/(mg/(g·h))	测定温度/℃

7. 问题与思考

(1) 吸收 CO_2 的 NaOH 溶液为什么必须准确吸取？

(2) 用标准 HCl 滴定剩余的 NaOH 时，第一次用酚酞作指示剂，此时消耗的 HCl 量并不参加计算，为什么要求准确滴定？

(3) 怎样判断吸收 CO_2 所用的 NaOH 溶液数量是否充足？

实验 8.3　土壤微生物生物量的测定

1. 实验目的

(1) 了解土壤中微生物生物量测定的意义。

(2) 掌握熏蒸提取法测定土壤中微生物生物量碳、氮、磷的原理。

(3) 掌握熏蒸提取法测定土壤中微生物生物量的具体操作方法。

2. 实验原理

土壤微生物是土壤有机质和土壤养分转化与循环的动力，直接参与土壤中有机质矿化、腐殖质形成、土壤养分转化与循环等过程，能够增强植物适应环境的能力，提高养分的吸收与利用效率。土壤微生物生物量是指土壤中体积小于 $5~\mu m^3$ 的活微生物的总量，是土壤有机质中最活跃和最容易变化的部分，与土壤的碳、氮、磷、硫等养分的循环关系密切，是土壤肥力高低及其变化的重要依据之一。另外，土壤微生物生物量对环境变化敏感，在短时间内会发生大幅度变化,是公认的土壤生态系统变化的预警及敏感指标,也能较早指示生态系统功能的变化,被许多学者用作因人为管理导致土壤变化的灵敏指标之一。因此,研究土壤微生物生物量对了解土壤肥力、土壤养分有效性、土壤养分转化与循环及环境变化具有重要意义。目前土壤微生物生物量测定应用较为广泛的方法主要有熏蒸提取法、底物诱导法、腺苷三磷酸(ATP)法及真菌麦角甾醇分析法等。本实验主要介绍采用熏蒸提取法测定土壤中微生物生物量碳、氮、磷。

3. 实验器材

1) 土壤微生物生物量碳测定(熏蒸提取法——仪器分析法)

(1) 去乙醇氯仿:普通氯仿一般含有少量乙醇作为稳定剂,使用前须除去。将氯仿按体积比1∶2与去离子水一起放入分液漏斗中,充分摇动1 min,静止溶液分层,慢慢放出底层氯仿于烧杯中,如此洗涤3次。得到无乙醇氯仿后加入无水氯化钙(每100 mL氯仿加入10 g)除去水分。纯化后的氯仿置于暗色试剂瓶中,4 ℃避光保存(注意:氯仿具有致癌作用,必须在通风橱中进行操作)。

(2) 硫酸钾提取剂(0.5 mol/L):称取87.10 g硫酸钾(K_2SO_4),溶于去离子水中,定容至1000 mL。

(3) 六偏磷酸钠溶液(50 g/L,pH 2.0):将50.0 g分析纯六偏磷酸钠(($NaPO_3$)$_6$)缓慢加入盛有800 mL去离子水的烧杯中(注意:六偏磷酸钠溶解速度很慢,且易粘于烧杯底部结块,加热易使烧杯破裂),缓慢加热(或置于超声波水浴器中)至完全溶化,用分析纯浓磷酸调节pH至2.0,冷却后稀释至1 L。

(4) 过硫酸钾溶液(20 g/L):将20.0 g分析纯过硫酸钾($K_2S_2O_8$)溶于去离子水中,稀释至1 L,避光存放,使用期最多为7 d。

(5) 磷酸溶液(210 g/L):将37.0 mL 85%分析纯浓磷酸(H_3PO_4)与188 mL去离子水混合。

(6) 邻苯二甲酸氢钾标准溶液(C含量1000 mg/L):将2.1254 g分析纯邻苯二甲酸氢钾($C_6H_4CO_2HCO_2K$,称量前105 ℃烘干2~3 h),溶于去离子水中,定容至1 L。

(7) 土壤筛(孔径2 mm)、振荡器、移液管、消化装置、消化管、真空干燥器、无油真空泵、聚乙烯螺口可密封塑料瓶、烧杯、容量瓶、三角瓶、漏斗、碳-自动分析仪、样品瓶等。

2) 土壤微生物生物量氮测定(熏蒸提取法——全氮测定法)

(1) 去乙醇氯仿:参见土壤微生物生物量碳测定。

(2) 硫酸钾提取剂(0.5 mol/L):参见土壤微生物生物量碳测定。

(3) 浓硫酸:密度1.849 g/mL,化学纯。

(4) 氢氧化钠溶液(10 mol/L):称取420 g固体NaOH于硬质玻璃烧杯中,加去离子水400 mL溶解,不断搅拌,以防止烧杯底角固结,冷却后倒入塑料试剂瓶中,加塞,防止吸收空气中的CO_2。放置几天待Na_2CO_3沉降后,将清液虹吸入盛有约160 mL无CO_2的水中,并以去CO_2的蒸馏水定容至1000 mL,加盖橡皮塞。

(5) 甲基红-溴甲酚绿混合指示剂:取0.5 g溴甲酚绿和0.1 g甲基红溶于100 mL乙醇中。

(6) 硼酸指示剂(20 g/L):取20 g H_2BO_3溶于1000 mL去离子水中,再加入甲基红-溴甲酚绿混合指示剂5 mL,并用稀酸或稀碱调节至微紫红色,此时该溶液的pH为4.8。指示剂使用前与硼酸混合(注意:此试剂宜现配,不宜久放)。

(7) 混合加速剂(质量比 K_2SO_4∶$CuSO_4$∶Se＝100∶10∶1):取 100 g K_2SO_4、10 g $CuSO_4\cdot5H_2O$ 和 1 g Se 粉混合研磨,通过 80 号筛充分混匀(注意戴口罩),储于具塞瓶中。消煮时每毫升 H_2SO_4 加 0.37 g 混合加速剂。

(8) H_2SO_4 标准溶液(0.01 mol/L):量取浓 H_2SO_4 2.83 mL,加水稀释至 5000 mL,然后用标准碱或硼砂标定,标定后再稀释 10 倍。

(9) 凯氏瓶、消煮炉、半微量定氮仪、半微量滴定管、硬质消化管、可调温电炉、真空干燥器、烧杯、三角瓶、聚乙烯塑料管、离心管、漏斗等。

3) 土壤微生物生物量磷测定(熏蒸提取法——无机磷测定法)

(1) 磷酸二氢钾(P 含量 250 μg/mL)溶液:取 1.0984 g 分析纯磷酸二氢钾(KH_2PO_4)(称量前 105 ℃烘干 2~3 h)溶于去离子水中并定容至 1 L。

(2) 碳酸氢钠溶液(0.5 mol/L,pH 8.5):取 420 g 分析纯碳酸氢钠($NaHCO_3$)溶于 800 mL 去离子水中,用 1 mol/L NaOH 溶液缓慢调节 pH 至 8.5,再用去离子水稀释至 1 L(注意:该溶液放置时间过长时,溶液的 pH 升高,需要经常调节酸度)。

(3) 磷酸二氢钾标准溶液(P 含量 4 μg/mL):取 0.1757 g 分析纯磷酸二氢钾(KH_2PO_4)(称量前 105 ℃烘干 2~3 h)溶于少量去离子水中,再加 1~2 mL 浓硫酸,用去离子水定容至 1 L,即得 P 含量 40 μg/mL 磷酸二氢钾储存液,置 4 ℃下保存。取 50 mL 储存液用去离子水稀释定容至 500 mL,即得 P 含量 4 μg/mL 磷酸二氢钾标准溶液(注意:此溶液不宜久存)。

(4) 混合显色液:取 2.5 mol/L 硫酸溶液 125 mL 与 37.5 mL 钼酸铵溶液混合,再加入 75 mL 抗坏血酸溶液和 12.5 mL 酒石酸锑钾溶液,混匀(注意:此溶液保存时间不宜超过 24 h)。

(5) 分光光度计、离心机、聚乙烯提取瓶、容量瓶、烧杯、凯氏瓶、其他设备参见土壤微生物生物量碳测定方法。

4. 实验步骤

1) 土壤微生物生物量碳测定

(1) 土壤前处理

对采集到的新鲜土壤样品,应及时拣出土壤中的可见植物残体、根系及土壤动物(如蚯蚓)等,然后过筛(<2 mm)并混匀,装袋,立即分析或保存于 4 ℃冰箱中备用。如果土壤水分含量较高,无法过筛,应在室内避光处自然风干再过筛,风干过程中应经常翻动,以避免局部干燥影响微生物活性。

(2) 土壤熏蒸

称取新鲜土壤(相当于干土 25.0 g)3 份,分别置于 3 个 80 mL 烧杯中。将烧杯放入真空干燥器中,并放置盛有去乙醇氯仿(约 2/3 烧杯)的 25 mL 烧杯 2 只或 3 只,烧杯内放入少量防暴沸玻璃珠,同时放入盛有 NaOH 溶液的小烧杯,以吸收熏蒸期间释放出的 CO_2,干燥器底部还应加入少量水以保持湿度。盖上真空干燥器盖子,用真空泵抽真空(真空度控制在－0.07 MPa 以下),使氯仿剧烈沸腾 3~5 min。关闭真空干燥器阀门,在 25 ℃暗室放置 24 h。熏蒸结束打开干燥器阀门时应听到空气进入的声音,否则为熏蒸不彻底,应重做。

取出盛氯仿(氯仿倒回储存瓶,可再使用)和 NaOH 溶液的烧杯,清洁干燥器,反复抽真空(－0.07 MPa)5 次或 6 次,每次 3 min,直到土壤无氯仿味为止。每次抽真空后,最好完全打开干燥器,以加快去除氯仿的速度(注意:必须除去氯仿中的乙醇,否则由于乙醇溶于水,无法通过抽真空去除而滞留在土壤中,导致测定结果偏高)。熏蒸的同时,另称取等量的土壤 3 份,置于另一干燥器中但不熏蒸,作为对照土壤。

(3) 提取

从干燥器内取出熏蒸和未熏蒸土样,将土样完全转移到 200 mL 聚乙烯螺口可密封塑料瓶中,加入 100 mL 0.5 mol/L K_2SO_4(土水质量体积比为 1∶4),300 r/min 振荡 30 min,用中速定量滤纸过滤。同时设置 3 个无土壤基质为空白。提取液应立即分析,或者在 -20 ℃下保存。

(4) 测定与结果分析

取 10.00 mL 土壤提取液于 40 mL 样品瓶中(注意:解冻的提取液在取样前应均匀),加入 10 mL 六偏磷酸钠溶液(pH 2.0),在碳-自动分析仪上测定有机碳含量。

工作曲线:分别吸取 0.00 mL、2.00 mL、4.00 mL、6.00 mL、8.00 mL、10.00 mL 碳含量为 1000 mg/L 的邻苯二甲酸氢钾标准溶液于 100 mL 容量瓶中,用去离子水定容,即得碳含量 0 mg/L、20 mg/L、40 mg/L、60 mg/L、80 mg/L、100 mg/L 系列标准碳溶液,按上述方法测定。

结果计算公式为

$$微生物生物量碳 = E_C / k_{EC} \tag{8-6}$$

式中:E_C 为熏蒸和未熏蒸土壤的生物量碳的差值;k_{EC} 为氯仿熏蒸杀死的微生物体中的碳被浸提出来的比例,取值为 0.45。

2) 土壤微生物生物量氮测定

(1) 土壤前处理、熏蒸、提取

参见土壤微生物生物量碳测定。较低浓度的 K_2SO_4 溶液作为提取剂是否适合不同的土壤,还有待进一步研究。

(2) 测定

吸取 20 mL 土壤浸提液于 50 mL 凯氏瓶中,加入 0.5 mL 浓 H_2SO_4,以防铵(NH_4^+)损失。在水浴中加热至体积减小 1~2 mL。然后加入 3 g 混合加速剂和 8 mL 浓 H_2SO_4,摇匀,在 340 ℃ 消煮至液体变清(约 3 h),冷却后,将消煮液转入 50 mL 容量瓶中,少量多次洗涤凯氏瓶,洗液倒入容量瓶,用蒸馏水定容。

吸取 20 mL 消煮液于蒸馏瓶中,置盛有 5 mL 硼酸指示剂的三角瓶于冷凝管下端。加 20 mL 40% NaOH 溶液于蒸馏瓶中进行蒸馏,直到馏出液体积达 50 mL,停止蒸馏,用少量水冲洗冷凝管下端,取下三角瓶,用硫酸标准溶液滴定,使其终点达紫红色。同时进行空白试验,以校正试剂和滴定误差。

(3) 结果计算

$$有机氮量(mg/kg) = \frac{(V - V_0) \times C \times 2 \times 14 \times 10^3 \times f}{W} \tag{8-7}$$

式中:V_0 和 V 分别为空白和样品消耗的 H_2SO_4 标准溶液体积(mL);C 为硫酸标准溶液浓度(mol/L);f 为分取倍数;W 为烘干土质量(g);2 为 1 分子 H_2SO_4 对应 2 分子 NH_4^+;14 为氮的摩尔质量(g/mol);10^3 为克转化为千克的换算系数。

土壤微生物生物量氮(B_N)计算公式为

$$B_N = E_N / k_{EN} \tag{8-8}$$

式中：E_N 为熏蒸和未熏蒸土壤有机氮含量的差值；k_{EN} 为转换系数，取值为 0.54。

3）土壤微生物生物量磷测定

（1）土壤前处理、熏蒸

参见土壤微生物生物量碳测定。

（2）提取

称取经前处理相当于 5.00 g 新鲜土壤 3 份，置于 25 mL 烧杯中。用无乙醇氯仿熏蒸 24 h，除去土壤中残留的氯仿，详细操作步骤参见土壤微生物生物量碳测定方法。另称取等量的土壤 3 份，置于另一干燥器中但不熏蒸，作为对照土壤。将熏蒸与未熏蒸土壤完全转移到 200 mL 聚乙烯提取瓶中，加入 100 mL 0.5 mol/L $NaHCO_3$ 溶液，300 r/min 振荡 30 min，用慢速定量滤纸过滤。同时做 3 个无土壤基质作为空白对照。另称取经前处理相当于 5.0 g 干土壤 3 份于 200 mL 聚乙烯提取瓶中，加入 0.5 ml/L P 含量 250 μg/mL KH_2PO_4 溶液（相当于每克土中 25 μg P），再加入 100 mL 0.5 mol/L $NaHCO_3$ 溶液，同上进行提取。用于测定外加正磷酸盐态无机磷的回收率（R_{pi}），以校正土壤对熏蒸处理所释放出来的微生物生物量磷的吸附和固定。

（3）测定

取适量的提取液（根据提取液磷浓度确定）于 25 mL 容量瓶中，加入适量的 1 mol/L HCl 溶液进行中和（注意：HCl 溶液的加入量通常为提取液体积的 1/2），放置 4 h 并间隙摇动以排出溶液中的 CO_2。补充去离子水至 20 mL，加入 4 mL 混合显色液，再用去离子水定容，完全显色后（约 30 min），在波长 882 nm 下比色。

工作曲线：分别取 0.00 mL、0.25 mL、0.50 mL、1.00 mL、1.50 mL、2.00 mL P 含量 4 μg/mL 磷酸二氢钾标准溶液于 25 mL 容量瓶中，加入与样液等体积的 0.5 mol/L $NaHCO_3$ 溶液，同上进行中和、显色和比色测定，即得 P 含量为 0 μg/mL、0.04 μg/mL、0.08 μg/mL、0.16 μg/mL、0.24 μg/mL、0.32 μg/mL 系列标准磷工作曲线。

（4）结果计算

土壤微生物生物量磷（B_P）计算公式为

$$B_P = E_{PI} / (k_P \cdot R_{PI}) \tag{8-9}$$

式中：E_{PI} 为熏蒸与未熏蒸土壤的差值；R_{PI}=（外加 KH_2PO_4 溶液土壤的测定值－未熏蒸土壤的测定值）/25×100%，即校正系数；k_P 为转换系数，取值为 0.4。

5. 实验报告

1）土壤中微生物生物量碳含量测定

（1）绘制碳含量标准曲线，构建碳含量与吸光度的关系方程，并计算该方程的 R^2。

（2）利用熏蒸提取法——仪器分析法，结合碳含量与吸光度的关系方程，计算土壤中微生物生物量碳含量。

2）土壤中微生物生物量氮含量测定

（1）将熏蒸提取法——全氮测定法测定土壤中微生物生物量氮含量的相应数据填入表 8-3。

表 8-3　全氮测定法测定土壤中微生物生物量氮含量的相应数据

测定项目	无土壤空白对照			未熏蒸土壤			熏蒸土壤		
	1	2	3	1	2	3	1	2	3
消耗硫酸标准液/mL									
有机氮含量/(mg/kg)									
微生物生物量氮/(mg/kg)									

(2) 绘制氮含量标准曲线,构建氮含量与吸光度的关系方程,并计算该方程的 R^2。

3) 土壤中微生物生物量磷含量测定

(1) 绘制磷含量标准曲线,构建磷含量与吸光度的关系方程,并计算该方程的 R^2。

(2) 利用熏蒸提取法并结合磷含量与吸光度的关系方程,计算土壤中微生物生物量磷含量。

6. 问题与思考

(1) 土壤微生物生物量测定过程中为什么要用新鲜土壤?

(2) 试阐述微生物生物量测定的意义。

(3) 分析熏蒸提取法测定土壤中微生物生物量的原理。

(4) 利用熏蒸提取法——全氮测定法测定土壤中微生物生物量氮的原理是什么?

(5) 熏蒸提取法——无机磷测定法测定土壤中微生物生物量磷的过程中外加无机磷的目的是什么?

(6) 影响微生物生物量碳、氮、磷测定准确性的因素有哪些?

实验8.4　土壤脲酶活性的测定

1. 实验目的

(1) 了解土壤脲酶活性的测定意义。

(2) 掌握靛酚蓝比色法测定脲酶活性的原理与方法。

(3) 了解尿素在土壤环境中的降解转化过程。

2. 实验原理

土壤酶是表征土壤中物质、能量代谢旺盛程度和土壤质量水平的一个重要生物指标。在土壤的发生发育及土壤肥力的形成过程中具有重要作用。土壤酶活性与土壤理化性质密切相关,任何影响土壤性质的因素都可能对土壤酶的活性产生影响。

脲酶存在于大多数细菌、真菌和高等植物里,广泛存在于土壤中。它是一种酰胺酶,能将来自植物残体、动物排泄物、酰胺态氮肥及含氮有机物分解的中间产物尿素水解生成氨和二氧化碳后直接为植物所利用,即将尿素转化成植物可以直接利用的氮素形式。研究发现土壤脲酶活性与土壤的微生物数量、有机物质含量、全氮、速效氮、速效钾和速效磷含量正相关,在土壤氮元素的循环与转化过程中扮演了重要角色,因此土壤脲酶活性作为表征土壤氮素状况,评价土壤生产力及土壤质量的指标,一直以来备受科研工作者的重视。根际土壤脲酶活性较高,中性土壤脲酶活性大于碱性土壤脲酶活性。

脲酶是促含氮有机物水解的酶,它专一性水解尿素释放出氨和二氧化碳:

$$H_2NCONH_2 + H_2O \xrightarrow{\text{脲酶}} 2NH_3 + CO_2$$

在土壤中,pH 为 6.5～7.0 时脲酶活性最大。脲酶活性是影响尿素分解的最主要因素,在土壤脲酶的作用下,尿素水解为简单无机离子,水解的速度非常快,经实验验证,尿素在 15 d 内分解率达 98%。如果要降低尿素的分解速度,提高肥料利用率,关键是要控制能引起尿素分解的脲酶的活性。一般来说,温度高,脲酶活性强,尿素分解快,分解产物来不及被农作物吸收就挥发掉或随地下水流失;温度低,尿素分解慢,分解产物有可能供不上农作物的需要。土壤脲酶活性的测定是以尿素作为反应基质,经土壤脲酶酶促反应之后,测定氨的生成量或尿素的剩余量来表示。测定脲酶的方法很多,包括比色法、扩散法、电极法、CO_2 度量法、尿素残留量法等。

1) 比色法

比色法的原理是以尿素为底物,经培养后根据脲酶酶促产物——氨(忽略硝化过程造成的氨态氮损失)在碱性介质中:①与纳氏试剂作用生成黄色的碘化双汞铵,该生成物数量与氨量相关;②与苯酚、次氯酸钠作用生成蓝色的靛酚,该生成物数量与氨浓度成正比,线性范围为 0.05～0.5 mg/L。后者即称为靛酚蓝比色法,其结果精确性较高,重现性较好,在脲酶活性测定中的应用最为广泛。

靛酚蓝反应原理如下:

$$NH_3 + OCl^- \longrightarrow NH_2Cl + OH^-$$

$$O{=}\!\!\!\!\bigcirc\!\!\!\!{=} + NH_2Cl + OH^- \xrightarrow{Fe(CN)_3ONO^-} O{=}\!\!\!\!\bigcirc\!\!\!\!{=}N{-}Cl + H_2O$$

$$O{=}\!\!\!\!\bigcirc\!\!\!\!{=}N{-}Cl + O{=}\!\!\!\!\bigcirc\!\!\!\!{=} \longrightarrow O{=}\!\!\!\!\bigcirc\!\!\!\!{=}N{-}\!\!\!\!\bigcirc\!\!\!\!{-}O + HCl$$

$$\Updownarrow$$

$$O{=}\!\!\!\!\bigcirc\!\!\!\!{=}N{-}\!\!\!\!\bigcirc\!\!\!\!{-}OH + Cl^-$$

2) 扩散法

扩散法是根据尿素水解生成的氨被带有指示剂的硼酸吸收后,再用标准硫酸测定脲酶。此法中尿素水解是在密闭容器中进行的,常因动态平衡,氨不能从土壤中完全扩散,导致结果偏低。采用扩散法测定土壤脲酶活性的流程如下:称取 5 g 风干土,置于扩散皿外圈中,加 3 mL pH 为 7 的磷酸缓冲液和 2 滴甲苯。在扩散内圈加 5 mL 已含有甲基红-溴甲酚绿指示剂的 30 mL/L 硼酸液。然后在扩散皿边缘涂上碱性甘油,盖严载玻片,再向扩散皿的外圈土样中加入 5 mL 100 g/L 的尿素溶液,盖严载玻片后转动扩散皿。放在 37 ℃ 的恒温箱中培养 15 h,用硫酸标准滴定液滴定扩散皿中的硼酸液,至紫红色终点,记录消耗的硫酸毫升数。酶活性以 15 h 后 1 g 土壤中 NH_3-N(氨态氮)的毫克数($m_{NH_3\text{-}N}$)表示。

$$m_{NH_3\text{-}N} = 28NV/W \tag{8-10}$$

式中:N 为硫酸浓度(mol/mL);W 为土样质量(g);V 为消耗的硫酸体积(mL);28 为每毫摩尔酸相当于 N 的毫克数。

3) 电极法

电极法是根据氨气敏电极测定尿素水解产物氨,来表示脲酶活性。与扩散法相比,电极法具有省试剂、省时间及手续简便等优点。电极法与扩散法相差值一般小于 5%。采用氨气敏电极——标准加入法测定土壤脲酶活性,使样品液与标准溶液均处于同一条件下测定,消除了土壤中基体对测定的影响,提高了方法的准确性。方法简便、快速,结果可靠,应用于不同土壤样品中脲酶活性的测定,相对标准偏差为 1.78%～3.94%,回收率为 98.3%～101.8%。

4) CO_2 度量法

CO_2 度量法是以 ^{14}C 标记的尿素作基质,测定单位时间内尿素水解产物——H_2CO_3 的增加量,然后换算成 CO_2 的微克分子数来表示脲酶活性。由于所用基质要标记,测定中需要特殊仪器设备,无设备条件较难采用此方法。

5) 尿素残留量法

尿素残留量法用含乙酸苯汞的 2 mol/L KCl 溶液加入待培养的土壤样品中 37 ℃ 条件下培养 5 h,培养结束后振荡 1 h,再将土壤悬液进行过滤,然后把获得的提取液在酸性条件下用二乙酰一肟比色测出尿素的含量。具体方法如下:6.0 g 土壤与 5 mL 2 g/L 的尿素混合后在 37 ℃ 条件下培养 5 h,用 50 mL 提取液(45 mL 2 mol/L KCl 和 5 mL 50 mg/L 乙酸苯汞)振荡 1 h 后,用 30 mL 显色液(50 mL 25 g/L 二乙酰一肟＋20 mL 2.5 g/L 氨基硫脲＋1000 mL 混酸(20 mL 硫酸和 600 mL 磷酸(85％)混合,用水定容至 1 L))沸水浴显色后,在 527 nm 处采用比色法测定。该方法试剂单一,操作简便,但试剂具有毒性和腐蚀性。在样品数量多时,水浴加热开始难以达到 100 ℃,各管间受热温度也可能不一致,因而本法重复性不佳。虽然试剂中加入氨基硫脲,可增加显色强度和色泽稳定性,但仍然有轻度褪色现象(每小时低于 5％),煮沸显色经冷却后必须及时比色。采用常规分析方法中的培养和浸提方法处理土壤样品,利用流动分析仪测定浸提液中的尿素含量以测定土壤脲酶的活性。该分析方法减少了接触毒性和腐蚀性物质的机会,同时避免了水浴加热的缺陷,满足了显色后要及时测定的需要,可用来作为一种大批量快速检测手段来分析土壤样品中脲酶的活性。

本实验将采用苯酚-次氯酸钠比色法(靛酚蓝比色法)进行土壤脲酶活性的测定。

3. 实验器材

(1) 甲苯、10％尿素溶液、风干土或鲜土。

(2) 1 mol/L 氢氧化钠溶液:称取 40 g 氢氧化钠溶至 1 L。

(3) 柠檬酸缓冲液(pH 6.7):称取 368 g 柠檬酸溶于 600 mL 蒸馏水中,再称取 295 g 氢氧化钠溶至 1 L。将两液合并,用 1 mol/L 氢氧化钠调至 pH 6.7,稀释至 2 L。

(4) 苯酚钠溶液:称取 62.5 g 苯酚溶于少量乙醇,加 2 mL 甲醇和 18.5 mL 丙酮,然后用乙醇稀释至 100 mL(A 液)。称取 27 g 氢氧化钠溶于 100 mL 蒸馏水中(B 液)。将二者保存于冰箱中,使用前将 A、B 两种溶液 20 mL 混合,并用蒸馏水稀释至 100 mL 备用。

(5) 次氯酸钠溶液:将次氯酸钠稀释至活性氯的浓度为 0.9％。

(6) 硫酸铵标准溶液:原液为精确称取 0.4714 g 硫酸铵溶于蒸馏水中,定容至 1 L(每毫升含 100 μg 氮)。工作液为吸取 10 mL 原液稀释至 100 mL(每毫升含 10 μg 氮)。

(7) 容量瓶、三角瓶、吸管、漏斗、致密滤纸、坐标纸、光电比色计、恒温箱等。

4. 实验步骤

1) 氨标准曲线的绘制

(1) 分别吸取硫酸铵标准溶液的工作液 0 mL、0.5 mL、1.0 mL、2.5 mL、4.0 mL、6.0 mL、8.0 mL 于 50 mL 容量瓶中,加蒸馏水至 10 mL。各加 4 mL 苯酚钠溶液混合并立即加 3 mL 次氯酸钠溶液充分摇匀,放置 20 min,显色后稀释至刻度。

(2) 在光电比色计上用 1 cm 比色杯于 578 nm 波长处以不含氨的溶液为对照比色测定各含氨溶液的光密度。以含氮溶液的浓度为横坐标,光密度为纵坐标绘制氨的标准曲线(注意：比色要在 1 h 内完成,因为靛酚的蓝色在 1 h 内保持稳定)。

2) 土壤脲酶活性测定

(1) 称取 10 g 风干土 2 份,分别置于 100 mL 容量瓶中,加入 2 mL 甲苯(以湿润土样为宜),摇匀后放置 15 min。另取一个 100 mL 容量瓶不加土样和甲苯作为无土对照(注意:以甲苯作为抑制剂抑制土壤中微生物的生理活性,降低它对脲酶活性测定的影响)。

(2) 在一个加土样瓶和一个无土对照瓶中各加 10 mL 尿素溶液;另一个加土样瓶加 10 mL 蒸馏水代替尿素溶液作为无基质对照。

(3) 3 个容量瓶各加 20 mL 柠檬酸缓冲液(pH 6.7),混合后塞紧置 37 ℃ 恒温箱中培养 24 h(或更长时间)。

(4) 培养结束后,用 38 ℃ 蒸馏水稀释至刻度(甲苯应位于刻度以上),用滤纸过滤到三角瓶中。另外,培养结束后直接过滤,尿素水解生成的 NH_4^+-N 为正离子,很容易被带负电的土壤胶体吸附,使滤液中的氨态氮含量降低,导致测定结果偏小。为了将吸附在土壤颗粒上的氨离子置换出来,可采用 2 mol/L 的 KCl 溶液浸提过滤。

(5) 分别吸取 1 mL 滤液至 50 mL 容量瓶中,另一瓶不加滤液作为比色对照。分别加蒸馏水至 10 mL,然后加 4 mL 苯酚钠溶液混合,再立即加 3 mL 次氯酸钠溶液充分摇匀,放置 20 min,显色后稀释至刻度。

(6) 按照测定氨标准曲线的方法比色测定各样品的光密度。根据所测定光密度值在氨标准曲线上查出对应的氨浓度。土样在测定过程中稀释 100 倍,比色测定的样品体积是 1 mL,由各样品的氨浓度可以得出各土样中产生氨的毫克数(注意比色要在 1 h 内完成,因为靛酚的蓝色在 1 h 内保持稳定)。

5. 实验报告

本实验中土壤脲酶的活性是用 10 g 土壤进行 24 h 酶促反应消耗尿素生成氨的数量来表示,因此该土样的脲酶活性值应该是 10 g 土样利用基质所产生的氨与无土壤对照(基质纯度和自身分解)和无基质对照(土样与非基质物质反应)所产生氨的数量之差。土壤脲酶活性一般以 24 h 后 100 g 土壤中 NH_3-N 毫克数表示。按要求把测定结果填入表 8-4 中。

表 8-4　实验结果

样　品	光密度(578 nm)	氨浓度/(μg/mL)	样品中氨量/mg
10 g 土样＋基质			
无土壤对照			
无基质对照			
土壤脲酶活性/((NH₃-N) mg/10 g 土壤 24 h 酶促反应)			
土壤脲酶活性/((NH₃-N) mg/100 g 土壤 24 h 酶促反应)			

6. 问题与思考

(1) 土壤脲酶测定有什么意义?

(2) 除测定尿素降解产物氨外,还能用什么方法测定脲酶的活性?

(3) 实验中为什么要加入甲苯?

空气环境微生物学实验

空气中微生物数量及种类常因污染源及污染程度的不同而有所差异,被微生物污染的空气是呼吸道传染病的主要传播介质,空气中微生物的多少从侧面反映了空气的质量和安全性。空气污染物常以气溶胶的形式存在,微生物气溶胶会污染水源及食品,从而影响人类健康。经空气传播的病原菌主要有白喉杆菌、结核杆菌、金黄色葡萄球菌、炭疽杆菌、溶血性链球菌、脑膜炎球菌、麻疹病毒及感冒病菌等。因此,检测空气中微生物的污染情况,应得到充分重视。空气中微生物检测一般以细菌和真菌为主要检测目标,常用的空气中微生物的检测方法有沉降法与滤过法,其中沉降法较为常见。沉降法能在一定程度上检测出空气中的活菌总数,客观反映空气污染程度和一定范围内的卫生通风状况,故常用在空气消毒除菌效果的评价上。

空气中微生物的检测是环境保护和健康卫生的重要手段之一。本章通过对空气中微生物的研究可深入了解微生物在大气中的传播和作用,以及空气中病原菌对人类健康的影响。通过空气微生物检测实验的操作可以帮助学生了解和发现大气污染和疾病传播等相关科学问题,促使同学们不断学习、进步、研究和创新,圆满完成本章实验能够提高学生们实验技术和方法的精确度和可靠性,激发学生的创新意识和环境保护理念。

实验9.1 空气微生物的多方法检测

1. 目的要求
(1) 学习空气中微生物的采样方法。
(2) 学习并掌握空气中微生物的检测和计数方法。

2. 实验原理
1) 空气微生物

空气微生物学的研究与发展已有约一个半世纪的历史,它是生命科学的一个分支,属于交叉边缘学科,与环境保护、提高生活质量及健康水平密切相关。作为环境科学重要组成部分的空气微生物学在国内外日益受到关注,空气微生物学研究也成为微生物学、生态学及环境科学的重要课题之一。

空气微生物群落结构和物种组成及其浓度很不稳定,随着各种环境气象因素及污染因子的变化,空气微生物的种类和数量均有很大变化。影响大气细菌分布的因素主要有以下几种。①气象因素。在气候干燥时,降雨可使空气净化,而在一段湿气候以后,降雨可使空气微生物污染更严重。风可使地面的微生物悬浮于空气中,增加空气中微生物浓度,也可降低局部地区空气中微生物浓度。太阳辐射与空气中微生物浓度成负相关。相对湿度与空气中微生物浓度成正相关。温度对空气微生物分布的影响目前没有明确的研究结果。②大气污染。空气微生物浓度与空气污染颗粒物总浓度成正相关,污染物与微生物起协同或加和作用。污染物可破坏或抑制呼吸道内溶菌酶、乳铁蛋白、补体、干扰素等的作用,甚至可破坏肺内巨噬细胞和淋巴细胞的功能。空气微生物浓度与空气中 NO、NO_2、CO 和 SO_2 等浓度相关。③人类活动。人类活动集中的地点和时间,空气微生物浓度高。④自然环境与卫生。卫生状况、绿化情况等也直接影响空气微生物的分布。

空气中微生物以气溶胶形式存在,气溶胶即以固态或液态微粒悬浮在空气介质中的分散体系。具有生命的气溶胶粒子(包括细菌、真菌、病毒等微生物粒子)、活性粒子(花粉、孢子等)及由有生命活性的机体所释放到空气中的各种质粒被统称为生物气溶胶。空气中悬浮的带有微生物的尘埃、颗粒物或液体小滴,就是微生物气溶胶。近年来微生物气溶胶得到广泛的研究,如气溶胶的运行轨迹、微生物气溶胶的实时定量聚合酶链式反应(polymerase chain reaction,PCR)检测、气溶胶对其他地区空气微生物群落组成的影响等。微生物气溶胶包括固态和液态,主要特点为微粒上附着各种微生物,微粒大小一般为 $0.1 \sim 100 \ \mu m$。空气中的微生物一般不繁殖,与漂浮的微粒(固体粒子和液滴)结合,可在空气中衰亡;生存能力强,一般耐干燥,抵抗力强,真菌孢子比细菌和病毒生存力强,色素抗紫外线,如藤黄微球菌。微生物气溶胶与空气微生物存在区别,微生物气溶胶包括分散相的微生物粒子和连续相的空气介质,是双相的;空气微生物是指悬浮于空气中的微生物,不包括空气介质,是单相的。空气中微生物的多少是空气质量的重要标准之一。

2) 样品采集方法

采样技术是空气微生物评价的基础,要了解空气中微生物的含量、种类、成分,就必须将稀疏散布的微生物气溶胶粒子采集到局限性的表面和小体积的介质中,以便观察和分析,这就需要特殊设计的空气微生物采样器。采样器的选择则是其核心部分,其采集效率直接关系到最终结果和评价的准确性。气溶胶采集方法的研究也构成了空气微生物学研究的一个重要内容。采样器归纳起来可分为 5 类,即惯性撞击类、过滤阻留类、静电沉着类、温差迫降类和生物采样类。

3) 空气微生物的分析方法

空气微生物样品的分析研究方法主要包括培养法和非培养法两种研究方法。

培养法是传统的微生物研究方法,可以检测能够在培养基上生长的微生物,经培养计数后进行分离纯化,鉴定微生物的种属类别,可大致反映空气中的微生物组成。

非培养法是随着分子生物学的快速发展而发展起来的一种新型研究方法。空气样品采集后不经培养,直接进行检验分析,主要包括显微观察分析法及分子生物学分析法。由于避免了对培养条件的依赖和环境因素的影响,非培养法更适于研究空气中微生物的浓度和存在状态。

显微观察法包括光学显微镜、荧光显微镜、电子扫描显微镜分析和血细胞计数板等方法。其中利用荧光染料染色后在荧光显微镜下直接计数是获得空气微生物总浓度最常用的方法,常用的染料有吖啶橙和 $4'$,6-二脒基-2-苯基吲哚。分子生物学方法主要包括定时定量PCR、克隆文库构建和变性梯度凝胶电泳(denaturing gradient gel electrophoresis,DGGE)等方法。

3．方法介绍

1) 沉降法

(1) 方法原理

在我们周围的环境中存在着种类繁多、数量庞大的微生物,空气中也不例外。虽然空气不是微生物栖息的良好环境,但由于气流、灰尘和水沫的流动,以及人和动物的活动等,空气中仍存在相当数量的微生物。一旦空气中的微生物落到适合它们生长繁殖的固体培养基表面,经过一段时间的适温培养,每个分散菌体或孢子就会形成一个肉眼可见的细胞群体,即菌落。观察形态和大小各异的菌落,可以大致鉴别空气中存在的微生物种类。计数菌落数,可按公式推算 1 m³ 空气中的微生物数量。

(2) 培养基与仪器

① 培养基:牛肉膏蛋白胨培养基、马铃薯-蔗糖培养基、高氏 1 号琼脂培养基。

② 仪器:高压蒸汽灭菌锅、干热灭菌箱、恒温培养箱、4 ℃冰箱。

③ 其他用品:培养皿、吸管、标签纸等。

(3) 操作步骤

① 人员组合:2 人 1 组,4 组构成 1 个组合,以组合为单位进行本实验操作。

② 标记培养皿:每组取 6 套培养皿,分别在皿底贴上标签,注明所用的培养基。

③ 制作平板:溶化细菌(牛肉膏蛋白胨)培养基、真菌(马铃薯-蔗糖)培养基和放线菌(高氏 1 号琼脂)培养基,每种培养基各倒 2 皿,将细菌培养基直接倒入培养皿中,制成平板;在制作后 2 种平板前,预先在培养皿内加入适量的链霉素液,再倾倒真菌培养基,混匀,制成平板;同样预先在培养皿内加入适量的重铬酸钾液,再倾倒放线菌培养基混匀,制成平板。

④ 暴露取样:每组在指定的地点距地面 1.5 m 高度处取 3 种平板培养基打开皿盖,按分配好的时间在空气中暴露 5 min。时间一到,立即合上皿盖。

⑤ 培养观察:将培养皿倒转,置 28~37 ℃恒温培养箱中培养。细菌培养 1~2 d,真菌和放线菌培养 5~7 d。观察计数平板上的各种菌落的形态、大小、颜色等特征。

⑥ 计算 1 m³ 空气中的微生物数量:如果平板培养基的面积为 100 cm²,在空气中暴露 5 min,于 37 ℃下培养 1~2 d 后长出的菌落数相当于 10 L 空气中的细菌数,即

$$X = \frac{N \times 100 \times 100}{\pi r^2} \tag{9-1}$$

式中:X 为每立方米空气中的细菌数;N 为平板培养基在空气中暴露 5 min,于 37 ℃培养 1~2 d 后长出的菌落数;r 为底皿半径(cm)。

2) 滤过法

(1) 方法原理

使一定体积的空气通过一定体积的无菌吸附剂(通常为无菌水,也可用肉汤液体培养基),然后用平板培养法培养吸附剂中的微生物,以平板上出现的菌落数计算空气中的微生物数量。

(2) 培养基与器皿

① 培养基:同沉降法。

② 器皿:盛有 50 mL 无菌水的三角瓶,5 L 蒸馏水瓶,其余同沉降法。

(3) 操作步骤

① 灌装自来水:在 5 L 蒸馏水瓶中,灌装 4 L 自来水。

② 组装滤过装置。

③ 抽滤取样：旋开蒸馏水瓶的水龙头，使水缓缓流出。外界空气经喇叭口进入三角瓶中，4 L 水流完后，4 L 空气中的微生物被滤在 50 mL 无菌水（吸附剂）内。

④ 培养观察：从三角瓶中吸取 1 mL 水样放入无菌培养皿中（重复 3 皿），每皿倾入 12～15 mL 已溶化并冷却至 45 ℃左右的牛肉膏蛋白胨培养基，混凝后，置 28～30 ℃下培养 48 h，计数培养皿中的菌落。

⑤ 计算结果：

$$细菌数（cfu/L）＝每皿菌落的平均数×50/4$$

3）撞击法

（1）目的

① 通过实验掌握气流撞击法检测空气微生物技术。

② 学习检测空气中细菌的基本方法。

（2）方法原理

采用撞击式微生物采样器，使空气通过狭缝或小孔产生高速气流，将悬浮在空气中的微生物采集到营养琼脂平板上，经 37 ℃、1～2 d 培养后得到细菌菌落。

（3）仪器和试剂

实验所需仪器有高压蒸汽灭菌器、恒温培养箱、冰箱、量筒、三角烧瓶、pH 计或精密 pH 试纸、撞击式微生物采样器。

实验所需试剂有蛋白胨、牛肉膏、琼脂、NaCl、NaOH、HCl。

（4）操作步骤

① 培养基的配制：用天平分别称量牛肉膏 0.75 g、蛋白胨 2.5 g、NaCl 1.25 g、琼脂 2.5～5 g、蒸馏水 250 mL（有时也可用自来水），依次加入烧杯中，混合后在电炉上加热，不断搅拌以免糊底，直至完全溶解。过滤去除沉淀，加水补足因加热蒸发的水量。用质量分数为 10%的 NaOH 溶液和质量分数为 10%的 HCl 调节 pH 为 7.4～7.6，倒入三角烧瓶中，120 ℃灭菌 15～30 min，待用。

② 采样地点：随机选择具有代表性的采样点。室内采样一般为五点梅花式，室外采样可根据空气污染程度及地势变化进行。

③ 将采样器消毒，并装入牛肉膏蛋白胨培养基。通风机转速为 4000～5000 r/min，使得空气微生物在培养基表面均匀分布，每个采样点平行放 2～3 个平皿。

④ 室内培养：将盛有采集样品的平皿带回实验室，置于生化恒温培养箱内，恒温 37 ℃培养 48 h。

⑤ 空气中细菌数量计算：可根据吸取的同量的空气测得细菌污染的程度。每分钟的气体流量可从仪器的微气压计测得，同时气体流量的大小可在仪器上进行调整。这样就可以在短时间内取得气体标本。用以下公式计算空气中的细菌数量：

$$C＝N/(Q×t) \tag{9-2}$$

式中：C 为空气细菌菌落数（cfu/m³）；N 为平板上的菌落数（cfu）；Q 为采样流量（m³/min）；t 为采样时间（min）。

4. 注意事项

1）沉降法

（1）在野外暴露取样时，应选择背风的地方，否则会影响取样效果。

（2）根据空气污染程度确定暴露时间。如果空气污浊，暴露时间宜适当缩短。

（3）蛋白胨极易受潮，故称量时要迅速。

（4）称药品时严防药品混杂，一把药匙用于一种药品，或称取一种药品后，把药匙洗净，擦干，再称取另一种药品。

（5）配制培养基时不可用铜或铁锅加热溶化，以免金属离子进入培养基中，影响细菌生长。

2）滤过法

（1）仔细检查滤过装置，防止漏气。

（2）水龙头中的水流不宜过快，否则会影响滤过效果。

3）撞击法

（1）放入和取出采样平皿时，必须戴口罩，以防口鼻呼出微生物污染平皿。

（2）采样时间长短依据所采样空气环境的污染程度而定，但不超过 30 min，以免长时间的气流冲击致使采样介质脱水而影响微生物生长。

（3）采样完毕后，取出采样平皿并扣上盖子，注意次序和编号号码，切勿弄错。

5. 实验报告
比较几种方法检测空气中微生物的注意事项。

6. 问题与思考
为什么需要使用各种方法来检测空气微生物？单一方法可能存在哪些局限性？

实验 9.2　生物滴滤塔法检测废气

1. 目的要求
（1）学习废气的生物处理技术，理解生物法处理废气的原理。

（2）掌握生物滴滤塔处理废气的原理和基本操作。

（3）熟悉生物滴滤塔的特点。

2. 实验原理
1）废气的生物处理

废气处理是环境污染治理工程的一个重要分支。随着现代工业（尤其是化工厂、冶炼厂、印刷厂等）的迅速发展，大量挥发性有机污染物（volatile organic compounds，VOCs）及恶臭气体随之产生并释放，不仅影响正常工农业生产，更严重威胁到人类及其他生物的生存和发展。因此，大气污染防控技术的研究已成为当今国内外环境保护领域的重点和热点之一。

对于生物法处理废气机制的研究尽管已做了不少工作，但至今仍没有统一理论。目前在世界上公认影响较大的是荷兰学者 Ottengraf 依据传统的双膜理论提出的生物膜理论。按照生物膜理论，生物法净化处理废气一般要经历以下几个步骤：①废气中的污染物首先同水接触并溶解于水中（即由气膜扩散进入液膜）；②溶解于液膜中的污染物在浓度差的推动下进一步扩散到生物膜，然后被其中的微生物捕获并吸收；③进入微生物体内的有机污染物在其自身的代谢过程中，作为能源和营养物质被分解，经生物化学反应最终转化为无害的化合物。

2) 废气生物处理的主要设备

废气治理是大气污染控制过程中的一个重要环节,根据微生物在有机废气处理过程中存在的形式可将处理方法分为生物洗涤法(悬浮态)和生物过滤法(固着态)。生物洗涤法(又称生物吸收法)即微生物及其营养物配料存在于液体中,气体中的有机物通过与悬浮液接触后转移到液体中而被微生物降解;生物过滤法是微生物附着生长于固体介质(填料)上,废气通过由介质构成的固定床层(填料层)被吸附、吸收,最终被微生物降解,较典型的有生物滤池和生物滴滤塔两种形式。因此,废气生物处理的主要设备有生物洗涤器、生物滤池、生物滴滤塔 3 种形式。

目前开发和应用的生物处理设备即生物滤池、生物滴滤塔、生物洗涤器,实际上也是一种活性污泥处理工艺。人们根据这 3 套系统的液相运转情况(连续运转或静止)和微生物在液相中的状态(自由分散或固定在载体或填充物上)来区分它们,在化肥厂、污水处理厂等类型的工厂,通常用生物滤池和生物滴滤塔来处理废气,其他类型的工厂,通常用生物洗涤器和生物滤池来处理废气。3 种形式各自的技术特点如表 9-1 所示。

表 9-1　现有 VOCs 废气生物处理技术的特点

种类	优　点	缺　点
生物洗涤器	反应条件容易控制,污染物转移较快,稳定性好,适用于建立模型	投资和运行费用较高,只能处理易溶于水的 VOCs,传质表面积较低,需要在活性污泥反应池中通入一定量的氧气增加能量消耗
生物滤池	适于处理低浓度恶臭气体,需要的外界营养量较少,易降解难溶于水的 VOCs,运行成本低等	填料容易老化,填料湿度、pH 较难控制,床层容易堵塞等
生物滴滤塔	操作简单,容易调节 pH、温度等条件,易于降解产酸的 VOCs,低压降,填料不易老化,容易考察营养物质对性能的影响等	微生物容易随液相流失,传质表面积低,营养物质添加过量容易造成反应床堵塞等

3) 参与废气生物处理的微生物

微生物是废气生物处理的主要实施者。参与废气生物处理的微生物种类繁多,接种微生物、处理底物和工艺运行条件等因素都会影响到反应器中微生物种群的形成,随着分子生物学的发展,运用分子生态学手段研究废气生物处理过程中的微生物群落组成,也成为废气生物处理的研究重点之一。常见的废气生物处理微生物包括化能自养菌、异养细菌和真菌等类型。这些腐生性微生物依靠滤料提供的理化条件(如水、氧气、无机营养、有机物、pH 和温度等)生存,活性微生物区系的多样性取决于被处理气体的成分,如果废气中所含的化学成分有限,微生物区系可能只限于几个,反之,若气体成分复杂,微生物种类也可能会很多。

用于废气生物处理的化能自养菌中,硫氧化菌是硫化物废气处理中常见的类型,主要包括氧化硫硫杆菌(*Acidithiobacillus thiooxidans*)、排硫硫杆菌(*Thiobacillus thioparus*)、氧化亚铁硫杆菌(*Thiobacillus ferrooxidans*)和脱氮硫杆菌(*Thiobacillus denitrificans*)等,而亚硝酸细菌和硝酸细菌是含氨废气生物处理过程中常见的两类微生物,包括亚硝化单胞菌属(*Nitrosomonas*)、亚硝化螺菌属(*Nitrosospira*)、亚硝化球菌属(*Nitrosococcus*)、硝化杆菌属(*Nitrobacter*)和硝化球菌属(*Nitrococcus*)等。异养细菌是废气生物处理中的优势细菌类群，一些常见的用于废气生物处理的异养细菌类群，如处理苯的木糖氧化产碱菌（*Achromobacter xylosoxidans*）、处理苯乙烯的假单胞菌属（*Pseudomonas*）、处理正己烷的分枝杆菌属（*Mycobacterium*）、处理丙酮的不动杆菌属（*Acinetobacter*）、假单胞菌属、洋葱伯克霍尔德菌（*Burkholderia cenocepacia*）等。Giri 等运用球形芽孢杆菌（*Lysinibacillus sphaericus*）有效处理了二甲基硫醚（dimethyl sulfide，DMS）。应用于废气生物处理的真菌以青霉属（*Penicillium*）、外瓶霉属（*Exophiala*）及黑曲霉（*Aspergillus niger*）等为主。另外，足放线病菌属（*Scedosporium*）、拟青霉属（*Paecilomgyces*）、枝孢属（*Cladosporium*）和白腐真菌（white-rot fungi）等也有一定应用。

4）生物滴滤塔

(1) 生物滴滤塔的工艺流程

生物滴滤塔是介于生物滤池和生物洗涤器之间的处理工艺，流程如图 9-1 所示。生物滴滤的实质是附着在生物填料介质上的微生物在适宜的环境条件下，利用废气中的污染物作为营养源，维持其生命活动，并将其分解为无害小分子物质（如 CO_2 和水）的过程。生物滴滤塔是一个含生化反应的多元多相流体流动、传热传质的复杂体系，滴滤塔内的生化反应特性及废气净化性能与流体的多相流动和传输特性密切相关。其主体为一填充容器，内有一层或多层填料，填料表面是由微生物区系形成的几毫米厚的生物膜。含可溶性无机营养液的液体从塔上方均匀地喷洒在填料上，液体自上向下流动，然后由塔底排出并循环利用。有机废气由塔底进入生物滴滤塔，在上升过程中与湿润的生物膜接触而被净化，净化后的气体由塔顶排出。

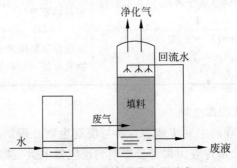

图 9-1 生物滴滤塔流程示意

滴滤塔集废气的吸收与液相再生于一体，塔内增设了附着微生物的填料，为微生物的生长、有机物的降解提供条件；启动初期，在循环液中接种了经被试有机物驯化过的微生物菌种，微生物利用溶解于液相中的有机物进行代谢繁殖，并附着于填料表面，形成微生物膜，完成生物挂膜过程；生物膜的工作过程为气相中的有机物和氧气经过传输进入微生物膜被微生物利用，代谢产物再经扩散作用外排。

生物滴滤塔不同于生物滤池之处在于，它要求水流连续地通过有孔填料，这样可以有效地防止填料干燥，精确地控制营养物浓度和 pH。另外，由于生物滴滤塔底部建有水池来实现水的循环运行，总体积比生物滤池大，这意味着将有大量的污染物质溶解于液相中，从而提高了比去除率；但生物滴滤塔机械复杂性高，使投资和运行费用增高。因此，生物滴滤塔适用于污染物浓度高、无滤池堵塞、有必要控制 pH 和使用空间有限的地方。

（2）生物滴滤塔的填料与工艺条件

与生物滤池相似,生物滴滤塔所用的填料应具有易于挂膜、不易堵塞、比表面积大等特点。生物滴滤塔使用的多为粗碎石、塑料、陶瓷等一类填料,填料的表面形成几毫米厚的生物膜,填料比表面积一般为 $100\sim300$ m^2/m^3。填料表面微生物浓度高、生长稳定,在滴滤床中存在一个连续流动的水相,因此整个传质过程涉及气、液、固三相。这既为气体提供了大量的空间,又使气体对填料层造成的压力及由微生物生长和生物膜疏松引起的空间堵塞的危险性降到最低限度。进气方式也分为水和气逆流或并流两种,且废气也应该预先除尘。因此,在生物滴滤塔中,填料除了作为微生物生长的载体外,同时还为气、液、固三相提供充分的接触面;填料的性能影响微生物的挂膜、生长和反应器运行时的压力损失,从而影响到生物滴滤塔的效率及费用。

生物滴滤塔还有一个生物滤池不具备的优点,就是其反应条件易于控制,通过调节循环液的 pH、温度,即可控制反应器的 pH 和温度。因此,在处理卤代烃,含硫、含氮等通过微生物降解会产生酸性代谢产物及产能较大的污染物时,生物滴滤塔比生物滤池更有效。

（3）生物滴滤塔的动力学模型

生物滴滤塔中挥发性有机物(volatile organic compounds,VOCs)降解模型的推导也是经过一系列的假设,针对低浓度有机废气提出来的,其降解 VOCs 的近似模型为:

$$C_{go}=C_{gi}\left\{-\frac{fLk_0K_hWZ}{Q+JK_h}\right\}\tag{9-3}$$

式中:C_{go}、C_{gi} 为出口、入口气相有机废气浓度;f 为比例常数;L 为生物膜厚度;k_0 为微生物总表面积与米氏常数的乘积;K_h 为液/固相和气相有机质浓度分配系数;W 为滴滤塔润周长度;J、Q 为液体、气体流量;Z 为有机废气贯穿的填料高度。

（4）生物滴滤塔的特点

生物滴滤塔通过循环液回流可控制滴滤池水相的 pH,并可在回流液中加入 NH_4NO_3 和 K_2HPO_4 等物质,为微生物提供 N、P 等营养元素。填料表面是由微生物形成的几毫米厚的生物膜,滴滤池中的反应产物能通过冲洗移除,从而避免堵塞和填料层酸化。

生物滴滤塔的特点是:设备少,操作简单,液相和生物相均循环流动,生物膜附着在惰性填料上,阻力小,填料不易堵塞,VOCs 去除效率高;但需外加营养物,填料比表面积小,运行成本较高,不适合处理水溶性差的化合物。

3. 实验器材

1) 处理对象

苯、甲苯、二甲苯气体,即三苯气体。

2) 培养基的配制

（1）斜面保藏培养基的配制(1000 mL):KH_2PO_4 1.0 g,$MgCl_2\cdot6H_2O$ 3.34 g,蛋白胨 1 g,$NaH_2PO_4\cdot2H_2O$ 1.0 g,葡萄糖 6.0 g,琼脂粉 12.0 g,$(NH_4)_2SO_4$ 1.0 g,调节 pH 至 7.0。

（2）普通培养基的配制(1000 mL):牛肉膏 5.0 g,蛋白胨 10.0 g,NaCl 5.0 g,琼脂粉 18.0 g,调节 pH 至 7.0。

（3）选择性无机盐培养基的配制(1000 mL):NaCl 1.0 g,$MgSO_4\cdot7H_2O$ 0.7 g,KCl 0.7 g,NH_4Cl 1.0 g,KH_2PO_4 2.0 g,$Na_2HPO_4\cdot2H_2O$ 3.0 g,$FeSO_4\cdot7H_2O$ 0.012 g,

$MnSO_4 \cdot 7H_2O$ 0.003 g,$ZnSO_4 \cdot 7H_2O$ 0.003 g,$CaCl_2$ 0.001 g,调节 pH 至 7.0,高压灭菌后补加污染物质(三苯),以其作为唯一碳源,终浓度为 0.1%(体积分数)。三苯加入前经 0.22 μm 孔径的滤膜过滤除菌。

3) 菌种培养及驯化

菌种来源可以是污水处理厂曝气池污泥,菌株的富集参考下述方法。在装有 50 mL 选择性无机盐培养基的 250 mL 三角瓶中进行,三苯的含量为 0.1%(体积分数),接种活性污泥(注意:可用硅胶塞外加 3 层塑料薄膜密封瓶口,以防三苯大量挥发)。培养条件为 28 ℃,200 r/min。在培养过程中每 4~5 d 从培养基中取出 0.5 mL 转入 50 mL 新鲜的同种培养基中,富集实验共转移 6 次。将最终的富集物梯度稀释、涂平板,28 ℃恒温培养箱中培养 48 h 后,分离含有不同污染物的选择性无机盐培养基中的单菌,并测定比较菌株对三苯的降解率。

4) 填料

气体污染物的去除效率与反应器中填料种类、粒径、孔隙率和比表面积等特性直接相关。国内外研究中采用的填料包括海绵、珊瑚石、陶粒和空心塑料小球等。

本生物滴滤塔实验装置流程和操作分析,参考陈坚等的研究成果。实验选用玻璃钢材质多孔型惰性填料,填料填装后平均空隙为 10 mm。

4. 实验步骤

1) 实验装置

实验主体采用易于观察的有机玻璃管制成的生物滴滤塔,塔内径 90 mm,有效容积 7.6 L。填料分两层,每层高 600 mm,中间间隔 100 mm,每个填料层均设有观察孔,便于观察和进行生物相分析。实验在常温常压下进行,pH 6~7。采用逆流操作,添加少量无机盐类的循环液自上向下滴流,而含有苯、甲苯、二甲苯的三苯气体由下向上流动。液体由高位水槽进入塔内并从塔顶向下喷淋到填料上,以保证填料湿润,最后由塔底排出进入循环液槽,再由循环泵打回到高位水槽。三苯气体采用动态法配制,即由一小气泵向纯三苯瓶中充入少量空气,而后这部分带有三苯的气体进入主气道,并在气体混合瓶中与空气均匀混合,混合均匀的三苯气体由塔底进入生物滴滤塔,在上升过程中与湿润的生物膜接触而被净化,净化后的气体从塔顶排出。

2) 实验条件与实验范围

控制气体浓度、气体流量和液体流量 3 个主要运行参数,以考察实验装置的不同状态与处理效率之间的关系,并确定最大负荷。入口气体质量浓度为苯 0.456~3.189 mg/L、甲苯 0.519~3.074 mg/L、二甲苯 0.427~3.163 mg/L,气体流量 100~700 L/h,液体流量 10~60 L/h,pH 6.3~6.9,温度 12~25 ℃。

3) 生物滴滤塔的启动与运行

菌种驯化完成后,将培养好的菌悬液全部接种至循环水池,进行曝气挂膜。开启循环水连续喷淋,混合废气送入滴滤塔底部,开始填料的挂膜。在启动阶段,往往通过减小喷淋强度的方式,使填料挂膜快速完成。同时,不断加入含有氮、磷的营养液,为微生物的生长提供养分和湿度环境。经 1~2 周明显观察到滴滤塔内生物载体上有生物膜形成,表明挂膜成功。

5. 实验结果

1) 入口气体浓度对净化效果的影响

保持"三苯"气体流量 400 L/h(上升流速 62.9 m/h),向下流的液体流量 10 L/h,改变气体质量浓度,考察入口气体浓度变化对净化效果的影响。做入口气体浓度对净化效果的关系曲线。

2) 气体上升流速对净化效果的影响

保持液体流量为 10 L/h,理论 BOD 负荷为 5.8~6.8 kg/(m³ · d),改变气体流量,考察气体流量对净化效果的影响。这一阶段气体流量为 100~700 L/h(上升流速 V = 15.7~110.1 m/h)。做上升流速对净化效果的曲线图。

3) 液体喷淋量和液体流速对净化效果的影响

保持气体流量为 500 L/h(流速 78.6 m/h),理论 BOD 负荷为 8.0~8.4 kg/(m³ · d),改变液体流量,考察液体流量对净化效果的影响。这一阶段液体流量为 10~60 L/h。做液体流量对净化效果的关系曲线。

6. 实验报告

绘制三苯气体入口浓度与净化效果的关系曲线图。

7. 问题与思考

(1) 废气生物处理的原理和研究进展是什么?

(2) 生物滴滤塔处理废气的工艺流程和特点是什么?

(3) 分析流体流速对生物滴滤塔废气处理操作的影响及原因。

实验 9.3　公共场所空气中微生物总数的测定

1. 目的要求

(1) 学习并掌握公共场所空气中细菌总数的测定。

(2) 学习并掌握公共场所空气中放线菌总数的测定。

(3) 学习并掌握公共场所空气中真菌总数的测定。

2. 实验原理

细菌总数是指公共场所空气中采集的样品在营养琼脂培养基上经 37 ℃、1~2 d 培养所生长发育的嗜中温性需氧和兼性厌氧菌落的总数,放线菌总数是指公共场所空气中采集的样品在高氏 1 号琼脂培养基上经 28 ℃、5~7 d 培养所形成的菌落数,真菌总数是指公共场所空气中采集的样品在沙氏琼脂培养基上经 28 ℃、2~3 d 培养所形成的菌落数。本实验中各菌落总数采用沉降法测定,测定方法原理见实验 9.1。沉降法即将平板暴露在空气中,微生物根据重力作用自然沉降到平板上,此法操作简单,实验中应用较多。通过对空气中微生物总数的测定,可以了解空气中微生物增殖的情况。

3. 实验器材

1) 培养基

(1) 营养琼脂培养基:牛肉膏 3.0 g;蛋白胨 10.0 g;NaCl 5.0 g;琼脂 15~20 g;蒸馏

水 1000 mL,将上述成分混匀后,调节 pH 为 7.4～7.6,过滤除去沉淀,分装于锥形瓶中,121 ℃灭菌 15 min。

（2）高氏 1 号琼脂培养基:淀粉 20 g,硝酸钾 1.0 g,磷酸氢二钾 0.5 g,$MgSO_4 \cdot 7H_2O$ 0.5 g,氯化钠 0.5 g,$FeSO_4 \cdot 7H_2O$ 0.01 g,琼脂 15～20 g,蒸馏水 1000 mL,调节 pH 为 7.2～7.4,120 ℃灭菌 15 min 备用。

（3）沙氏琼脂培养基:蛋白胨 10 g;葡萄糖 40.0 g;琼脂 15～20 g;蒸馏水 1000 mL。将蛋白胨、葡萄糖溶于 1000 mL 蒸馏水中,调节 pH 为 5.5～6.0,加入琼脂,115 ℃灭菌 15 min 备用。

2）实验仪器

培养箱、高压蒸汽灭菌器、烘箱、水浴锅等。

3）实验工具

灭菌培养皿、灭菌锥形瓶、灭菌移液管、灭菌试管、灭菌离心管、记号笔等。

4．实验步骤

1）采样

（1）采样点:室内面积不足 50 m²,设置 3 个采样点,分别设置在室内对角线四等分的 3 个等分点上;50 m² 以上的设置 5 个采样点,按梅花布点。采样点避开通风口,距离地面 1.3～1.5 m,距离墙壁不小于 1 m。

（2）采样环境:采样时关闭门窗 15～30 min,记录室内人员数量、温湿度及天气情况等。

（3）采样方法:将营养琼脂培养基放置在采样点处,打开皿盖,暴露 5 min。

（4）采样地点:选择大楼内不同楼层的不同地点。

2）操作方法

（1）细菌总数的测定:将采集细菌后的营养琼脂培养基盖上皿盖,放置于培养箱中,37 ℃培养 1～2 d,然后进行菌落计数。通过求出的 1 m³ 空气中的细菌总数来评价空气的卫生状况(表 9-2)。一个区域空气中细菌总数的测定结果按该区域全部采样点中细菌总数测定值中的最大值给出。

表 9-2　空气卫生状况标准

清 洁 程 度	细菌总数/(cfu/m³)
最清洁的空气(有空调)	1～2
清洁空气	<30
普通空气	31～125
临界环境	126～150
轻度污染	<300
严重污染	>301

（2）放线菌总数的测定:将采集放线菌后的高氏 1 号琼脂培养基盖上皿盖,置 28 ℃恒温培养箱中培养 5～7 d,计数平板上的放线菌菌落,观察放线菌的形态、大小、颜色等特征。

（3）真菌总数的测定:将采集真菌后的沙氏琼脂培养基盖上皿盖,放置于培养箱中 28 ℃培养,连续观察 2～3 d,并于第 3 天进行菌落计数。

5. 实验报告

记录每块平板上的菌落总数,然后求出全部采样点的平均菌落数,结果以每平皿菌落数(cfu/皿)报告。将结果记录于表 9-3 中。

表 9-3 不同地点微生物总数

环　　　境		菌落平均数					
		细菌菌落数/(cfu/皿)	细菌菌数/(cfu/m³)	放线菌菌落数/(cfu/皿)	放线菌菌数/(cfu/m³)	真菌菌落数/(cfu/皿)	真菌菌数/(cfu/m³)
样点 1	5 min						
样点 2	5 min						
样点 3	5 min						
样点 4	5 min						
样点 5	5 min						

求出 1 m³ 空气中微生物的数量:

$$X = \frac{N \times 100 \times 100}{\pi r^2} \tag{9-4}$$

式中:X 为每立方米空气中的微生物数;N 为暴露在空气中 5 min,置于 37 ℃培养 1~2 d 生长出来的菌落数;r 为平皿底的半径。

6. 问题与思考

(1) 如何评价空气中微生物的污染程度?

(2) 空气中微生物的表征指标除了细菌、放线菌和真菌总数,还有哪些?

第 **10** 章

现代微生物实验方法与技术

现代生物技术(modern biological technology)又名生物工程,是在分子生物学基础上建立的创建新生物类型或新生物机能的实用技术,是现代生物科学和工程技术结合的产物。随着基因组计划的成功,现代生物技术在系统生物学的基础上发展了合成生物学与系统生物工程学,涉及农业生物技术、环境生物技术、工业生物技术、医药生物技术、海洋生物技术、空间生物技术等领域,在 21 世纪开发细胞制药厂、细胞计算机、生物太阳能等技术中发挥关键作用。

现代生物技术是在分子生物学发展的基础上成长起来的。1953 年,美国科学家沃森和英国科学家克里克用 X 射线衍射法揭示了遗传的物质基础核酸的结构,从而使揭开生命秘密的探索从细胞水平进入了分子水平,对于生物规律的研究也从定性走向了定量。在现代物理学和化学的影响和渗透下,一门新的科学——分子生物学诞生了。在之后的 10 多年内,分子生物学发展迅速,取得许多重要成果,特别是科学家们破译了生命遗传密码,并在1966 年编制了一本地球生物通用的"遗传密码辞典"。遗传密码辞典将分子生物学的研究迅速推进到实用阶段。1970 年,科拉纳等科学家完成了对酵母丙氨酸转移核糖核酸(RNA)基因的人工全合成。1971 年美国保罗·伯格用一种限制性内切酶,打开一种环状脱氧核糖核酸(DNA)分子,第一次把两种不同的 DNA 联结在一起。1973 年,以美国科学家科恩为首的研究小组,应用前人大量的研究成果,在斯坦福大学用大肠埃希氏菌(*Escherichia coli*)进行了现代生物技术中最有代表性的技术——基因工程第一个成功的实验。他们在试管中将大肠埃希氏菌里的两种不同质粒(抗四环素和抗链霉素)重组到一起,然后将此质粒引进到大肠埃希氏菌中去,发现它在那里复制并表现出双亲质粒的遗传信息。1974 年,他们又将非洲爪蟾的一种基因与一种大肠埃希氏菌的质粒组合在一起,并引入另一种大肠埃希氏菌中。结果,非洲爪蟾的基因居然在大肠埃希氏菌中得到了表达("表达"是指该基因在大肠埃希氏菌内能合成生长激素抑制因子),并能随着大肠埃希氏菌的繁衍一代一代地传下去。

科学家们从科恩的实验中看出了基因工程的突出特点:①能打破物种之间的界限。在传统遗传育种的概念中,亲缘关系远一点的物种,要想杂交成功几乎不可能,更不用说动物与植物之间、细菌与动物之间、细菌与植物之间的杂交了。但基因工程技术却可以越过交配屏障,使这一切有了实现的可能。②可以根据人们的意愿、目的,定向地改造生物遗传特性,甚至创造出地球上还不存在的新生命物种。同时,这种技术对人类自身的进化过程也可能产生影响。③由于这种技术是直接在遗传物质核酸上动手,因而创造新的生物类型的速度可以大大加快。这些特点引起了科学家的极大关注,短短几年内,基因工程研究便在许多国家发展起来,并取得一批重要成果。

现代微生物实验方法与技术在生态保护中发挥着重要的作用,通过本章实验的学习,能够激发学生对探索先进技术与方法的好奇心,以提高微生物检测的准确性和灵敏性,为深入研究微生物与生态系统之间的相互关系提供了新的视角和工具,为生态环境的保护和可持续发展做出更大贡献。

实验 10.1　微生物的诱发突变

1. 目的要求
(1) 学习并掌握紫外线诱发细菌突变的基本原理与操作方法。
(2) 学习并掌握亚硝基胍诱发细菌突变的基本原理与操作方法。

2. 实验原理
基因突变(mutation)可分为自发突变(spontaneous mutation)和诱发突变(induced mutation)。自发突变是指在没有添加诱变因素条件下所发生的突变,基因的突变率很低,一般为 $10^{-8}\sim10^{-6}$;诱发突变是指人为添加诱变因素(或诱变剂)所发生的突变,诱发因素可提高突变率,但不改变突变的类型。

许多物理因素、化学因素和生物因素都对微生物具有诱变作用。最典型的物理诱变是紫外线(UV,波长 $40\sim390$ nm)诱变,其中诱变效应最好的波长是 $200\sim300$ nm,因为 DNA 的紫外吸收峰为 260 nm。UV 的主要作用是使 DNA 双链间或同链上相邻两个胸腺嘧啶间形成二聚体,阻碍双链的解开和复制,从而引起基因突变,并呈现突变表型;但 UV 引起的 DNA 损伤可被光复活酶所修复,而该酶的激活需要可见光。因此,UV 诱变处理应在红光下进行,随后的培养也应在黑暗条件下进行。

亚硝基胍(NTG)是一种有效的化学诱变剂,在低致死率的情况下也有较强的诱变作用。NTG 的主要作用是引起 DNA 链中 GC→AT 的转换。NTG 也是一种致癌因子,操作时要特别小心,切勿与皮肤直接接触;容器也要用 1 mol/L NaOH 溶液浸泡,使残余的 NTG 完全分解后再清洗。

3. 实验器材
1) 实验材料
枯草芽孢杆菌(*Bacillus subtilis*)。
2) 培养基
(1) 淀粉培养基。
(2) LB 培养基。
3) 溶液与试剂
NTG、碘液、无菌生理盐水和无菌水等。
4) 仪器和用具
(1) 仪器:普通显微镜、紫外灯(15 W)、磁力搅拌器、台式离心机、振荡混合器、恒温培养箱和恒温摇床等。
(2) 用具:无菌的玻璃涂棒、培养皿、试管、移液管(1 mL 和 5 mL)、三角瓶(150 mL,内装玻璃珠)和离心管。

4．实验步骤

1）UV 的诱变效应

（1）菌悬液的制备

① 取培养 48 h 生长丰满的枯草芽孢杆菌斜面 4～5 支，用 10 mL 的无菌生理盐水将菌苔洗下，倒入一支无菌大试管中；将试管在振荡器上振荡 30 s，以打散菌块。

② 将上述菌悬液离心（3000 r/min，10 min），弃上清液；用无菌生理盐水将菌体洗涤 2～3 次，制成菌悬液。

③ 用显微镜直接计数法，调整其细菌细胞浓度为 10^8 个/mL。

（2）平板制作

将淀粉琼脂培养基溶化后冷却至 50 ℃，倒平板 27 套，凝固待用。

（3）UV 诱变

① 打开紫外灯开关，预热约 20 min，使紫外灯强度稳定。

② 取直径 6 cm 的无菌平皿 2 套，分别标注照射时间后，加入上述菌悬液 3 mL，并放入一根无菌搅拌棒或大头针。

③ 上述 2 套平皿先后置于磁力搅拌器上，打开皿盖，在距离为 30 cm、功率为 15 W 的紫外灯下，分别搅拌照射 1 min 和 3 min；盖上皿盖，关闭紫外灯。照射计时从打开皿盖起，至加盖为止。

（4）稀释与涂平板

① 稀释：采用 10 倍稀释法，将经照射的菌悬液加无菌水稀释成 10^{-1}、10^{-2}、10^{-3}、10^{-4}、10^{-5}、10^{-6}。

② 涂平板：取 10^{-4}、10^{-5} 和 10^{-6} 3 个稀释度涂平板，每个稀释度涂布 3 套，每套加稀释菌悬液 0.1 mL，用无菌玻璃涂棒将菌悬液在平板的整个表面均匀涂开；设置对照，用未经 UV 照射的菌悬液稀释涂平板。

（5）培养

① 将上述涂菌平板用记号笔在其背面做好标记，注明 UV 照射时间和稀释度。

② 将平板用黑布或黑纸包好，置于培养箱中，37 ℃恒温培养 48 h。

（6）观察

① 菌落计数：取出经培养的各组平板，分别统计菌落数（cfu）；并计算 UV 处理后菌悬液的菌落数以及存活率或致死率。

$$存活率 = \frac{处理后每毫升菌落数}{对照每毫升菌落数} \times 100\% \qquad (10\text{-}1)$$

$$致死率 = \frac{对照每毫升菌落数 - 处理后每毫升菌落数}{对照每毫升菌落数} \times 100\% \qquad (10\text{-}2)$$

② 诱变效应：选取菌落数为 5～6 cfu 的处理后平板，分别向平板内滴加碘液数滴，在菌悬液周围将出现透明圈；分别测量透明圈直径与菌落直径，并计算其比值（HC 比值）。与对照相比较，说明诱变效应，并选取 HC 比值较大的菌落，转接到试管斜面上培养，可作复筛用。

2）NTG 的诱变效应

（1）菌悬液的制备

① 将供试菌斜面菌种用接种环挑取 1 环，接种到盛有 5 mL 淀粉琼脂培养基的试管中，

置于恒温摇床中,37 ℃振荡培养过夜。

② 取 0.25 mL 过夜培养基,加到另一支盛有 5 mL 淀粉培养基的试管中,置于恒温摇床中,37 ℃振荡培养 6～7 h。

(2) 平板制作

将淀粉琼脂培养基溶化后冷却至 50 ℃,倒平板 6 套,凝固待用。

(3) 菌悬液涂平板

取 0.2 mL 上述菌悬液于 1 套淀粉琼脂培养基平板上,用无菌玻璃涂棒将菌悬液在平板的整个表面均匀涂开。

(4) 诱变

① 稀释:在上述平板稍靠边的一个点上放少许 NTG 结晶,再将平板倒置于培养箱中,37 ℃恒温培养 24 h。

② 在放 NTG 的位置周围将出现抑菌圈。

(5) 增殖培养

① 挑取紧靠抑菌圈外侧的少许菌苔,置于盛有 20 mL LB 培养基的三角烧瓶中,摇匀,制成处理后的菌悬液;同时挑取远离抑菌圈的少许菌苔,置于另一只盛有 20 mL LB 培养基的三角烧瓶中,摇匀,制成对照菌悬液。

② 将上述两只三角烧瓶置于培养箱中,37 ℃恒温培养过夜。

(6) 诱变菌悬液涂平板

① 分别取上述两种培养过夜的菌悬液 0.1 mL,涂布淀粉琼脂平板。处理后菌悬液涂布 6 套,对照菌悬液涂 3 套,并做好标记。

② 涂布后的平板置于培养箱中,37 ℃恒温箱中培养 48 h。

(7) 观察诱变效应

① 选取菌落数为 5～6 cfu 的处理后平板,分别向平板内滴加碘液数滴,在菌悬液周围将出现透明圈;分别测量透明圈直径与菌落直径,并计算其比值(HC 比值)。

② 与对照相比较,说明诱变效应,并选取 HC 比值较大的菌落,转接到试管斜面上培养,可作复筛用。

5. 注意事项

(1) UV 的穿透力弱,照射处理时须打开皿盖,且要先开搅拌器,使菌悬液中的细胞能接触均等的照射。

(2) UV 对眼睛及伤口等有伤害作用,操作者应戴眼罩等加以防护。

(3) NTG 是一种致癌因子,操作时须戴口罩和橡皮手套,切勿吸入粉尘或与皮肤直接接触;所用器皿要用 1 mol/L NaOH 溶液浸泡,使残余的 NTG 完全分解后才能清洗。

(4) 在 UV 诱变处理前和 NTG 平板诱变后,菌悬液的细胞浓度要控制好,否则难以获得单个分散的菌落。

(5) 诱变处理的材料,一般要求是单核细胞或孢子的悬浮液,分布均匀,避免出现不纯的菌落;处于对数期的细胞,对诱变剂的反应最敏感。

6. 实验报告

1) 将 UV 诱变处理的结果记录于表 10-1 中。

表 10-1　UV 诱变处理及其结果

时间	10^{-4}	10^{-5}	10^{-6}	存活率/%	致死率/%
0（对照）					
1 min					
3 min					

2）将诱变效应的观察结果记录于表 10-2 中。

表 10-2　UV 和 NTG 的诱变效应

项目	平板 1	平板 2	平板 3	平板 4	平板 5	平板 6
UV						
NTG						
对照						

7. 问题与思考

（1）用 UV 进行诱变处理时，为什么要在红光下操作，在黑暗环境下培养？

（2）用 NTG 进行诱变处理，是否也能计算致死率？为什么？如何设计实验才能计算 NTG 诱变的致死率？

（3）试比较 UV 和 NTG 诱变处理的异同。

实验 10.2　环境微生物宏基因组总 DNA 与总 RNA 的提取和浓度测定

10.2.1　总 DNA 的提取和浓度测定

1. 目的要求

（1）了解环境样品中微生物总 DNA 的提取原理。

（2）掌握从不同环境样品中提取微生物总 DNA 的方法。

（3）掌握 DNA 浓度的测定原理与方法。

2. 实验原理

微生物是生态系统的分解者，是地球环境生物化学循环的主要驱动力，其群落结构组成与多样性对整个生态系统功能有着重要影响。传统的基于微生物培养和纯种分离的技术在研究微生物生态学，描述微生物群落的结构和多样性时存在诸多局限性，主要表现为：①对微生物类群进行描述之前必须首先进行培养，然而自然环境中可培养的微生物仅占环境中微生物总量的 1% 左右，大部分微生物是不能被分离和培养的；②现有微生物分类标准具有主观性，即使某些新发现的微生物种可以被培养，但往往与现行的分类标准体系不相符，而已有的对各种微生物表型的描述也常常不能满足区分各种类群的需要；③部分微生物（如硝化细菌）因生长缓慢，分离纯化困难，阻碍了对这类微生物的深入研究，使得生态系统中复杂的微生物群落结构和群落动态变化长期以来都不得而知。

随着现代分子微生物生态学技术尤其是聚合酶链式反应（polymerase chain reaction，PCR）和核酸测序等现代分子生物学技术的发展，使得我们对生态系统中微生物群落结构、微生物生态特征和功能、微生物群落生态演替规律等问题的揭示成为可能。这些研究方法包括变性梯度凝胶电泳技术（denatured gradient gel electrophoresis，DGGE）、荧光原位杂交技术（fluorescencein situ hybridization，FISH）、荧光定量 PCR 技术（real-time PCR）和宏基因组技术（metagenome）等。

宏基因组是由 Handelsman 等在 1998 年提出的概念，其定义为"the genomes of the total microbiota found in nature"，即环境中所有微生物基因组的总和，它包含了可培养的和不可培养的微生物的基因。宏基因组就是一种以环境样品中的微生物群体基因组为研究对象，以功能基因筛选和（或）测序分析为研究手段，以微生物多样性、种群结构、进化关系、功能活性、相互协作关系及与环境之间的关系为研究目的的微生物研究方法。宏基因组测序技术的优势十分明显，如微生物无须进行分离、培养，解决了环境中大部分微生物不能培养的局限性问题。

环境样品总 DNA 的提取是进行微生物分子生态学研究中最重要的实验技术之一，高质量 DNA 的提取是进行后续测序的基础。由于环境样品来源复杂、种类繁多、组成多样和物理化学性质多变，使得传统的对纯培养微生物 DNA 的提取方法很难直接应用到环境样品的研究中。

对于复杂的环境微生物来说，提取其总 DNA 仍然是一个较大的挑战，目前仍没有一种方法能适用于所有的环境样品。判断一个提取方法是否成功不仅要检测其提取出来的 DNA 含量、纯度以及片段大小，更重要的是其提取出来的 DNA 能否充分反映该环境中微生物的多样性。虽然环境微生物总 DNA 的提取方法多样，但其核心过程都是在裂解细胞的基础上，利用有机溶剂分离、提取和纯化 DNA。

1) 细胞裂解

细胞裂解是通过物理、化学或者生物的方法使微生物的细胞膜（部分微生物还存在细胞壁）破裂，将 DNA 释放到胞外。物理方法包括超声波处理法、研磨法、匀浆法等；化学方法包括十六烷基三甲基溴化铵（CTAB）处理法、十二烷基硫酸钠（SDS）处理法等；生物方法包括加入溶菌酶或蜗牛酶等进行细胞裂解。

2) DNA 的分离提取

环境样品中，微生物胞外一般存在腐殖质等杂质，胞内则含有蛋白质、多糖等物质，且 DNA 在生物体内一般与蛋白质形成复合体，因此提取 DNA 时须将这些杂质去除。DNA 的分离提取过程包括添加蛋白酶、RNA 酶等化学物质降解蛋白质和 RNA，添加苯酚等有机溶剂沉淀蛋白质等杂质，添加乙醇、异丙醇等溶剂沉淀 DNA 等。

3) DNA 的纯化

当样品中杂质较多，尤其腐殖质大量存在时，提取的总 DNA 可能会存在较多的杂质，影响 DNA 的纯度。这些杂质会影响后续 DNA 的扩增与测序，如会导致 PCR 扩增失败、酶切困难、连接转化率低等问题。因此，需要对提取的 DNA 进一步纯化。纯化的方法非常多，常用的方法包括胶回收法、柱纯化法、电泳或电洗脱法、梯度离心法等。

4) DNA 质量检测

DNA 提取完毕后，需要对其质量进行初步检测，判断其是否满足后续的实验要求。一般情况下，检测内容主要包括两个方面：完整度检测和 DNA 纯度检测。

DNA 的完整性主要通过凝胶电泳进行检测。DNA 凝胶电泳是根据 DNA 相对分子质量大小来分离、鉴定和纯化 DNA 片段的技术。将混有不同大小的 DNA 样品上样到多孔凝胶上,施加电场后,由于 DNA 上携带有负电荷的磷酸基团,DNA 片段会在凝胶中移动。DNA 片段的大小与其在凝胶中的迁移速度成反比,较小的 DNA 片段在凝胶中的迁移速度较快,较大的 DNA 片段在凝胶中的移动则较慢。通过速度的差异,便可使不同大小的 DNA 片段彼此分离。通过在凝胶中添加溴化乙锭(EB)等荧光染料,在紫外线照射下便可观察 DNA 片段的位置。当提取的 DNA 完整性较好时,凝胶电泳的结果以大片段为主,在 23 kb(1 kb=1000 bp)处有一条完整或略微拖尾的条带(图 10-1);当 DNA 完整性较差时,在 23 kb 处无较亮条带,且有较长的拖尾。

图 10-1　凝胶电泳装置和环境样品 DNA 凝胶电泳成像图

DNA 纯度检测通常有两种方法:分光光度计法和 PCR 扩增法。分光光度计可以测定双链 DNA 在 260 nm 处的吸光度(absorbance)及杂质在其他波长的吸光度,通过计算不同波长吸光度的比,可以对 DNA 纯度作出判定。其中,蛋白质在 280 nm 处有最大的吸收峰,盐和小分子则集中在 230 nm 处。因此,根据 A_{260}/A_{280} 与 A_{260}/A_{230} 两个比值来鉴定 DNA 的纯度。因为多数实验的最终目的是对 DNA 片段进行扩增,因此 PCR 扩增法相对于分光光度计法有其独特的优势。如果能成功扩增,则说明 DNA 纯度可以满足后续扩增和测序要求。

3. 实验器材

(1)实验材料:活性污泥。

(2)实验试剂:FastDNA® SPIN Kit for Soil 快速提取试剂盒、无菌水。

(3)实验仪器:高速冷冻离心机、FastPrep 快速核酸提取仪、移液枪、水浴锅、超微量分光光度计。

(4)实验工具:1 mL 无菌离心管、50 mL 无菌离心管、灭菌移液枪枪头等。

4. 实验步骤

(1)提取核酸物质:在裂解介质管(lysing matrix)中加入 200 μL 活性污泥,管中应留出不少于 200 μL 的空间;接着加入 122 μL MT 缓冲液(MT buffer)和 978 μL 磷酸钠缓冲液(sodium phosphate buffer)。将混合物置于 FastPrep 快速核酸提取仪振荡 40 s 后,4 ℃、14000 r/min 离心 10 min,取上清液。

(2)去除蛋白质:将上清液转移到 2 mL 离心管内,加入 250 μL 聚苯硫醚(PPS),手动摇匀 10 次后,4 ℃、14000 r/min 离心 10 min,取上清液。

(3)去除多糖:将上清液转移到 10 mL 离心管内,加入 1 mL 重悬液(binding matrix),

手动摇匀 3 min。用枪头混匀（抽打）后,取 800 μL 于吸附柱（spin filter）,14000 r/min 离心 5 min,移去收集管（catch tube）中清液。连续重复上述操作 3 次至液体全部离心完。

（4）提取 DNA：在吸附柱中加入 500 μL SEWS-M（与乙醇的混合液）,混匀。14000 r/min 离心 1 min 后倒空收集管,14000 r/min 离心 2 min 后换新收集管,将吸附柱在室温下风干 5 min。向吸附柱中加入 70 μL 低共熔溶液（DES）,用移液枪抽打混匀。14000 r/min 离心 2 min 后去除吸附柱,收集管中即为提出的 DNA。

（5）DNA 浓度与纯度检测：将样品 DNA 溶液用 Tris-EDTA（TE）缓冲液或超纯水稀释后,使用超微量分光光度计测定 A_{260}、A_{280} 和 A_{230},计算 DNA 浓度,根据 A_{260}/A_{280} 和 A_{260}/A_{230} 的比值检测其纯度。

5. 注意事项

（1）整个提取过程中吹吸动作要轻柔,避免剧烈振荡。

（2）部分核酸染料存在一定的毒性,使用时应戴手套,做好防护措施。

（3）不同来源的样品性质不同,提取方法可以根据实际情况进行调整。

（4）提取的 DNA 需长期保存时,可用 TE 缓冲液替代无菌水储存 DNA。

6. 实验报告

记录提取的 DNA 浓度、A_{260}/A_{280} 和 A_{260}/A_{230} 值,评价提取的 DNA 质量状况。

7. 问题与思考

（1）DNA 提取过程中为什么要避免剧烈振荡？

（2）常用 A_{260}/A_{280} 和 A_{260}/A_{230} 比值估算 DNA 的纯度,这两个比值分别在什么范围内能说明 DNA 样品的纯度较高？

（3）十六烷基三甲基溴化铵（CTAB）、十六烷基硫酸钠（SDS）、氯仿、异戊醇、异丙醇、乙醇等物质在提取 DNA 过程中的作用和原理是什么？

10.2.2　总 RNA 的提取和浓度测定

1. 目的要求

（1）了解环境样品中微生物总 RNA 的提取原理。

（2）掌握从不同环境样品中提取微生物总 RNA 的方法。

（3）掌握 RNA 浓度的测定原理与方法。

2. 实验原理

宏基因组虽然能够提供微生物（尤其是未培养的微生物）潜在的活动信息,但仍不能揭示在特定的时空环境下,微生物群落基因的动态表达与调控等问题。要解决这一问题,就需要在转录与表达水平上进一步研究。宏转录组是指在某个特定时刻生态环境（简称生境）中所有微生物基因转录体的集合,这是原位衡量宏基因组表达的一种方法。相比宏基因组学,宏转录组学有以下优势：①宏转录组是整个群落中具有表达活性的微生物信息集合,在一定程度上大大降低了群落的复杂程度；②宏转录组学主要研究在特定的环境条件下微生物功能基因的表达情况,是探究微生物未知功能基因序列的重要方法。从微生物细胞中分离和纯化 RNA 是开展宏转录组学研究的基础,其流程主要包括细胞裂解、RNA 的分离提取、

RNA 的纯化及 RNA 质量检测等。

由于 RNA 质量的高低会影响互补脱氧核糖核酸(cDNA)文库构建和测序的质量,因此分离纯净、完整的 RNA 是分子克隆和基因表达分析的基础,而实验成功与否的关键是有无 RNA 酶(RNase)的污染。RNA 酶是导致 RNA 在提取过程中降解的最主要物质,它非常稳定,即使在一些极端条件下暂时失活,但限制因素去除后会迅速恢复活性,用常规的高温高压蒸汽灭菌方法和蛋白质抑制剂都不能使 RNA 酶完全失活。因此,在 RNA 提取过程中需要注意以下三个方面:①须在操作过程中创造一个无 RNA 酶的环境;②要采取适宜的措施来抑制内源性 RNA 酶的活性;③可使用 RNA 酶的特异抑制剂。

1) 细胞裂解

有效的细胞裂解是有效提取高质量 RNA 必须且重要的第一步。目前,国内外采用多种细菌细胞壁破碎方法,如玻璃珠法、超声波法、酶解法、液氮研磨匀浆法等,通过破坏细菌细胞结构而使其胞内的 RNA 释放。

2) RNA 的分离提取

在细菌细胞裂解的同时,RNA 酶也会被释放出来,这种内源性的 RNA 酶是导致 RNA 降解的主要因素之一。因此,原则上要尽可能尽早去除细胞内蛋白质,并加入 RNA 酶的抑制剂,力求在提取的起始阶段对 RNA 酶活力进行有效抑制。

RNA 的分离提取过程通常需要添加蛋白酶、酚和氯仿等化学物质,蛋白酶可将蛋白质和 RNA 有效分离,酚类物质易与 RNA 酶结合,在氯仿等有机溶剂存在的条件下有机相和无机相可迅速分离。当同时加入酚和氯仿后,酚和蛋白质结合的产物即可进入有机相,而与蛋白质脱离的 RNA 便可进入水相溶解。

3) RNA 的纯化

从环境样品中提取出的总 RNA 中约 70% 是 rRNA,仅 3%～5% 是 mRNA。对于后续的分子生物学实验而言,需要的是占比较小的 mRNA,占比较大的 rRNA 需要被去除。目前,常用的 rRNA 去除方法有两种,第一种为反转录法,即将 rRNA 进行特异性扩增和反转录为 cDNA 后,运用 DNA 酶将其酶解;第二种为磁珠法,即用特异性探针与 rRNA 杂交后,运用磁珠将其去掉,从而仅保留总 RNA 中的 mRNA。此外,除去细胞破碎后释放的 DNA 也很重要,DNA 的存在会影响反转录和后续的测序效果。因此,在提取过程中可通过使用 DNA 酶和 DNA-free 试剂盒来除去 DNA 和避免 DNA 污染。

4) RNA 质量检测

RNA 提取完毕后,需要对其质量进行初步检测,判断其是否满足后续的实验要求。一般情况下,检测内容主要包括两个方面:完整度检测和 RNA 纯度检测,所用方法与 DNA 完整度和纯度检测方法相同。完整度检测运用琼脂糖凝胶电泳法,纯度检测运用分光光度计法和 PCR 扩增法。

完整度检测运用琼脂糖凝胶电泳法,其原理在于检测 28 S 和 18 S 条带的完整性与比值,以及电泳抹带(mRNA smear)的完整性。如果 28 S 和 18 S 条带明亮、清晰和锐利,且 28 S 的亮度是 18 S 条带的 2 倍以上,即认为 RNA 质量满足要求。

纯度检测运用分光光度计法,其原理在于核酸和蛋白质等有机物分别在 280 nm 和 260 nm 处有吸光度,当 A_{260} 与 A_{280} 的比值为 1.8～2.2 时,代表提取物中几乎无蛋白质污染,可满足后续测序要求。当比值 <1.8 或 >2.2 时,代表提取物中蛋白质等有机物污染明显或

RNA 被水解为单核酸,此时所提取的 RNA 均不满足后续测序要求。

3. 实验器材

(1) 实验材料:活性污泥。

(2) 实验试剂:Ambion® RiboPure™ Bacteria Kit 快速提取试剂盒、特异性探针和磁珠、核糖体 RNA 去除试剂盒(ribo-zero magnetic kit)、无菌水、无水乙醇。

(3) 实验仪器:高速冷冻离心机、涡旋振荡器、移液枪、水浴锅、超微量分光光度计。

(4) 实验工具:1 mL 无菌离心管、50 mL 无菌离心管、灭菌移液枪枪头、锥形瓶等。

4. 实验步骤

(1) 细胞破碎与 RNA 释放:在 1.5 mL 无 RNA 酶(RNase-free)管中加入 500 μL 活性污泥和 350 μL 样品储存液(RNAwiz),涡旋振荡器振荡 10~15 s。将上述液体转移至 0.5 mL 旋口试管中,加入 250 μL 氧化锆球,于涡旋振荡器中振荡 10 min 后,4 ℃、14000 r/min 离心 5 min,将上清液转移至 1.5 mL 无 RNA 酶管中。

(2) 去除蛋白质:在上述 1.5 mL 无 RNA 酶管中加入 40 μL 的氯仿,摇晃 30 s,在室温下孵育 10 min,4 ℃、14000 r/min 离心 5 min。将上清液转移至 1.5 mL 无 RNA 酶管中,加 50 μL 的无水乙醇,混匀,转移至放有筒式滤芯(filter cartridge)的 2 mL 收集管中,4 ℃、14000 r/min 离心 1 min,倒空收集管内液体。然后,加入 700 μL 清洗液于筒式滤芯内,4 ℃、14000 r/min 离心 1 min,倒空收集管内液体。再加入 500 μL 清洗液于筒式滤芯内,4 ℃、14000 r/min 离心 1 min,将筒式滤芯转移至新的 2 mL 收集管内。

(3) 提取 RNA:在筒式滤芯内加入 30 μL 洗脱液(elution solution),4 ℃、14000 r/min 离心 1 min。再加入 30 μL 洗脱液,4 ℃、14000 r/mim 离心 1 min。弃掉筒式滤芯,收集管内的样品即为活性污泥菌群总 RNA 样品。

(4) 去除 rRNA:运用特异性探针与 rRNA 杂交,将杂交产物与磁珠结合,去除 rRNA。再用 2.5 倍无水乙醇沉淀,回收去除了 rRNA 的目标 RNA。

5. 注意事项

(1) 整个提取过程中吹吸动作要轻柔,避免剧烈振荡。

(2) 由于 RNA 酶广泛存在于人的皮肤、环境及取液器上,因此创造一个无 RNA 酶的环境是操作过程中的关键。一方面必须戴无 RNA 酶的手套和口罩,另一方面须根据取液器制造商的要求对取液器进行处理,一般情况下采用焦碳酸二乙酯(DEPC)配制的 70%乙醇擦洗取液器的内部和外部。

(3) 样品普遍具有特殊性,提取方法可以根据实际情况进行调整。

(4) 提取的 RNA 需要长期保存时,须将其置于−80 ℃保存。

6. 实验报告

记录提取的 RNA 浓度、A_{260}/A_{280} 和 A_{260}/A_{230} 值,评价提取的 RNA 质量状况。

7. 问题与思考

(1) 请简述通过反转录法和磁珠法去除总 RNA 中 rRNA 的原理。

(2) 请比较样品中 DNA 与 RNA 提取步骤与原理的异同之处。

实验 10.3　环境微生物宏蛋白组总蛋白质的提取和浓度测定

1．目的要求

（1）了解环境样品中微生物总蛋白质的提取原理。

（2）掌握从不同环境样品中提取微生物总蛋白质的方法。

（3）掌握蛋白质浓度的测定原理与方法。

2．实验原理

蛋白质是微生物生理功能的执行者和生命活动的直接体现者,对微生物群落结构和功能的研究归根结底是对微生物的蛋白质进行研究。蛋白质组学是通过揭示环境中蛋白质的组成与丰度、蛋白质的不同修饰、蛋白质和蛋白质之间的相互关系,从而认识微生物群落的发展、种内相互关系、营养竞争关系等的科学,对于研究微生物群落的功能与代谢途径具有重要意义。想要有效研究生态系统中微生物的功能,蛋白质组学研究手段必不可少,其最关键的一步就是高效、可靠地将微生物总蛋白质进行提取。蛋白质的提取过程主要包括细胞裂解与蛋白质释放、总蛋白质提取、蛋白质质量检测、总蛋白质酶解、肽段脱盐与定量。

1）细胞裂解与蛋白质释放

总蛋白以及细胞蛋白的提取通常需要经过裂解步骤,裂解方法有珠研磨、超声波裂解、反复冻融法、高压蒸汽灭菌法以及酶裂解法等,其原理都是使细菌细胞壁和细胞膜破碎,从而释放其细胞质中的蛋白质。

2）总蛋白质提取

环境样品中总蛋白质提取的关键是减少杂质的影响,杂质的类型包括微生物内源代谢和自身氧化的残留物、环境中难降解的有机物和无机物等。由于不同环境样品所含杂质成分不同,针对不同环境样品可采用不同的纯化方法。根据提取液的不同可分为三氯乙酸（trichloroacetic acid,TCA）/丙酮沉淀法、酚提法、Trizol 沉淀法、Tris-HCl 提取法和尿素-硫脲提取法等,或将上述方法结合使用,其原理都是将蛋白质沉淀或者溶解于有机溶液中,从而使蛋白质与环境中的杂质或者细胞破碎物中的其他物质分离。

3）总蛋白质质量检测

总蛋白质提取完毕后,需要对质量进行初步检测,判断其是否满足后续的实验要求。检测内容主要包括浓度检测和纯度检测。

蛋白质浓度检测主要采用 BCA（bicinchoninic acid,聚氰基丙烯酸正丁酯）法进行测定。其原理是在碱性条件下,蛋白质中的半胱氨酸、胱氨酸、色氨酸、酪氨酸以及肽键等能够将 Cu^{2+} 还原为 Cu^+,BCA 试剂可与 Cu^+ 高度特异性结合并形成蓝紫色配合物,该配合物在 562 nm 处有最强吸收峰。

蛋白质的纯度和相对分子质量主要通过十二烷基硫酸钠-聚丙烯酰胺凝胶（sodium dodecyl sulfate-polyacrylamide gel electrophoresis,SDS-PAGE）进行检测。聚丙烯酰胺凝胶为网状结构,具有分子筛效应,在 SDS-PAGE 中,蛋白质亚基的电泳迁移率主要取决于亚基相对分子质量的大小。此外,由于 SDS-PAGE 可设法将电泳时蛋白质电荷差异这一因素除去或减小到可以忽略不计的程度,因此还可用来鉴定蛋白质分离样品的纯化程度。如果被鉴定的蛋白质样品很纯,只含有一种具三级结构的蛋白质或含有相同相对分子质量亚基的具四级结构的蛋白质,那么进行 SDS-PAGE 后,就只出现一条蛋白质区带。

4)总蛋白质酶解

提取后的蛋白质溶液浓度较低时,一般需要浓缩,以便后续分析鉴定。浓缩方法有多种,如加热沉淀、丙酮或三氯乙酸沉淀、冷冻十燥、超滤等。另外,为满足后续测序要求,还应将提取出的总蛋白质进行酶解,其原理是将蛋白质还原并烷基化后,利用特异性蛋白酶使蛋白质水解为长短不一的多肽。

5)肽段脱盐与定量

经上述处理后,所提取的蛋白质样品中含有较多的溶解性盐分,为避免盐分对后续测试中色谱仪和质谱仪产生影响,可用冷冻干燥的方法将肽段冻干为干粉,再使其复溶而达到后续的上机要求。

3．实验器材

1)实验材料

活性污泥。

2)实验试剂

(1) NoviPure kit 快速提取试剂盒。

(2) 肽段定量试剂盒。

(3) BCA 试剂盒。

(4) 无菌水。

(5) 考马斯亮蓝染色液。

(6) 分离胶缓冲液。

(7) 浓缩胶缓冲液。

(8) 电极缓冲液。

(9) 上样缓冲液。

(10) 脱色液。

3)实验仪器

高速冷冻离心机、高通量组织研磨仪、涡旋振荡器、真空泵、真空浓缩仪、固相萃取柱、移液枪、水浴锅、微波炉、电泳仪、垂直板电泳槽。

4)实验工具

1 mL 无菌离心管、50 mL 无菌离心管、灭菌移液枪枪头、制胶板、锥形瓶、量筒。

4．实验步骤

1)蛋白质提取

将 1 mL 活性污泥溶解于含有标准蛋白酶抑制剂(1 mmol/L 苯甲磺酰氟(PMSF),50 μmol/L 亮抑蛋白酶肽,10 mmol/L E-64)的蛋白质裂解液(8 mol/L 尿素)中,使用高通量组织研磨仪振荡 3 次,每次 40 s。冰上裂解 30 min,其间每隔 5 min 涡旋混匀 5~15 s,4 ℃、12000 r/min 离心 30 min,收集上清液。

2)总蛋白质质量检测

(1)蛋白质浓度测定。将 BCA 试剂与 Cu^{2+} 试剂按照 50 : 1 的体积比混合制成工作液,将上述工作液与待测样品按照 10 : 1 的体积比进行混合,置于 37 ℃恒温培养箱中反应

30 min,用紫外分光光度计在 562 nm 波长下进行测定,根据标准曲线和样品体积计算出样品的蛋白质浓度。标准曲线使用牛血清白蛋白(BSA)标准溶液,所用浓度分别为 0 mg/mL、0.125 mg/mL、0.25 mg/mL、0.5 mg/mL、0.75 mg/mL、1 mg/mL、1.5 mg/mL、2 mg/mL,测定方法与上述步骤相同。

(2) 蛋白质相对分子质量测定。使用 SDS-PAGE 对蛋白质相对分子质量进行测定。

3) 蛋白质酶解

取 150 μg 蛋白质溶液置于离心管中,用裂解液补充体积到 150 μL。加入 100 mmol/L 三乙基碳酸氢铵缓冲液(TEAB)与 10 mmol/L 三(2-羧乙基)膦(TCEP),在 37 ℃下反应 60 min。加入 40 mmol/L 碘乙酰胺(IAA)室温下避光反应 40 min。取蛋白质样品 100 μg,补充裂解液,按照体积比 6∶1 加入 −20 ℃预冷的丙酮,沉淀 4 h。4 ℃、10000 r/min 离心 20 min,取沉淀。用 100 μL 100 mmol/L TEAB 充分溶解样品。按照质量比 1∶50(酶∶蛋白质)加入胰蛋白酶,37 ℃酶解 12~16 h。

4) 肽段脱盐与定量

胰蛋白酶消化后,用真空泵抽干肽段,将酶解抽干后的肽段用 0.1% 三氟乙酸(TFA)复溶。用固相萃取柱进行肽段脱盐,再用真空浓缩仪抽干,使用肽段定量试剂盒对肽段进行定量。

5. 注意事项

(1) 所使用的提取液和凝胶缓冲液存在一定的毒性,使用时应戴手套。

(2) 样品普遍具有特殊性,提取方法可以根据实际情况进行调整。

(3) 提取的蛋白质样品需长期保存时,应将其置于 −80 ℃保存。

6. 实验报告

计算所提取环境微生物样品中总蛋白质的浓度。

7. 问题与思考

(1) 如何通过冷冻干燥和复溶的方法使酶解后的肽段脱除盐分?

(2) 请比较微生物总 DNA、总 RNA 与总蛋白质提取与浓度测定的异同。

实验 10.4　宏基因组、宏转录组及宏蛋白质组测序技术

10.4.1　宏基因组测序技术

1. 目的要求

(1) 了解测序技术的发展历程。

(2) 了解构建 PE 文库的原理与操作方法。

(3) 了解 DNA 测序的原理与操作方法。

2. 实验原理

DNA 测序技术始于 20 世纪 70 年代,1975 年,Sanger 和 Coulson 发明了链终止测序法,也就是 Sanger 测序。1977 年,Sanger 首次利用 Sanger 测序测定了噬菌体 X174 的长度为 5375 bp(1 bp＝1 个碱基对)的基因组全序列。Maxam 和 Gilbert 也于 1977 年发明了化

学降解测序法。自此,人类开始利用基因组学大数据探究生命遗传差异的本质,步入基因组学时代。传统的微生物基因研究方法,往往需要构建大量的克隆筛选文库,才能获得微生物的功能基因,而宏基因组测序技术可以直接对微生物的功能基因进行深入研究。一般来说,宏基因组学研究主要分成两个层面,一是分析环境中特定基因,即通过构建宏基因组文库,基于序列筛选或者基于功能筛选分析某种功能基因,并进一步对筛选到的基因进行深度测序;二是针对环境中所有 DNA 进行深度测序,分析该生境中微生物的组成与相关功能。这两方面的相关分析都依赖于测序的深度和广度。

测序技术的快速发展极大地提高了测序通量与精确性,大大缩短了测序时间。Sanger 测序被称为第一代测序技术,其原理是利用双脱氧核苷三磷酸(ddNTP)在 DNA 合成过程中不能形成磷酸二酯键而导致 DNA 合成中断,即链终止法测序。在 Sanger 测序过程中,需要进行 PCR 扩增,测序读长较长、准确度能够达到 99.999%,但存在测序成本高和通量低的缺点。第二代测序技术(next generation sequencing,NGS)又被称为高通量测序(high throughput sequencing)技术,顾名思义,以其通量高、成本低、耗时短的特点逐渐成为转基因作物分子特征解析的新方法。NGS 有多种类型的平台,针对不同的物种和测序需求有不同的应用和特点。2005 年,454 公司推出的 GS-20 焦磷酸测序系统,是 NGS 测序技术发展的里程碑事件,也是高通量测序时代开始的标志。NGS 的技术核心是边合成边测序(sequencing by synthesis),在 Sanger 等测序方法的基础上,用 4 种不同颜色的荧光标记 4种 dNTP,当在 DNA 聚合酶作用下合成互补链时,捕捉荧光信号,根据发出荧光的颜色判断链上添加的 dNTP 类型,便可以获得 DNA 的序列信息。NGS 技术不需要荧光标记的引物或探针,也不需要进行电泳,具有分析结果快速、准确,高灵敏度和高自动化的特点。2006 年,Illumina 推出了基于可逆链终止物和合成测序法的 Solexa 技术。2007 年,ABI 公司推出了基于连接酶法的 SOLiD 测序技术,这些高通量测序技术均能够同时进行千万甚至上亿次测序,通量提高到一代测序的百万倍,测序成本比一代测序技术大大降低。二代测序平台也不断更新迭代,目前市面上的全基因组二代测序平台绝大多数是 Illumina 公司的,如HiSeq、NovaSeq 等。其中,NovaSeq 6000 是 Illumina 目前最先进的全基因组测序平台,采用 Illumina 的 ExAmp 簇生成技术和新一代的图案化流动池(patterned flow cell)技术,通量更高,测序更加灵活。2009 年,PacBio 公司研发的单分子实时测序系统(single molecule real time,SMRT),使测序技术步入单分子测序时代,随后还出现了 Oxford Nanopore 公司研发的纳米孔测序技术等单分子测序技术。这些技术不需要进行 PCR 扩增,能有效避免因PCR 偏向性而导致的系统错误,同时读长明显提高,可以达到 2000 bp 及以上,被称为第三代测序技术。但由于第三代测序价格高昂,目前应用最多的还是基于 Illumina HiSeq 的第二代测序技术,其测序流程是在提取环境样品微生物宏基因组 DNA 和文库构建的基础上进行上机测序。

1) 文库构建

文库就是含有带接头的全部基因随机片段的 DNA 群体组成的样品,二代测序文库分为 Single-read、Pair-end(PE)和 Mate-pair 共 3 种类型。Single-read 是单端测序文库,是将DNA 样本用超声波随机打断成 200~500 bp 的片段,在 DNA 片段一端连接引物序列后,在末端加接头,构建成 DNA 文库,将文库 DNA 固定在测序流动池上,上机进行单端序列的读取。Pair-end 和 Mate-pair 都是双端测序文库,Roche 454 焦磷酸测序文库类型是 Mate-pair

文库,先将基因组 DNA 随机打断到特定大小(2~10 kb),对其进行末端修复、生物素标记和环化等步骤后,再把环化后的 DNA 分子随机打断成 400~600 bp 的片段,然后通过带有链亲和霉素的磁珠捕获带有生物素标记的片段,再经末端修饰和加上特定接头后建成Mate-pair 文库。Pair-end 是目前最常见的文库构建类型,是将待测的基因组 DNA 用超声波打断成 200~500 bp 长的序列片段并在两端加上能够与测序引物结合的不同接头进行测序,第一轮测序完成后将模板链去除,用对读测序模块(PE module)引导互补链在原始位置再生和扩增,然后继续进行第二轮互补链的边合成边测序。

构建好的测序文库会固定在测序流动池上进行下一步测序,测序流动池是测序的核心反应容器,每个测序流动池上面有 8 条通道,每条通道的内表面用 2 种 DNA 引物进行化学修饰,这两种引物是与待测 DNA 序列的接头互补的,并通过共价键连接到测序流动池上。当测序文库通过测序流动池时,就会附着在测序流动池表面的通道上进行后续的测序反应。

2)上机测序

Illumina 测序的技术核心在于桥式 PCR 和边合成边测序。桥式 PCR 的过程是将DNA 文库与测序流动池内表面的引物互补杂交,然后进行扩增,生成一条互补链,通过多次扩增和变性循环,将碱基的信号强度放大,最终使每个 DNA 模板经多次延长和桥梁扩增后,在测序通道内集中成束(cluster)。每个测序流动池上都有数以亿计的束,每个束又有约1000 拷贝的相同 DNA 模板。桥式 PCR 完成后,需要把合成的双链解螺旋变成可以测序的单链,然后就可以加入测序引物开始测序了。

Illumina 测序系统的碱基读取基于化学发光法,加入聚合酶和 4 种末端被叠氮基团封闭且带有荧光基团标记的 dNTP,通过拍照捕捉发光的碱基,边合成边测序,并且运用可逆阻断技术,一个循环只延长一个碱基,既能确保测序的精确度,也能对同聚物和重复序列进行测序。双端测序是 Illumina 的一个关键技术,就是将一条 DNA 链的一端测序得到"read1",然后再测出与"read1"互补的互补链序列,得到"read2"。测"read2"需要先让测"read1"的 DNA 合成双链,然后用化学试剂将原来的模板链从根部切断,从合成互补链上开始进行"read2"的测序,这个过程称为"倒链"。

3. 实验器材

(1)实验材料:活性污泥宏基因组总 DNA 样品。

(2)实验试剂:NEXTflex™ Rapid DNA-Seq Kit 试剂盒、"Y"字形接头(adapter)、磁珠、测序流动池、DNA 聚合酶、带有 4 种荧光标记的 dNTP、Hiseq 3000/4000 PE Cluster Kit 试剂盒。

(3)实验仪器:Illumina Hiseq 测序平台、移液枪。

(4)实验工具:2 mL 无菌离心管、灭菌移液枪枪头。

4. 实验步骤

1)构建 PE 文库

使用 NEXTflex™ Rapid DNA-Seq Kit 建库,具体流程如下:

(1)采用 TA 黏性末端连接加上接头,添加接头所需的比例依据样本片段大小、样本起始量来定。

(2)使用磁珠筛选去除接头自连片段。

（3）利用 PCR 扩增进行文库模板的富集。

（4）磁珠回收 PCR 产物得到最终的文库。

2）桥式 PCR 和测序

使用 Hiseq 3000/4000 PE Cluster Kit 和 Illumina Hiseq 测序平台进行扩增与测序,具体流程如下:

（1）文库分子一端与引物碱基互补,经过一轮扩增,将模板信息固定在测序所用芯片上。

（2）固定在芯片上的分子另一端随机与附近的另外一个引物互补,也被固定住,形成"桥"（bridge）。

（3）PCR 扩增,产生 DNA 簇。

（4）DNA 扩增子线性化成为单链。

（5）加入改造过的 DNA 聚合酶和带有 4 种荧光标记的 dNTP,每次循环只合成一个碱基。

（6）用激光扫描反应板表面,读取每条模板序列第一轮反应所聚合上去的核苷酸种类。

（7）将"荧光基团"和"终止基团"化学切割,恢复 3′ 端黏性,继续聚合第二个核苷酸。

（8）统计每轮收集到的荧光信号结果,获知模板 DNA 片段的序列。

5. 注意事项

（1）由于深度测序技术流程复杂,在建立测序文库、上机测序过程中可能因不可控因素而出现失败,导致样品损失,所以为防止反复冻融对 DNA 质量产生影响,要将 DNA 样品分装在不同的离心管中,以保证测序失败后仍有足够量高质量的样品再次测序。

（2）Illumina 测序仪在收集信号时,并不是像拍摄一张彩色照片一样一次完成,而是分 A、C、G、T 这 4 个波长,分别拍摄 4 张单色照片,然后通过处理软件把这 4 张图叠加成 1 张。碱基不平衡文库（即 A、G、C、T 这 4 种碱基的含量远远偏离 25%）在测序时会导致某些图片（波长）没有信号或者信号很弱,在碱基识别时准确性降低。为了减少碱基不平衡对测序结果的影响,通常会混入一定比例的校准文库 phix 文库。

6. 实验报告

统计污泥样品 DNA 的测序深度与测序测得的 reads 数。

7. 问题与思考

（1）简述测序流动池在构建 PE 文库中的作用。

（2）可逆阻断技术和边合成边测序技术对于保证测序质量有何意义?

10.4.2　宏转录组测序技术

1. 目的要求

（1）了解 RNA 反转录的原理与操作方法。

（2）掌握构建转录组文库的原理与操作方法。

2. 实验原理

为满足科学研究要求,宏转录组测序的技术也在不断发展。传统技术可利用微阵列等来分析微生物群落的基因表达,但设计和构建微阵列不仅耗时,而且费用昂贵,还不能检测新基因。随着高通量测序技术的发展,生境中 RNA 也可以直接测序分析。由于 mRNA 极易降解,因此宏转录组分析区别于宏基因组分析的地方在于需要将 RNA 反转录为 cDNA,然后对 cDNA 进行文库构建和测序,测序平台同样可选择二代测序平台如 454 测序和 Illumina 测序平台或者新一代单分子实时测序平台等。真核微生物基因转录产生的 mRNA 携带有 poly-A 尾巴,依此可将原核生物与真核生物的表达区别开来。

（1）RNA 反转录

从环境样品微生物中提取 mRNA,通过酶促反应反转录合成 cDNA 的第一链和第二链,其原理如下:

合成 cDNA 第一链的方法需要用依赖于 RNA 的 DNA 聚合酶(反转录酶)来催化反应。目前商品化反转录酶有从禽类成髓细胞瘤病毒纯化到的禽类成髓细胞病毒(AMV)反转录酶和从表达克隆化的 Moloney 鼠白血病病毒反转录酶基因的大肠埃希氏菌中分离到的鼠白血病病毒(MLV)反转录酶。AMV 反转录酶包括 2 个具有若干种酶活性的多肽亚基,这些活性包括依赖于 RNA 的 DNA 合成、依赖于 DNA 的 DNA 合成以及对 DNA-RNA 杂交体的 RNA 部分进行内切降解(RNA 酶 H 活性)。MLV 反转录酶只有单个多肽亚基,兼具依赖于 RNA 和依赖于 DNA 的 DNA 合成活性,但降解 DNA-RNA 杂交体中的 RNA 的能力较弱,且对热的稳定性较 AMV 反转录酶差。MLV 反转录酶能合成较长的 cDNA(如大于 2 kb)。AMV 反转录酶和 MLV 反转录酶利用 RNA 模板合成 cDNA 时的最适 pH、最适盐浓度和最适温度各不相同,所以合成第一链时须根据所用酶的种类调整条件。

cDNA 第二链的合成方法有以下几种:①自身引导法。合成的单链 cDNA 3′端能够形成短的发夹结构,这就为第二链的合成提供了现成的引物,当第一链合成反应产物的 DNA-RNA 杂交链变性后利用大肠埃希氏菌 DNA 聚合酶Ⅰ(Klenow 片段)或反转录酶合成 cDNA 第二链,最后用对单链特异性的 S1 核酸酶消化该环,即可进一步克隆。但自身引导法较难控制反应,而且用 S1 核酸酶切割发夹结构时无一例外将导致对应于 mRNA 5′端序列出现缺失和重排,因而该方法目前很少使用。②置换合成法。该方法利用第一链在反转录酶作用下产生的 cDNA-mRNA 杂交链,不用碱变性,而是在 dNTP 存在下,利用 RNA 酶 H 在杂交链的 mRNA 链上造成切口和缺口,从而产生一系列 RNA 引物,使之成为合成第二链的引物,在大肠埃希氏菌 DNA 聚合酶Ⅰ的作用下合成第二链。由于该方法直接利用第一链反应产物,无须进一步处理和纯化,且不必使用 S1 核酸酶来切割双链 cDNA 中的单链发夹结构,因此是目前最常用的 cDNA 第二链合成方法。

（2）构建转录组文库

转录组文库与基因组 PE 文库构建方法相似,将合成的双链 cDNA 和接头连接,进行 PCR 扩增后,在碱性环境下变性为单链即可获得 cDNA 文库。

3. 实验器材

（1）实验材料:活性污泥宏转录组总 RNA 样品。

（2）实验试剂:TruSeq™ RNA Sample Prep Kit 试剂盒、"Y"字形接头、磁珠、测序流动池、DNA 聚合酶、RNA 反转录酶、带有 4 种荧光标记的 dNTP、Hiseq 3000/4000 PE Cluster Kit 试剂盒。

（3）实验仪器:Illumina Hiseq 测序平台、移液枪。

（4）实验工具:2 mL 无菌离心管、灭菌移液枪枪头。

4．实验步骤

1）构建转录组文库

使用 TruSeq™ RNA Sample Prep Kit 进行反转录和构建文库,具体流程如下:

(1) 加入离子打断试剂与随机引物,将目标 RNA 打断,并使随机引物与目标 RNA 互补。

(2) 加入第一链反转录试剂,将目标 RNA 反转录为 cDNA,形成 RNA 和 cDNA 的杂交链。

(3) 加入第二链合成试剂,去除 cDNA 和 RNA 杂交链中的 RNA,并合成二链 cDNA。

(4) 二链 cDNA 合成产物进行末端补平和加 A。

(5) 连接"Y"字形接头。

(6) 使用磁珠筛选去除接头自连片段。

(7) 利用 PCR 扩增进行文库模板的富集。

(8) 用氢氧化钠变性,产生单链 DNA 片段。

2）桥式 PCR 和测序

具体流程与 10.4.1 节一致。

5．注意事项

(1) 由于转录组测序前需要对 RNA 进行反转录,因此确保所提取 RNA 样品中不包含 DNA 是实验成功的关键。

(2) 由于 RNA 易被环境中广泛存在的 RNA 酶所降解,应防止转录组 RNA 样品在运输和建库过程中被降解。

6．实验报告

统计污泥样品 RNA 的测序深度与测得的 reads 数。

7．问题与思考

(1) 文库构建中为什么要使用"Y"字形接头? "Y"字形接头的原理是什么?

(2) 简述构建转录组文库时在碱性环境中使 cDNA 双链变性的原理。

10.4.3　宏蛋白质组测序技术

1．目的要求

(1) 学习不同种类宏蛋白质组技术原理及优缺点。

(2) 了解蛋白质组测序的原理与操作方法。

(3) 掌握蛋白质定性与定量的原理与操作方法。

2．实验原理

宏蛋白质组技术分析因蛋白质复杂多样的特点,对检测技术要求具有高通量、高灵敏度、动态范围广、质量估计精确等特点,而质谱分析法是最合适的检测方法。早期蛋白质组研究通用方法是 2D(二维)凝胶电泳和质谱(mass spectrometry,MS)技术结合,但过程烦琐,一次实验中凝胶要经过多重染色分析与鉴定。近年来,多重色谱分离与质谱联用技术可以对上万条多肽片段信息进行定性,特别是轨道离子阱(orbitrap)质谱的应用,可利用痕量样品鉴定蛋白质,被用于环境样品中低丰度蛋白质的分析检测。蛋白质由 20 个氨基酸组成,如肽段中含有 6 个氨基酸,蛋白质序列空间就会有 6400 万(20^6)种,因此利用质谱测出肽序列 6~10 个氨基酸的片段,就足以鉴定一种蛋白质。

在定性蛋白质组学不断发展的同时,对蛋白质含量进行定量分析的需求也在增加,因此定量蛋白质组学获得了巨大的技术进步,主要体现在各类高分辨率质谱在蛋白质组学中的应用。以质谱为基础的定量蛋白质组学,主要可以分成以下两类:

第一类是稳定同位素标记的定量蛋白质组学。根据同位素引入的方式,基于稳定同位素标记的蛋白质组定量方法可以分为代谢标记法、化学标记法和酶解标记法,分为基于一级质谱(如细胞培养稳定同位素标记(SILAC)、二甲基化标记)和串级质谱(如等重同位素标记相对与绝对定量方法(iTRAQ)、等重肽末端标记方法(IPTL)等)的定量方法,前者通过比较轻重标记的样品在一级质谱的峰强度或峰面积实现蛋白质组的相对定量分析,后者通过比较样品在二级或者三级质谱的特征性碎片离子的峰强度实现蛋白质组的相对定量分析。基于稳定同位素标记的蛋白质组定量方法具有如下优势:在不同步骤实现样品混合,同时实现多重标记及消除色谱-质谱联用分析过程中不稳定性带来的定量误差等。

第二类是非标记(label free)的定量蛋白质组学技术,其原理是不经过任何标记,直接将酶解后的肽段经过质谱分析产生数据,并通过软件对谱图进行归一化后,比较对应的质谱峰强度、峰面积等一系列参数,来确定蛋白质在样本中的相对表达量变化。利用非标记技术进行蛋白质组定量的优势主要体现在:①样品处理简单,无需标记,可直接上机分析;②灵敏度高,可检测出低丰度蛋白;③分离能力强,可分离出酸性蛋白或碱性蛋白,及相对分子质量小于 10000 或大于 200000 的蛋白和难溶性蛋白等;④适用范围广,可以对任何类型的蛋白质进行鉴定,包括膜蛋白、核蛋白和胞外蛋白等;⑤自动化程度高,液质联用,自动化操作,分析速度快,分离效果好。由于稳定同位素标记定量蛋白组学实验过程烦琐、标记试剂昂贵而且不便对大规模样品进行同时比较,且非标记技术进行蛋白质组定量具有诸多优势,因此非标记技术成为重要的质谱定量方法,其包含液相色谱-质谱(HPLC-MS/MS)分析及蛋白质定性与定量分析。

1) HPLC-MS/MS 分析

质谱分析作为分析化学中使用最广的工具之一,能够对生物学体系中几乎所有分子的结构和数量进行无偏倚的整体分析。色谱分析往往与质谱分析进行联用,能够在质谱检测之前对复杂样品中各组分进行预分离,降低质谱分析复杂度,实现高度自动化,达到大规模、快速、准确的蛋白质组学实验效果。质谱仪主要由 3 部分组成:离子源、质量分析器和检测器。首先,样品中的生物分子在离子源中被离子化并带上电荷;其次,带电离子在电场中加速并进入质量分析器,通过质荷比(m/z,即离子质量与带电电荷数比值)的不同对离子进行分离;最后,通过检测器测定本次扫描中所有离子质量、带电电荷及丰度。通过 3 个部分共同作用,质谱仪能够实现对复杂样品中生物分子及其碎片质量和丰度的高通量检测。

2) 蛋白质定性与定量分析

蛋白质定性分析,首先是对每个 HPLC-MS 数据中的肽段信号进行识别,通过理论酶切得到蛋白质对应肽段的相对分子质量信息,对一级母离子进行检索,然后再对所有肽段信号的二级质谱进行数据库检索,得到二级序列的确证。其中常用的数据库检索软件为 Maxquant、Mascot 和 Sequest,这 3 种软件通过肽段的指纹谱图进行概率匹配,现在已经渐渐成为蛋白质组学领域内采用的标准解决方案,它们既可以对 SILAC 标记的蛋白质组学数据进行分析,也可以对非稳定同位素标记的数据进行分析。蛋白质定量分析,按照其原理主要分两种。第一种是基于肽段单离子峰强度的方法,其原理是在液质联用检测实验中,某肽段浓度越高,其质谱检测所得峰强度(面积)也越高,通过比较不同实验中相同肽段的峰强度,即可实现肽段相对定量。该方法的基本分析流程可分为峰信号计算、峰信号处理、峰面积计算以及差异比较 4 个步骤。第二种方法是基于肽段计数的方法,其基本原理是蛋白质在质谱实验中,其对应肽段被检测到的二级谱图次数多少可以粗略反映蛋白质相对表达量。其方法的基本分析流程是在对二级谱图进行肽段序列鉴定的基础上,统计各肽段对应的谱图张数,并对相应的蛋白进行计数,从而反映蛋白质在不同样品中的表达差异。

3. 实验器材

(1) 实验材料:活性污泥中提取的总蛋白质样品。

(2) 实验试剂:乙腈(HPLC 级)及相应比例的水溶液,甲酸(HPLC 级)及相应比例的水溶液。

(3) 实验仪器:EASY-nLC 1200 液相色谱仪、色谱柱、Q-Exactive HF-X 质谱仪。

(4) 实验工具:色谱进样瓶、移液枪。

4. 实验步骤

1) HPLC-MS/MS 分析

使用质谱上样缓冲液溶解肽段,进行 HPLC-MS/MS 分析。肽段样品经 EASY-nLC 1200 液相色谱仪进行分离,色谱柱(column)为 C18 色谱柱($75\ \mu m \times 25\ cm$,$3\ \mu m$)。流动相 A:2% 乙腈、0.1% 甲酸;流动相 B:80% 乙腈、0.1% 甲酸。分离梯度:0~2 min,流动相 B 从 0 线性升至 6%;2~105 min,流动相 B 从 6% 线性升至 23%;105~130 min,流动相 B 从 23% 线性升至 29%;130~147 min,流动相 B 从 29% 线性升至 38%;147~148 min,流动相 B 从 38% 线性升至 48%;148~149 min,流动相 B 从 48% 线性升至 100%;149~155 min,流动相 B 线性维持 100%。采用 Q-Exactive HF-X 质谱仪进行质谱分析,MS 扫描范围(m/z)为 350~1300;采集模式为数据依赖采集(DDA);碎裂方式为高能碎裂方式(HCD);一级质谱分辨率 70000,二级分辨率 17500。

2) 蛋白质定性与定量分析

首先运用带有 Sequest-HT 的 Proteome Discover 软件对肽段进行鉴定和匹配度打分,所搜索的数据库为相应样品的基因组或转录组测序结果。HPLC-MS/MS 谱主要搜索设置是:前体离子质量容差为 6 ppm(1 ppm=10^{-6}),碎片离子质量容差为 20 ppm,允许有两个缺失的胰蛋白酶裂解位点,氧化和乙酰化(蛋白质 N 端)为可变修饰,氨基甲基化为固定修饰,多肽和蛋白质的错误发现率均小于 0.01。

5. 注意事项

(1) 由于环境样品包含微生物种类繁多,所提取的蛋白质种类繁多、蛋白质丰度相差较大,因此对质谱的扫描速度、分辨率、质量精度要求高。

(2) 由于缺乏微生物组蛋白质数据库,且环境样品中的许多微生物至今未被鉴定,所以用于定性分析的数据库,不论是依赖宏基因组测序或者宏转录组测序构建的数据库还是公共数据库,都是不完整的,因此,不是所有肽段都能够被准确定性分析。

6. 实验报告

统计污泥样品总蛋白质测序测得的肽段数量,并与相应样品的基因组和转录组测序结果进行比对,以比较不同测序结果的重合度。

7. 问题与思考

(1) 简述液相色谱仪实现在质谱检测之前对复杂蛋白质样品中各组分进行预分离的原理。

(2) 简述通过将肽段的指纹谱图与数据库进行概率匹配而对蛋白质组测序结果进行定量分析的原理。

实验 10.5　现代分子微生物学实验技术

微生物由于具有种类繁多、性状多样、生长快速、培养方便和易于操作等一系列优点,使其在生物学基本理论研究中,成为学者们最热衷选用的模式生物。对微生物的研究不但加深了人们对生命物质本质和生命活动基本规律的认识,还促进了分子生物学遗传工程、基因组学、生物信息学和合成生物学等许多高科技学科的诞生与发展。反过来,这些学科的理论和实验方法又推动了微生物学基础理论和实验技术的不断深化和进步。因此,微生物学与生物化学和遗传学一起,早就被誉为分子生物学的三大源泉或三大基石。

实验中,我们重点选择了微生物分子生物学中几个最重要的基础实验,包括对细菌总DNA 的小量制备,利用 PCR 技术制备基因片段,蓝白斑筛选技术在基因克隆中的应用,希望通过这些训练,能为初学者今后从事有关工作打下一个良好的基础。

10.5.1　细菌总 DNA 的小量制备

1. 目的要求

了解用溴代十六烷基三甲胺(CTAB)法制备细菌总 DNA 的原理及掌握小量制备细菌总 DNA 的操作方法。

2. 实验原理

DNA 在细胞内一般是与蛋白质形成复合物的形式存在的,因此要提取脱氧核糖核蛋白复合物,必须先裂解细胞并将其中的蛋白质去除。CTAB 是一种去污剂,它能裂解细胞膜,在高盐溶液中还能与核酸形成可溶性复合物,若降低盐浓度,CTAB 与核酸的复合物会沉淀出来,而大部分蛋白和多糖仍溶于溶液中。

3. 实验器材

1) 菌种

大肠埃希氏菌(*Escherichia coli*)平板保藏菌种。

2) 仪器

摇床、微量可调移液器、1.5 mL 离心管、水浴锅、离心机、电泳仪、凝胶成像系统等。

3) 培养基

LB 培养基。

4）试剂

TE 缓冲液(10 mmol/L Tris-HCL,0.1 mmo/L EDTA,pH 8.0),10% SDS,蛋白酶 K(20 mg/mL),5 mol/L NaCl,CTAB/NaCl 溶液(5 g CTAB 溶于 100 mL 0.5 mol/L NaCl 溶液中),酚/氯仿/异戊醇(质量比为 25∶24∶1),异丙醇,70%乙醇。

4. 实验步骤

(1) 从大肠埃希氏菌培养平板上挑取单菌落接种于 3 mL LB 培养基中,37 ℃培养过夜。

(2) 将 1.5 mL 上述培养物置于一离心管中,12000 r/min 离心 3 min,弃上清液。

(3) 沉淀物加入 567 μL 的 TE 缓冲液,反复吹吸使之重新悬浮,加入 30 μL 质量浓度为 10%的 SDS 和 3 μL 20 mg/L 的蛋白酶 K,混匀,于 37 ℃温育 1 h。

(4) 加入 100 μL 5 mol/L NaCl,充分混匀,再加入 80 μL CTAB/NaCl 溶液,混匀后在 65 ℃继续温育 10 min。

(5) 加入等体积的酚/氯仿/异戊醇,混匀,8000 r/min 离心 4~5 min,将上清液转入一新的 EP 管中,加入 0.6~0.8 倍体积的异丙醇,轻轻混合直到 DNA 沉淀形成,沉淀可稍加离心,如 8000 r/min 离心 1 min,弃上清液。

(6) 沉淀用 1 mL 的 70%乙醇洗涤两次,8000 r/min 离心 1 min,弃乙醇,放置至 DNA 稍干燥,溶于 20 μL TE 缓冲液(含 25 ng/mL RNaseA)中。

(7) 配制 0.7%的琼脂糖凝胶,取 3 μL 总 DNA 样品上样电泳检验。样品备用或置于 −20 ℃下保存。

5. 注意事项

(1) 菌体沉淀必须在 TE 缓冲液中充分吹散悬浮,不要有菌块。

(2) 实验步骤第(3)步加了 SDS,应注意不要强烈振荡,以防 DNA 断裂。

6. 实验报告

用紫外成像仪拍下电泳照片,观察所提取 DNA 片段的大小及降解程度。

7. 问题与思考

(1) 细菌总 DNA 小量制备中,哪一步是关键步骤?为什么?如何控制这一步?

(2) 最后用 20 μL TE 缓冲液重溶 DNA 时,如果不加 RNaseA,会有什么影响?

(3) 若提取的基因组 DNA 有降解,可能的原因是什么?

10.5.2　利用 PCR 技术制备基因片段

1. 目的要求

掌握利用 PCR 技术制备基因片段的基本原理和操作方法。

2. 实验原理

PCR 是现代分子生物学实验工作的基础之一。它是指在 DNA 聚合酶的催化下,以母链 DNA 为模板,以特定引物为延伸起点,通过变性、退火、延伸等步骤,在体外复制出与母链模板 DNA 互补的子链 DNA 的过程。利用本技术,可以使目的 DNA 迅速扩增,并且具有特异性强、灵敏度高、操作简便、省时等特点。它不仅可以用于基因分离、克隆、核酸序列分析、基因表达调控和基因多态性等研究,还可用于疾病诊断等多个应用领域。

3. 实验器材

1) 仪器

PCR 仪、电泳仪、凝胶成像系统、PCR 管离心机。

2) 材料

无菌 PCR 管、胶回收试剂盒、微量可调移液器及无菌吸头。

3) 试剂

ddH_2O、20 mmol/L 4 种 dNTP 混合液(pH 8.0)、10×PCR 扩增缓冲液、Taq DNA 聚合酶、模板为 10.5.1 节的细菌总 DNA。

4. 实验步骤

(1) 按以下次序(表 10-3),将各成分加入无菌 PCR 管中。

表 10-3　PCR 管中添加的成分和剂量

成　　分	剂　　量
10×PCR 扩增缓冲液	5 μL
20 mmol/L 4 种 dNTP 混合(pH 8.0)	1 μL
20 μmol/L 正向引物	0.5 μL
20 μmol/L 反向引物	0.5 μL
1~5 U/μL Taq DNA 聚合酶	0.5 μL
ddH_2O	42 μL
模板	0.5 μL
总体积	50 μL

(2) 将管中成分用吸头混合均匀,注意不要产生气泡。如果有液体残留在管壁上,可以使用 PCR 离心机短甩。

(3) 按照表 10-4 方案进行 PCR 扩增。

表 10-4　PCR 扩增方案

循　环　数	变　　性	复　　性	聚　　合
30 个	95 ℃ 30 s	55 ℃ 30 s	72 ℃ 1 min
末轮循环	95 ℃ 1 min	55 ℃ 30 s	72 ℃ 10 min

(4) 配制 1% 的琼脂糖凝胶,PCR 完成后,取 3 μL 产物电泳检验。参照试剂盒说明书对正确的 DNA 样品条带进行割胶回收,制备的 DNA 样品溶液置于 −20 ℃ 保存备用。

5. 注意事项

(1) 模板、引物不同,退火温度可能不同,需根据实际情况设计退火温度。

(2) 延伸时间取决于目的片段的长度。

(3) 谨慎操作,防止由污染引起的假阳性。

6. 实验报告

用紫外成像仪拍下电泳照片,记录 PCR 产物 DNA 片段的大小。

10.5.3　蓝白斑筛选技术在基因克隆中的应用

1. 目的要求

了解蓝白斑筛选技术在基因克隆中的应用。

2. 实验原理

质粒在克隆较小的 DNA 片段时具有稳定可靠和操作简便的优点。用质粒载体进行克隆,先用限制性内切酶切割质粒 DNA 和目的 DNA 片段,然后在体外使两者连接,再转化细菌,即可完成。在实际工作中,如何区分插入有外源 DNA 的重组质粒和未插入而自身环化的载体分子是较为困难的。这里介绍一种利用带有互补突出端克隆 PCR 产物,并通过遗传学手段如 α-互补现象等来鉴别重组子和非重组子的方法。

本实验所使用的载体质粒 DNA 为 pMD19-T,为末端带一个 T 的黏性末端的线性载体,可与 PCR 产物加 A 线性片段连接,转化受体菌为 E. coli DH5α 菌株。由于 pMD19-T 上带有 *amp* 和 *lacZ* 基因,故重组子的筛选采用 Amp 抗性筛选与 α-互补现象筛选相结合的方法。

pMD19-T 上带有 β-半乳糖苷酶基因(*lacZ*)的调控序列和 β-半乳糖苷酶 N 端 146 个氨基酸的编码序列,这个编码区中插入了多克隆位点。E. coli DH5α 菌株带有 β-半乳糖苷酶 C 端部分序列的编码信息。在各自独立的情况下,pMD19-T 和 DH5α 编码的 β-半乳糖苷酶的片段都没有酶活性。但将 pMD19-T 转入 DH5α 则可形成具有酶活性的蛋白质。这种 *lacZ* 基因上缺失操纵基因区段的突变体与带有完整的近操纵基因区段的 β-半乳糖苷酶突变体之间实现互补的现象叫 α-互补。由 α-互补产生的 Lac$^+$ 细菌较易识别,它在生色底物 X-gal(5-溴-4-氯-3-吲哚 β-D-半乳糖苷)存在下被 IPTG(异丙基-β-D-硫代半乳糖苷)诱导形成蓝色菌落。当外源片段插入 pMD19-T 质粒上后会破坏 β-半乳糖苷酶基因 N 端读码框架,表达蛋白失活,产生的氨基酸片段失去 α-互补能力,因此在同样条件下含重组质粒的转化子在生色诱导培养基上只能形成白色菌落。由此重组质粒可与自身环化的载体 DNA 分开,此为 α-互补现象筛选。

3. 实验器材

1) 仪器和器皿

恒温摇床、台式高速离心机、恒温水浴缸、电热恒温培养箱、电泳仪、超净工作台、微量可调移液器、1.5 mL 离心管、培养皿、涂布棒。

2) 载体质粒和受体菌株

实验所使用的载体质粒为 pMD19-T,购买成品;转化受体菌为 E. coli DH5α 感受态菌株;外源片段为 10.5.2 节的 PCR 产物。

3) 试剂

(1) 连接反应试剂盒,购买成品。

(2) X-gal 储液(20 mg/mL):用二甲基甲酰胺溶解 X-gal 配制成 20 mg/mL 储液,包以铝箔或黑纸以防止受光照被破坏,储存于 −20 ℃。

(3) IPTG 储液(200 mg/mL):在 800 μL 蒸馏水中溶解 200 mg IPTG 后,用蒸馏水定

容至 1 mL,用 0.22 μm 滤膜过滤除菌,分装于 1.5 mL 离心管并储存于 -20 ℃。

(4) LB 培养基。

(5) 含 X-gal 和 IPTG 的筛选培养基:在事先制备好的含 50 μg/mL 氨苄西林(Amp)的 LB 平板表面加 40 μL X-gal 储液和 7 μL IPTG 储液,用无菌涂布棒将溶液涂匀,置于 37 ℃下放置 3~4 h,使培养基表面的液体被完全吸收。

4. 实验步骤

1) 连接反应

将 0.1 μg 载体 DNA 和等摩尔量(可稍多)的外源 DNA 片段加入新的经灭菌处理的 1.5 mL 离心管中,然后在其中加蒸馏水至体积为 8 μL,最后再加入 10×T4 DNA 连接酶缓冲液 1 μL,T4 DNA 连接酶 0.5 μL,混匀后用微量离心机将液体全部甩到管底,于 16 ℃保温 8~24 h。

同时做两组对照反应,其中对照组(1)只有载体无外源 DNA;对照组(2)只有外源 DNA 片段没有质粒载体。

2) 连接产物的转化

每组连接反应混合物各取 2 μL 转化 E.coli DH5α 感受态细胞。

3) 重组质粒的筛选

(1) 每组连接反应的转化原液取 100 μL 加入含 X-gal 和 IPTG 的筛选培养基上,并用无菌玻璃棒均匀涂布,将该平板置于 37 ℃约 0.5 h,直至液体被完全吸收。倒置平板于 37 ℃继续培养 12~16 h,待出现明显而又未相互重叠的单菌落时停止培养。

(2) 将上述平板放置于 4 ℃数小时,使显色完全。

不带有质粒 DNA 的细胞,由于无 Amp 抗性,不能在含有 Amp 的筛选培养基上成活。而带有 pMD19-T 载体的转化子由于具有 β-半乳糖营酶活性,在 X-gal 和 IPTG 培养基上为蓝色菌落;带有重组质粒的转化子由于丧失了 β-半乳糖苷酶活性,故在 X-gal 和 IPTG 选择性培养基上呈现白色菌落。

5. 注意事项

(1) 由于黏性末端形成的键在低温下更加稳定,所以尽管 T4 DNA 连接酶的最适反应温度为 37 ℃,在连接黏性末端时,反应温度仍以 10~16 ℃为好,平齐末端则以 15~20 ℃为好。

(2) X-gal 被半乳糖苷酶(β-galactosidase)水解后生成的吲哚衍生物呈蓝色。IPTG 为非生理性的诱导物,它可以诱导 *lacZ* 的表达。在含有 X-gal 和 IPTG 的筛选培养基上,携带载体 DNA 的转化子为蓝色菌落,而携带插入片段的重组质粒转化子为白色菌落。该实验平板如在 37 ℃培养后再放置于冰箱 3~4 h,则可使显色反应更充分,蓝色菌落更明显。

6. 实验报告

(1) 观察蓝白斑显色情况。

(2) 鉴定克隆是否正确。

7. 问题与思考

(1) 用质粒载体进行外源 DNA 片段克隆时应考虑哪些主要因素?

(2) 利用 α-互补现象筛选带有插入片段的重组克隆的原理是什么?

第 11 章

环境中污染物的治理方法

环境污染物是指由于人类的活动进入环境,使环境正常组成和性质发生改变,直接或者间接有害于生物和人类的物质。污染物本是生产中的有用物质,有的甚至是人和生物必需的营养元素。但如果没有充分利用而大量排放,或不加以回收和重复利用,就会成为环境中的污染物。因此,一种物质成为污染物,必须在特定的环境中达到一定的数量或浓度,并且持续一定的时间。例如,铬是人体必需的微量元素,氮和磷是植物的营养元素。如果它们较长时期在环境中浓度较高,就会造成人体中毒、水体富营养化等有害后果。有的污染物进入环境后,通过化学或物理反应或在生物作用下会转变成新的危害更大的污染物,也可能降解成无害的物质。不同污染物同时存在时,由于拮抗或协同作用,会使毒性降低或增大。随着人类生产的发展,技术的进步,原有污染物的排放量和种类会逐渐减少,但与此同时,也会发现和产生更多新的污染物。

生态保护中的循环经济理念要求我们将废弃物转化为资源,以实现可持续发展。在污染物治理中,采用循环经济的思想可以促使我们将污染物视为可利用的资源,并通过科学研究和创新,开发出高效的治理技术和工艺,实现废物减量和资源回收利用。

通过本章环境污染物治理方法的学习,学生们将进一步提升环境保护意识,并加强了解地区间和国际的交流合作,共享科研数据和技术,制定统一的治理标准,共同应对全球性的环境污染挑战,实现生态系统的持续健康和人类可持续发展,共同维护地球家园。

实验 11.1 活性污泥法处理生活污水

1. 目的要求

（1）学习并掌握培养活性污泥的过程与方法。

（2）学习表面加速曝气沉淀池的基本构造和运转管理方法。

（3）初步明确活性污泥法对生活污水的净化作用。

2. 实验原理

自 1914 年在英国建成活性污泥水处理厂以来,活性污泥法已有 100 多年的发展历史。随着在生产实践中的广泛应用,其工艺流程不断得到改进与创新,取得了显著的成效。目前,活性污泥法是处理有机废水的一种常规方法。

活性污泥法是利用人工培养和驯化的微生物群体,分解氧化污水中可生物降解的有机物,通过生物化学反应,改变这些有机物的性质,再把它们从污水中分离出来,使污水得以净化。活性污泥是由细菌、原生动物等与悬浮生物、胶体物质混合在一起所形成的,具有很强的吸附分解有机物能力的絮状体。这种絮状体是以能形成菌胶团的细菌为主所形成的一种特异性颗粒,其组成包括活的微生物细胞和死亡的细胞及分泌物等,这种颗粒肉眼可见,具有良好的沉降性能。

本实验所用的处理装置属于完全混合式曝气沉淀池,其运行特点是:①废水进入曝气池后,能在最短时间内与全池中的液体充分混合,同时被稀释。因此,流入池中的废水,其pH、水温及水质变化对池内活性污泥的影响将降低到最低程度。②池内各点的水质比较均匀,微生物群的性质和数量也基本相同。可以把整个池子控制在良好的均一条件下,为微生物的生长繁殖营造一个适宜的稳定环境。

3．实验器材

1）器材与试剂

(1) 测定化学需氧量(COD)的器材和试剂。

(2) 测定生化需氧量(BOD)和溶解氧(DO)的器材和试剂。

(3) 测定氨态氮的器材和试剂。

(4) 测定活性污泥性质(包括污泥浓度和污泥指数)的器材。

2）仪器与用具

(1) 仪器:方形表面加速曝气池模型(曝气区容积 9.5 L,有机玻璃制作)、电子交流稳压器(0.5～1.0 kV)、调压变压器(0.5～1.0 kV)、电动搅拌器(25 W,220 V)、平板型叶轮(ϕ5～6 cm)、电热恒温控制器(包括电加热器、感温器、控温器)、玻璃蓄水箱(40 L 或 60 L)、转子流量计(液体用,量程 5～50 mL/min)、生物显微镜、电冰箱(4 ℃)、分析天平、水分快速测定仪、酸度计、电烘箱和生化培养箱。

(2) 用具:试剂瓶(20 L,具下口,作高位水箱用)。

4．实验步骤

1）模拟生活污水的配制

(1) 按照表 11-1 的配方人工合成模拟城市污水,作为基础培养基;使用时可按需要增加浓度,使模拟城市污水进入浓度为基础培养基的 2 倍或数倍。

表 11-1　模拟城市生活污水配方

材 料 名 称	数　　量
淀粉,工业用	0.067 g
葡萄糖,工业用	0.05 g
蛋白胨,实验用	0.033 g
牛肉膏,实验用	0.017 g
$Na_2CO_3 \cdot 10H_2O$,工业用	0.067 g
$NaHCO_3$ 淀粉,工业用	0.02 g
Na_3PO_4 淀粉,工业用	0.017 g
尿素,工业用	0.022 g
$(NH_4)_2SO_4$,工业用	0.028 g
自来水	1000 mL

(2) 模拟生活污水的 COD 为 174 mg/L,总氮为 27.5 mg/L,氨态氮为 7.2 mg/L;配制后需要实测。

2）活性污泥的培养及其对生活污水净化效果的观察

（1）粪便水接种液的制备

① 从化粪池中取出上层水，静置 1 h，再在玻璃漏斗中经 8 层纱布过滤后作为接种液。

② 用显微镜检查滤液，可以观察到其中有人量的游离细菌而无絮状体。

（2）培养活性污泥的步骤和观察测定

本实验所采用的是方形合建式完全混合曝气沉淀池模型，整个曝气区容积为 9.5 L。

实验开始时，按模拟城市生活污水配方的 4 倍浓度配制模拟污水。将 4 倍浓度的模拟污水 7 L 放入曝气池模型中，再将模型整个放入玻璃水箱中，使曝气区略高出玻璃水箱内的自来水水面，出水口能通畅地排水。再加入粪便水接种液 2.5 L，最后再加 4 倍浓度的模拟污水至曝气池充满为止。

通过控温系统对水箱内自来水加温，使曝气池内水温始终保持在 28~30 ℃，以利于微生物生长而快速培菌。培菌开始时，开动装有直径 5 cm 的平板型叶轮的电动搅拌器，进行"闷曝"（只对曝气区曝气充氧而不流入和排出模拟生活污水）。叶轮转速要调节到曝气区液面形成适度的"水跃"（指叶轮旋转曝气充氧时，其周围形成略鼓起的弧形水面）为宜，以获得良好的充气效率。为了避免电源电压波动太大影响已调节好的叶轮转速，影响充氧效率，必须首先通过电子交流稳压器使电源电压保持稳定，再连接调压变压器，最后接到电动搅拌器上。根据测得的曝气区溶解氧数值，参考曝气池内"水跃"的形态，通过调压变压器升降调节电压以及变换电动搅拌器上的速度挡旋钮，以使叶轮处于适当的转速，始终保持稳定的运转。连续"闷曝"48 h 后，开始从高位下口水瓶中连续向曝气池中通入 1 倍浓度的模拟污水，调节进水流速，观察转子流量计上的读数，保持 8 mL/min 的小流量进水。继续曝气运转，可以观察到曝气池臭气逐渐消失，曝气区可出现微量凝絮体。3 d 后，如果镜检凝絮体出现良好，继续增多，可将进水流量加大到 10 mL/min，以后根据凝絮体增长情况可再提高流量。在运转期间高位水箱底部由于长期静置，可能出现沉淀，应使用玻璃棒每隔 1~2 h 搅动污水 1 次。在连续曝气运转过程中，需及时了解和控制活性污泥的生成、增长和存在状态，每天需要用显微镜检查曝气池混合液中细菌及凝絮体情况，观察和描述菌胶团形态，并逐日记录于表 11-2 中。当曝气区混合液中有肉眼可见、数量较多的凝絮体出现时，开始逐日测定污泥的性质，包括污泥沉降、污泥浓度（污泥干重）并计算污泥指数，所有结果及分析数据记录于表 11-3 中。运转过程中要根据活性污泥的性质、各项分析数据和模型运转状态，采取相应的调节措施，包括调节叶轮转速、调节回流率、疏通回流缝、改变进水流量等，以保持运转正常，活性污泥增长正常，污泥性质良好。当污泥体积增长到 8%~10% 后，将进水量提高到 15 mL/min，继续曝气，直到污泥体积增长到 25%~30% 为止，即基本上完成活性污泥从无到有并逐步增多的培养全过程。

表 11-2 表面加速曝气沉淀池模型培菌和运转实验观察及运行记录

日期	时间	显微镜观察记录	对本班运行管理记录	对本班运行情况的评价和对下班的建议	记录人

表 11-3 表面加速曝气池模型培菌和运转实验分析记录

| 时间 | 室温/℃ | 水温/℃ | DO/(mg/L) | | | COD/(mg/L) | | | NH₃-N/(mg/L) | | | 污泥性质 | | | 进水流速 | 排泥量 | 记录人 |
			进水	出水	曝气区	进水	出水	去除率	进水	出水	去除率	体积	干重	指数			

在培养和运转过程中,需要不断向曝气池混合液提供充分的溶解氧;通常,曝气池混合液中的溶解氧维持在 1.5～3.0 mg/L 为宜。因此,每天上午、下午和晚间均需要测定曝气池混合液中的溶解氧至少 1 次,并按照所测的数据及时增减叶轮转速和调整进水量,使溶解氧维持在其适宜范围。在培养过程中,还需要经常测定曝气池混合液的 pH,若偏离过大时须及时调整,使其保持在 6.5～8.0 范围内。

(3) 活性污泥的性质测定

① 采用沉淀法测定活性污泥的 SV 值。

② 采用重量法测定活性污泥的 MLSS 值。

(4) 菌胶团形态观察

① 用高倍镜观察曝气池中凝絮体,可见各种形态的菌胶团,通常有分枝状、垂丝状、球状、椭圆形或蘑菇形等规则形状。

② 观察并用简图记录培养过程中所观察到的菌胶团形态。

(5) 活性污泥增长过程中微型动物类群的演替

微型动物个体比细菌大,对水体中各种因素的变化较为敏感,能及时反映运转操作系统出现的问题和净化效果。通常以污水处理构筑物中微型动物的种类和数量表示污水处理的效果;其中固着型的纤毛虫占优势,表示处理效果良好,出水的 BOD 和浑浊度较低;若污泥中出现大量有柄纤毛虫,说明系统可进入正常运转期。

(6) 活性污泥法净化污水的效果

当污泥体积增长到 15% 后,连续 3 d 每天测定曝气池中进水和出水的 COD 和 NH₃-N,并计算去除率。

3) 指标测定

(1) 化学需氧量(COD)的测定。

(2) 生化需氧量(BOD)和溶解氧(DO)的测定。

(3) NH₃-N 的测定。

5. 注意事项

(1) 本实验周期长,且需要昼夜连续,实验人员必须安排好合理的轮流值班制度,且当班人员须严格遵守各项操作规程,认真执行当班工作任务,完成相应的实验操作。另外,还需注意用电、用水和用火安全等。

(2) 当高位瓶中模拟污水量下降至一半(10 L)时,必须向瓶内补充,以保持一定的静水压,使进水流速稳定,出水通畅。高位瓶中易出现沉淀,须用玻璃棒搅拌。

(3) 模型运行期间,除了经常检查叶轮转速是否稳定和回流缝是否通畅,以及检测曝气池混合液的溶解氧和 pH 等参数外,还需检查曝气池的水温是否稳定和控制系统工作是否正常。

6. 实验报告

1) 实验结果

(1) 自开始培养活性污泥之日起,逐日填写培菌和运转实验分析和管理状况,记录于表 11-2 和表 11-3 中。

(2) 用简图描绘在曝气池中用显微镜观察到的菌胶团和微型动物的形态,并分辨微型动物所属类群。

(3) 整理和分析上述 2 项观察情况,写出总结报告,内容包括:模拟生活污水的水质、实验条件、凝絮体出现时间、培养和运转过程中活性污泥外观形状的变化、污泥体积增长动态、污泥干重、污泥指数变化状况、曝气池中细菌和微型动物的演替、水质的净化效果以及对异常情况的处理措施与作用等。

2) 分析评价报告

综合以上内容,对本次实验中活性污泥培养和运转实验效果做出评价,尤其是所获得的经验与教训。

7. 问题与思考

(1) 在工程实践中如何培养活性污泥?

(2) 在活性污泥法运行管理中,一般需要控制哪些参数?

实验 11.2　生物膜法处理生活污水

1. 目的要求

(1) 学习并掌握生物流化床的基本构造、挂膜过程和运行管理的基本方法。

(2) 观察生物流化床对生物污水的净化作用,并比较不同停留时间对净化效率的影响。

2. 实验原理

好氧生物流化床是将传统活性污泥法与生物膜法有机结合,并引入化工流态化技术应用于污水处理的一种新型生化处理装置,其具有处理效率高、容积负荷量大、抗冲击能力强、设备紧凑、占地少等优点,引起了工程界极大兴趣和广泛研究,被认为是未来最具发展前途的一种生物处理工艺。好氧生物流化床以微粒状填料如砂、焦炭、活性炭、玻璃珠、多孔球等作为微生物的载体,以一定流速将空气或纯氧通入床内,使载体处于流化状态。通过载体表面不断生长的生物膜吸附、氧化并分解废水中的有机物,达成对废水中污染物的去除。由于载体颗粒小,表面积大,生物量大,载体处于流化状态,污水不断与载体上的生物膜接触,强化了传质过程。载体不停地流动能够有效防止发生生物膜堵塞问题。

本实验采用的鳃板式流化床是一种三相好氧生物流化床反应器,具有结构简单紧凑,污水分离效果好等优点。污水从底部或顶部进入床体,与从底部进入的空气混合,污水充氧和载体流化同时进行,在床内气、液、固三相进行强烈的搅动,载体之间产生强烈的摩擦使生物膜及时脱落,因而不需要另设脱膜装置。

3. 实验器材

1) 器材与试剂

(1) 测定化学需氧量(COD)的器材与试剂。

(2) 测定生化需氧量(BOD)和溶解氧(DO)的器材与试剂。

(3) 测定氨态氮(NH₃-N)的器材与试剂。

2) 仪器与其他用具

(1) 鳃板式三相流化床模型：由有机玻璃制成，规格为 125 mm×63 mm×300 mm，有效容积为 2.2 L。废水处理曝气区有效容积为 1.5 L，沉淀区有效容积为 0.7 L。生物载体用粒径为 0.5~0.7 mm 的陶粒。

(2) 电热恒温控制器(包括电加热器和控温仪)、计量泵(量程 10~1000 mL/h)、50~100 W 气泵、pH 计、显微镜、分析天平、电烘箱、生化培养箱。

(3) 其他用具：乳胶管、曝气头、水箱(25 L)。

4. 实验步骤

1) 工艺流程

(1) 按图 11-1 所示工艺流程装配实验装置。

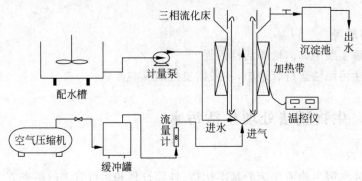

图 11-1　流化床的工艺流程

(2) 当室温低于 20 ℃时，需提高水温至 20~25 ℃，以加快挂膜过程，使用电加热恒温控制仪，将加热棒悬挂浸没在水浴中。

2) 接种和挂膜

(1) 按照模拟城市废水配方，以 2 倍浓度配制挂膜过程所需的模拟城市污水。

(2) 测定配制的模拟城市废水的 COD 和 NH₃-N 的浓度，根据测定值，按 C：N=100：5 添加适量的葡萄糖或(NH₄)₂SO₄，再测定污水中 NH₃-N 的浓度，以 30~40 mg/L 为宜。

(3) 将污水注入流化床反应器中，投加 75 g 陶粒载体；再向反应器曝气区注入来自生活污水处理厂的新鲜活性污泥，污泥量为曝气区容积的 1/5~1/4。

(4) 开启气泵，但不从水箱进水，进行闷曝；调节节流阀，使载体恰好完全处于流化状态，过高的进气量会导致颗粒间摩擦加剧，不利于微生物的附着和生长。

(5) 开动 8~12 h 后，停止运行，澄清片刻，使活性污泥和载体下沉，再将上层清液倾出一半，再加入调节后的 2 倍浓度模拟城市污水，继续运行，如此重复 3~4 d，载体上附着少量微生物，完成接种。

(6) 开启计量泵，从废水水箱连续进水，控制进水 pH 为 6.5~7.5，温度为 20~25 ℃，流量为 200 mL/h。由于所进废水的营养丰富，微生物代谢产物又不断被出水带走，载体上的生物膜迅速生长和增厚。在适宜条件下，2~3 d 可完成接种，10~15 d 可完成挂膜，投入正常运转。

3）运转和管理

（1）运转期的管理

① 进水：向污水水箱中添加模拟城市污水，酌量添加 $(NH_4)_2SO_4$ 等营养源，使水箱中污水的 NH_3-N 浓度为 $30\sim40$ mg/L，pH 为 $6.5\sim7.5$，进水流量提高到 500 mL/h；整个运转期间进水水质及水量稳定不变。

② 水浴水温：当室温低于 20 ℃时，需要用电热恒温控制仪使反应器内水温控制在 $20\sim25$ ℃。

③ 曝气量：由于气泵工作不稳定和曝气头堵塞等原因，有时会发生载体沉降不流化的状况，应及时调整进气量并清洗曝气头。

（2）运转期的观察与测定

① 对曝气区混合液的溶解氧的测定，每天 1 次。

② 对进水、出水的 COD 浓度进行测定；根据测定数据计算 COD 去除率（%），并计算有机负荷（kg/(m³·d)），公式如下：

$$有机负荷 = \frac{C \times Q}{V} \times 24 \times 10^{-6} \tag{11-1}$$

式中：C 为进水 COD 浓度（mg/L）；Q 为进水流量（mL/h）；V 为曝气区有效容积（L）；本实验数据为 1.5 L。

③ 测定进水、出水的 NH_3-N 的浓度，计算 NH_3-N 去除率。

④ 用显微镜观察载体颗粒上生物膜的成熟过程。成熟的生物膜上具有终虫、轮虫、丝状菌、草履虫和线虫等；生物膜呈黄色且透明，与核心的不透明载体颗粒区别明显，平均厚度为 $80\sim100$ μm。测定 20 个生物载体的膜厚，取其平均值作为生物膜厚度，观察膜上的生物相。

（3）停留时间与处理效果的关系

有机物的处理程度与污水在曝气池中的停留时间有关，通常延长停留时间可改善出水水质，但导致有机负荷降低。按照 $T = V/Q$（T 为停留时间，V 为曝气区有效容积，Q 为进水流量），在曝气区有效容积不变的情况下，减少（或增加）污水进水流量可以延长（或缩短）停留时间。

在进水浓度、水温、pH 等不变的情况下，按流量为 0.2 L/h 进水，待运转稳定后，测定进水、出水的 COD 和 NH_3-N 的浓度，计算去除率和有机负荷。再按流量为 0.5 L/h 进水；待运转稳定后，测定进水、出水的 COD 和 NH_3-N 的浓度，计算去除率和有机负荷。

5. 注意事项

（1）进水须按照模拟污水配方及实验开始时调整营养的方案准确配制，并控制进水的 pH，以保持进水水质的稳定。

（2）经常检查水温及恒温控制器的运转是否正常，保持水温稳定。

（3）经常检查计量泵运行情况，控制进水流速稳定。

（4）及时清洗进水管，避免阻塞，保持进水管通畅。

6. 实验报告

1）挂膜和运转实验记录，分别填入表 11-4、表 11-5。

表 11-4 生物流化床实验分析化验记录

时间	室温/℃	水温/℃	进水流量/(mL/h)	DO/(mg/L)			COD/(mg/L)			NH₃-N/(mg/L)			pH		有机负荷/(kg/(m³·d))	记录人
				进水	出水	曝气区	进水	出水	去除率	进水	出水	去除率	进水	出水		

表 11-5 生物流化床挂膜及运转管理记录

时间	显微镜观察记录	生物膜厚度	运行管理记录	运行情况评价	记录人

2）停留时间与处理效果的关系实验记录，填入表 11-6。

表 11-6 停留时间与处理效果关系实验记录

日期	进水流量/(mg/L)	停留时间/min	COD/(mg/L)			NH₃-N/(mg/L)			有机负荷/(kg/(m³·d))	记录人
			进水	出水	去除率/%	进水	出水	去除率/%		

3）对实验结果进行分析与讨论。

7. 问题与思考

（1）生物膜法包括哪些工艺？

（2）好氧生物流化床相对于传统污水处理工艺有哪些优势？

实验 11.3 固体废弃物的固体发酵

1. 目的要求

（1）学习并掌握固体发酵处理固体废弃物的原理和方法。

（2）熟悉固体发酵法的应用范围及其实用意义。

2. 实验原理

固体发酵(solid state fermentation)是指利用自然底物作为碳源与氮源，或利用惰性底物做固体支持物，该体系在无水或接近无水的状况下所进行的发酵过程。固体发酵是解决能源危机、治理环境污染的重要手段之一，也是绿色生产的主要工具。来源于农业、林业和食品业等许多废弃物，常对环境造成严重污染，但废弃物中也含有丰富的有机质，可作为微生物生长的基质。因此，筛选废弃物的残渣作为底物，对其综合利用，不仅可使废弃物转变为有价值的资源，而且可减轻环境污染，化害为利。

固体发酵具有诸多重要的应用领域，如利用微生物转化农作物及其废渣，以提高它们的利用价值，减轻对环境的污染。农作物废弃物（如稻草、麦秸和高粱秸等）数量丰富，它们的合理开发和科学利用备受各国政府及科学家的关注。采用固体发酵法进行处理，可以避免秸秆简单还田过程中其腐解对土壤造成的破坏,还可以加速秸秆的腐解、降低碳氮比。

3．实验器材

1）菌种和培养基

(1) 菌种：纤维分解菌、自身固氮菌。

(2) 纤维分解菌用 CMC 培养基,自身固氮菌用无氮培养基。

2）仪器、试剂与用具

(1) 仪器：天平、灭菌锅和恒温摇床。

(2) 试剂：氨态氮测定试剂、秸秆粉。

(3) 用具：广口瓶和三角瓶等。

4．实验步骤

1）接种液的制备

(1) 菌株活化：将纤维分解菌和自身固氮菌分别接种到相应的活化培养基上,37 ℃恒温培养 24 h,使菌株活化。

(2) 液体培养：将活化后的纤维分解菌和自身固氮菌分别接入相应的液体培养基中,37 ℃振荡培养,所得菌悬液用作固体发酵的接种液。

2）秸秆预处理

(1) 水解与清洗：将秸秆用 0.1 mol/L 的盐酸在常温常压下水解 3 d,以去除表面蜡质,利于纤维分解菌和自身固氮菌的利用;水解结束后,取出秸秆用清水淋洗 1 遍,再用 CaO 调节 pH 至 6.0 左右。

(2) 调水分：调节水分至 50%～60%,此时手抓湿润,但不流出。

(3) 调碳氮比：加 2%尿素、1%淀粉,装入广口瓶中,灭菌 30 min。

3）接种与培养

(1) 接种：接入纤维分解菌,培养 7 d 后再接入自身固氮菌培养 7 d。

(2) 每隔 2 d 取样 1 次,测定相应指标,并补充适量水分。

4）测试与分析

(1) 菌落总数：采用稀释平板菌落计数法测定。

(2) 蛋白质含量：样品经三氯乙酸与水洗涤后,取滤渣,采用凯氏定氮法测定。

(3) 可溶性有机碳和可溶性氮：样品用蒸馏水浸提振荡 8 h 后过滤,所得滤液一部分用总有机碳自动分析仪(total organic carbon analyzer,TOC)测定其有机碳含量;另一部分先用 H_2SO_4-H_2O_2 消化,再用靛酚蓝比色法测定可溶性氮含量。

5．注意事项

(1) 发酵前需要调节培养基(秸秆)的 pH 和含水量;同时提高其碳氮比(秸秆的碳氮比为 20～25),以利于微生物的生长。

(2) 发酵过程的温度、通风量需要控制,每天应搅拌以利于通风。

(3) 发酵过程需要及时补水,以保证系统的含水量。

6．实验报告

计算不同处理菌落总数、蛋白质含量及可溶性有机碳和可溶性氮含量,比较其变化。

7. 问题与思考

（1）发酵过程中影响废弃物转化的因素有哪些？例如，温度、湿度、通气情况、废弃物的类型和初始状态等因素如何影响发酵效率和产物质量？

（2）发酵处理后的固体废弃物能否有效减少有机废物的体积？

实验 11.4   污染土壤的微生物修复

11.4.1   微生物对重金属污染土壤的生物修复

1. 目的要求

（1）掌握重金属污染土壤微生物淋滤的原理与方法。

（2）了解微生物淋滤技术在实践中的应用。

2. 实验原理

重金属在土壤环境中难以降解，易在动植物体内积累，通过食物链逐步富集，浓度有时能达到百万倍的增加，最后进入人体对人类健康造成危害，是危害人类最大的污染物之一。土壤重金属污染具有隐蔽性、长期性、不可逆性等特点，治理的难度极大。目前国内外土壤重金属污染治理广泛采用的方法包括土壤固化、玻璃化、淋滤法、洗土法、电化学法等。这些传统方法普遍存在价格昂贵、操作复杂等特点。

微生物修复污染土壤的机理包括吸附富集、氧化还原、成矿沉淀、淋滤、协同效应等。目前重点研究的微生物多集中在细菌和霉菌，如蜡样芽孢杆菌（*Bacillus cereus*）、柠檬酸杆菌（*Citrobacter*）、芽孢杆菌（*Bacillus*）、少根根霉（*Rhizopus arrhizus*）等。微生物淋滤是指利用自然界中某些微生物与土壤中重金属发生直接或间接作用，通过氧化、还原、配合等反应将土壤中重金属分离、提取出来的一种技术。微生物在淋滤过程中可通过代谢活动改变重金属形态，达到去除或转化的目的，主要包括酸解配合、氧化还原及甲基化和去甲基化作用。

该技术成本低，对环境扰动小，不会造成二次污染，相对于化学淋滤，成本可降低约80%，有较好的规模化应用前景，因此近年来得到研究者的广泛关注。

3. 实验器材

（1）菌体材料。有机酸利用 H^+ 替代矿体内重金属离子或者构成溶解性重金属复合体、螯合体达到溶解金属离子的目的。具有无毒、容易降解，无二次污染等优点。真菌可以生产积累大量有机酸，如柠檬酸、草酸等，其中黑曲霉（*Aspergillus niger*）是最具优势的一类真菌。黑曲霉菌为实验室储存菌种，分离于重金属污染土壤。

（2）土壤。样品采自重金属污染土壤，风干磨细后过 20 目筛待用。

（3）培养基/试剂。固体培养基：马铃薯葡萄糖琼脂培养基（PDA）斜面；察氏培养基。

每升蔗糖发酵培养基中：蔗糖 100 g，$NaNO_3$ 1.5 g，KH_2PO_4 0.5 g，$MgSO_4 \cdot 7H_2O$ 0.025 g，KCl 0.025 g，酵母膏 1.6 g，自然 pH。121 ℃高压灭菌 30 min。

（4）实验器材：烧杯、离心机、分光光度计、离心管、高压蒸汽灭菌器、原子吸收分光光度计等。

4．实验步骤

1）黑曲霉的分离、鉴定

采集 5～10 cm 处的重金属污染土壤，称取 1.5 g 倒入装有无菌水的三角瓶中，制成 1% 土壤菌悬液，30 ℃、120 r/min 摇瓶富集培养 24 h 后，吸取三角瓶中的菌悬液做梯度稀释，再分别涂布查氏固体培养基，培养 3～4 d 观察菌落形态，挑取黑曲霉疑似菌划线于含 3% 溴甲酚绿的查氏筛选平板上，根据溴甲酚绿的变色范围（pH < 3.8 显黄色，pH > 5.4 显蓝绿色），观测并选取周边黄色透明圈较大的菌落连续划线纯化。

将纯化所得数株菌的孢子液稀释至相同浓度，分别接入灭菌的蔗糖发酵培养基，30 ℃、120 r/min 摇瓶培养 12 d 后采用 NaOH 滴定法测定发酵液总酸度，由此筛选得到一株产酸量最大的菌株进行进一步的鉴定。

取恒温培养箱中生长 7 d 的黑曲霉 PDA 斜面 1 支，用 50 mL 无菌水洗下孢子于无菌锥形瓶振荡摇匀，经适当稀释后，显微镜计数黑曲霉孢子数。

2）土壤理化性质测试

供试土样采用 HNO_3 ＋ $HClO_4$ ＋ HF 法消解，利用 ICP-OES 测定土壤重金属含量。重金属元素的化学形态采用 Tessier 连续提取分级程序法测定。

3）污染土壤淋滤实验

将供试土壤样品制备成含固率为 5% 的土壤泥浆。

黑曲霉浸出土壤重金属试验在 250 mL 的三角瓶中完成。实验设置 2 个处理、3 个重复。

（1）同步培养处理：在初始阶段，接种 1% 黑曲霉孢子悬浮液（孢子数约为 3.0×10^6 个/mL）至 5% 的无菌土壤泥浆中（含蔗糖培养基组分）；

（2）分步培养处理：在初始阶段，接种 1% 孢子悬浮液（孢子数约为 3.0×10^6 个/mL）至蔗糖培养基，纯培养 2 d 后，加入一定质量的土壤样品（形成的土壤泥浆的浓度亦为 5%）。

两组处理均在 30 ℃、120 r/min 摇床中振荡培养，培养期间分别于第 2、4、6、9、12、15、20 天取样，于 8000 r/min 离心 10 min 过滤，取上清液测 pH 和重金属浓度。

5．实验报告

以培养时间为横坐标，分别以淋滤液的 pH、重金属残余量为纵坐标，用 Excel 软件绘制曲线，分析黑曲霉菌对重金属污染土壤的淋洗效果。

6．问题与思考

（1）微生物淋滤的作用机理是什么？

（2）与自养型的微生物相比，产酸真菌去除污染介质中重金属的优势有哪些？

11.4.2　微生物对石油污染土壤的生物修复

1．目的要求

（1）学习土壤污染治理的基本方法及其原理。

（2）学习并掌握石油污染土壤生物修复的操作流程。

2．实验原理

在石油开采、炼制、储运和使用过程中，不可避免地会造成石油落地污染土壤。石油主要由烷烃、环烷烃、芳香烃、烯烃等组成，其中多环芳香烃类物质被认为是一种严重致癌、致诱变物质。石油通过土壤-植物系统或地下饮用水，由食物链进入人体，直接危及人类健康。因此，世界各国对土壤石油污染的治理问题极为重视，目前的处理方法主要有物理处理、化学处理和生物修复，其中生物修复技术被认为最有生命力的处理方法。

利用微生物及其他生物，将土壤、水体中的危险性污染物原位降解为二氧化碳和水，或转化为无害物质的工程技术系统称为生物修复（bioremediation）。在多数环境中，天然微生物都在进行降解有毒有害有机污染物的过程；在多数下层土中，往往含有能降解低浓度芳香化合物的微生物，只要水中含有足够的溶解氧，污染物的生物降解就可以进行。但在自然条件下，由于溶解氧不足、营养缺乏和高效降解菌生长缓慢等因素限制，微生物自然净化速率很慢。因此，提供氧气或其他电子受体，添加氮、磷营养盐，接种经驯化培养的高效降解菌等，以便能快速去除污染物，这是生物修复的基本策略。

石油污染土壤的生物修复技术主要有两类：①原位生物修复，一般适用于污染现场；②异位生物修复，包括预制床法、堆式堆制法、生物反应器法和厌氧处理法。异位生物修复将污染土壤集中起来进行生物降解，可保证生物降解的理想条件和良好的处理效果，且可防止污染物转移，具有广阔的应用前景。本实验采用堆式堆制法，对石油污染土壤进行生物处理研究，通过检测土壤含油量、降解石油烃微生物数量、污染土壤含水量的变化等指标，反映该技术处理石油污染土壤的效果。

3．实验器材

（1）石油污染土样：采集于石油污染严重地区，如钻井台、加油站、汽车厂等。

（2）测定石油烃总量的器材和试剂，从土壤中分离筛选高效降解菌的器材和试剂。

（3）其他仪器与用具：有机玻璃堆制池（长 100 cm、宽 60 cm、高 12.5 cm，下铺设长方形 PVC 管，相隔 10 cm 打 1 个 ϕ1 cm 的孔，上覆盖尼龙网，以防土壤颗粒将孔堵塞，PVC 管接于池外，供通气用，池旁设有渗漏液出口管）、50 W 空压泵、电烘箱、pH 计等。

4．实验步骤

1）高效石油烃降解菌的筛选

（1）从石油污染土壤中分离筛选出高效石油降解菌，将该菌种接种到牛肉汤液体培养基中，30 ℃恒温培养至对数期。

（2）离心收集菌体，用生理盐水反复洗涤，最后将菌体悬浮在生理盐水中，调节吸光度（OD$_{660}$）为 1.5。

2）土壤堆制池的运转和管理

（1）运转期的管理

在待处理的石油污染土壤中，按比例加入肥料、水、菌悬液，充分搅拌后堆放在池中。比例为：100 kg 油土＋1.36 kg 尿素＋0.5 kg 过磷酸钙＋1 L 菌悬液；另设 1 组不加菌悬液为对照。在堆料 5 cm 深处进行多点采样，混合均匀后于 105 ℃烘干至恒重，由烘干前后的质量计算含水率。根据测定结果，补加适量的水分，将两组土壤的含水率调节为 30%。空压泵通气 20 min/d，实验共进行 40 d。

（2）运转期的观察与测量

① 石油烃总量的测定：每天检测 1 次，并计算去除率。

② 微生物数量的测定：每天检测 1 次，采用平板计数法。

③ pH 的测定：每天 1 次。

④ 含水量的测定：每天检测 1 次，根据测定结果，补加适量水分，使两组土壤的含水率保持为 30%。

5. 注意事项

（1）本实验周期较长，需要耐心细致地完成。

（2）石油烃类在水中的溶解度很低，需要对烃类进行乳化，方能提供足够的量以维持微生物的生长。

6. 实验报告

将运转实验记录按日期填入表 11-7。

表 11-7　实验数据记录

序号	石油烃总量	石油烃去除率	微生物数量	pH	含水量
1					
2					
3					
⋮					
40					

7. 问题与思考

石油污染土壤的生物修复技术有哪些？含油土壤的不同处理方法及缺点是什么？

实验 11.5　厨余垃圾的厌氧发酵

1. 目的要求

（1）掌握厨余垃圾厌氧消化产甲烷的基本原理。

（2）掌握厌氧消化的操作特点和主要控制条件。

2. 实验原理

厌氧消化产甲烷的过程是一个复杂的生物转化过程，在缺少氧和氮电子受体的情况下，多种厌氧微生物将有机底物中的大分子转化为甲烷（CH_4）、二氧化碳（CO_2）等，同时合成自身细胞物质。

厌氧消化可以分为三个阶段，即水解发酵阶段、产氢产乙酸阶段和产甲烷阶段，如图 11-2 所示。

（1）水解发酵阶段：在这一阶段复杂的高分子有机物（如蛋白质、脂肪、碳水化合物等）通过水解细菌产生的胞外酶的作用分解为简单的可溶性有机物（脂肪酸、醇类、氨基酸、甘油、糖等）。

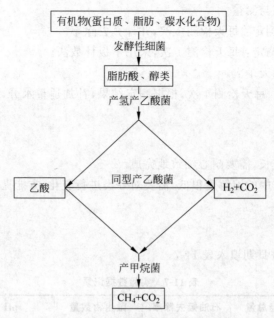

图 11-2   厌氧消化的三阶段四类群理论

(2) 产氢产乙酸阶段：水解阶段产生的简单的可溶性有机物在产氢产酸菌的作用下，把第一阶段产物进一步分解成挥发性脂肪酸(主要是乙酸、丙酸、丁酸)、醇、酮、醛、CO_2 和 H_2 等。

(3) 产甲烷阶段：产甲烷菌将产酸阶段产物进一步转化成 CH_4 和 CO_2，同时利用产氢阶段产生的 H_2 将 CO_2 再转变为 CH_4。产甲烷阶段的生化反应相当复杂，主要有两类甲烷菌参与反应：一类是分解乙酸的甲烷菌；另一类是氧化氢气的甲烷菌。

厌氧消化产甲烷的三个阶段不是简单的连续关系，而是一个复杂平衡的生态系统，多种微生物存在互生、共生的关系。例如，产氢产乙酸阶段产生的氢如不加以去除，则会使发酵途径变化，产生丙酸，丙酸积累会对厌氧消化产生抑制。

四类群理论：在厌氧消化过程中有四类微生物参与反应，分别是发酵性细菌、产氢产乙酸菌、产甲烷菌和同型产乙酸菌。一般认为，在厌氧生物处理过程中约有 70% 的 CH_4 产自乙酸的分解，其余的则产自 H_2 和 CO_2。同型产乙酸菌产生乙酸的量较少，只占全部乙酸的 5%。

厌氧消化产物：厌氧消化过程中，在微生物的作用下有机质被分解，其中一部分物质转化为 CH_4、CO_2 等，以气体的形式释放出来，即沼气未完全消化的残余物的固体部分称为沼渣，液体部分称为沼液，一般作为有机肥料使用。

厌氧消化产甲烷的反应过程：

$$C_n H_a O_b N_c + \frac{4n-a-2b+3c}{4} H_2O \longrightarrow \frac{4n+a-2b-3c}{8} CH_4 + \frac{4n-a+2b+3c}{8} CO_2 + cNH_3$$

理论沼气产生量的计算方法(Buswell 公式)为：

$$Y_{M,th} = \frac{1000 \times 22.4 \times \dfrac{4n+a-2b-3c}{8}}{12n+a+16b+14c} \qquad (11-2)$$

式中：$Y_{M,th}$ 为每克挥发性有机物的甲烷产生量(mL/g)。

3．实验器材

1）实验样品

厌氧消化原料可选取校园食堂餐厨、畜禽养殖场的畜禽粪便、当地农村的秸秆及落叶等不同类型的固体废物。

2）实验器材

(1) 采样工具：卷尺、样品袋、样品箱、手套、铁锹。

(2) 实验装置：500 mL 具塞锥形瓶、恒温水浴装置、1000 mL 量筒、水箱、橡胶管、玻璃管。在水箱和恒温水浴中间设 1% 的 NaOH 溶液，用于去除混合在甲烷中的 CO_2 等酸性气体。气相色谱仪,装配热导(TCD)检测器,2 m×3 m 不锈钢填充柱装填 60～80 目 TDX-01 担体,载气为氮气。

采用六通阀定量进样器,每次进样定量体积为 10 μL,不同气体在色谱柱中的保留时间不同(采用标准气体绘制保留时间加以比对),从而定性分析气体的成分;购买不同梯度含量的标准气体,采用线性回归对不同气体进行定量。标准气体的梯度含量如表 11-8 所示。

表 11-8　标准气体的梯度含量　　　　　　　　　　　　　　%

梯度	H_2	N_2	CH_4	CO_2
1	15.0	15.0	60.3	9.7
2	30.7	20.0	29.0	20.3
3	10.7	39.7	10.3	39.3
4	25.6	5.0	39.4	30.3
5	50.0	10.0	80.2	4.8

4．实验步骤

1）原料的采集

校园食堂餐厨与畜禽养殖场的畜禽粪便类固体废物需要去除塑料、毛发等杂质;当地农村的秸秆和落叶等固体废物按照五点采样法采集物料。将上述采集的样品破碎至粒径<15 mm 的细块(破碎后根据不同测试指标需求进行筛分),进行相关的处理制成干样。测试时采用四分法进行样品的准备和测试。

2）厌氧产气量的测定

厨余垃圾上料负荷为 10 g/L,F/M(进料量/混合量)设定为 1∶2、1∶1、2∶1。以挥发性固体(VS)计,进行接种,添加自来水定容至 800 mL。用氮气吹脱瓶中空气,然后将反应器密封,置于恒温水箱(35 ℃)中进行培养(注意：检查装置气密性,保证厌氧发酵条件)。

3）产气潜力测试和气体组成分析

采用排水法测定固体废物的产气潜力。可采用 2.5 L 的锥形瓶作为反应器和集气瓶,将反应器放置在恒温水浴锅中,以保证厌氧消化所需的温度,集气瓶密封。实验步骤如下：

(1) 固体废物干样品和接种物按照体积比例为 4∶2 混合,配置成总固体(TS)浓度约为 8% 的 1000 mL 料液,置于 2500 mL 锥形瓶中。

(2) 将以上锥形瓶中通入氮气持续 10 min 后用锡箔纸密封,置于 35 ℃恒温水浴锅中,恒温条件下发酵,产生的气体则通过排气管进入集气瓶,集气瓶中为浓度为 5 mol/L 的

NaOH 吸收液,用于吸收发酵所产生的 CO_2 气体,随着产生气体量的增加,会将吸收液挤压到集水瓶中,根据集水瓶中收集的液体体积记录产气量(mL)。

(3) 每日固定时间记录产气量(mL),并以时间(d)为横坐标,以日产气量(mL)为纵坐标绘制折线图。产气稳定后(大幅降低且趋于稳定)结束记录,计算单位干物质产气量,即累计产气量除以固体废物干样品的质量(mL/g)。

(4) 用集气袋收集厌氧消化过程中所产生的顶空气体,用微量进样器抽取 10 μL 收集的气体注入气相色谱仪的进样口,标准气体和待测样品在同样的测试参数中完成。根据不同气体在该色谱程序下的出峰位置判断气体类型,以峰面积或峰高与标准气体的浓度梯度作图,将待测气体样品的出峰峰高或峰面积在该图上对应定量。记录每天的产气量、气体组分和其他相关参数。为了消除污泥自身消化产生的影响,需做空白实验,空白实验是以去离子水代替有机垃圾,其余操作相同。

5. 实验报告

(1) 记录厨余垃圾厌氧产气量于表 11-9。

表 11-9 厨余垃圾厌氧产气量记录

序号	有机负荷率/(g·(L·d)⁻¹)	F/M	日产气量/mL	甲烷含量/mL	pH

(2) 记录产气潜力测试和气体组成分析实验结果于表 11-10。

表 11-10 产气潜力测试和气体组成分析实验结果记录 %

组成	H_2	N_2	CH_4	CO_2
含量				

6. 问题与思考

(1) 记录厌氧发酵过程中体系的 pH 变化,并结合发酵原理进行分析。

(2) 记录厌氧发酵过程中体系的产气量变化。

(3) 讨论操作参数对厌氧发酵的影响。

(4) 试分析沼气的能源再利用潜力。

(5) 试分析为什么沼气需要净化后方能再利用。

第 **12** 章

环境微生物学综合性实验

环境微生物综合性实验是在基础性实验和应用技术的基础上,增加综合性、探索性实验内容,包括光合细菌的筛选及有机物的降解、硝化-反硝化细菌的筛选及其性能测定、纤维素降解菌的筛选及降解、土壤中有机磷农药降解菌的分离及其性能测定、阴离子表面活性剂烷基苯磺酸盐降解菌的分离及其性能测定等实验,旨在进一步培养学生综合运用所学知识的能力,在探索微生物在自然环境中的功能和作用方面具有重要意义。通过这些实验,同学们可以更好地了解微生物在环境中的生态角色及重要性,通过综合实验的实操训练培养同学们的宏观思考能力、实践动手能力及团队合作能力,从而为环境保护和可持续发展贡献自己的力量。

实验 12.1　光合细菌的筛选及有机物的降解实验

1. 目的要求

(1) 学习和掌握光合细菌的分离及培养方法。

(2) 了解光合细菌净化有机废水的作用原理。

(3) 掌握紫外光谱法进行定量分析的基本原理。

2. 实验原理

光合细菌(photosynthetic bacteria,PSB)是一大类具有光合色素,能在厌氧、光照条件下进行不放氧光合作用的特殊菌群,广泛分布于海洋、湖泊和淤泥等环境中,属兼性厌氧的光能异养细菌。光合细菌在光照厌氧的环境中,利用光合色素经光合磷酸化作用取得能量,分解有机物合成菌体细胞,在黑暗通气的条件下,细菌色素不起作用,其代谢途径转变为氧化磷酸化,从中分解有机物获得能量及养料。它们既不像好氧的活性污泥微生物那样受污水中溶解氧浓度的限制,又不像严格厌氧的甲烷细菌等对氧的存在非常敏感,即使生境中氧量增加,其降解有机物的活性也不受抑制,产生的菌体又可作为重要的资源加以利用。因此,这种适宜处理高浓度有机废水的光合细菌处理法(PSB 处理法)正引起人们的高度重视。

光合细菌是一大类能进行光合作用的原核生物的总称。研究表明,光合细菌中的红螺菌科能利用多种硫化物和有机物作为其光合作用的供氢体和有机碳源,在高浓度的有机废水处理与资源化、水产养殖的水质调控与促进健康生长、在农业中作为高效活性菌肥等方面,发挥着十分有益的和令人瞩目的作用。光合细菌的推广和应用,需要合适的培养基质,因此在教学实践中,对其进行应用型优化设计,旨在为高活性光合细菌的推广应用提供一定的帮助。

苯酚属于高毒类物质,对生物体危害很大,可经过呼吸道、皮肤黏膜和消化道吸收进入人体。苯酚对人体组织具有腐蚀作用,如接触眼睛,能引起严重角膜灼伤,甚至失明。当水中苯酚浓度持续为 0.1 mg/L 时,鱼肉会有苯酚的特殊臭味;而当水中苯酚浓度达到 5～25 mg/L 时,鱼类就会中毒死亡。苯酚及其衍生物主要来源于石油、化工、煤气、炼焦、造纸、塑料、纺织及制药等行业的工业废水中。工业含酚废水的大量排放给环境带来了严重的污染,不仅对人类健康及生物的生长繁殖有害,还影响经济的可持续性发展,许多国家已将其列入环境优先控制污染物的黑名单中。目前处理含酚废水的方法主要有溶剂萃取法、活性炭吸附法、化学氧化法、电化学氧化法及生物降解法等,其中生物降解法是一种经济有效、对环境友好的处理方法,具有良好的发展前景。

在紫外分光光度法分析中,常用波长为 200～400 nm 的近紫外线。当有机物分子受到紫外线辐射时,分子中的价电子或外层电子能吸收紫外线而发生能量间的跃迁,其吸收峰的位置与有机物分子的结构有关,其吸收强度遵循朗伯-比尔定律(Lambert-Beer law),与有机物的浓度有关:

$$A = \varepsilon bc \tag{12-1}$$

式中:A 为吸光度;ε 为摩尔吸光系数(L/(mol·cm));b 为吸收池厚度(cm);c 为浓度(mol/L)。

苯酚水溶液在紫外线区 197 nm、210 nm 和 270 nm 附近都有吸收峰,其中在 270 nm 的吸收峰较强。

3. 实验器材

(1) 培养基:范尼尔氏液体培养基(van Niel's yeast medium)。

(2) 溶液及试剂:NH_4Cl、$MgSO_4 \cdot 7H_2O$、K_2HPO_4、$NaCl$、$NaHCO_3$、高纯度苯酚。

(3) 仪器及其他用具:高压灭菌锅、光照恒温培养箱、恒温摇床、紫外分光光度计、比色杯、容量瓶、接种环、无菌具塞锥形瓶、烧杯、量筒、橡胶塞、移液管。

4. 实验方法

1) 富集培养

称取底泥 2 g 装入 100 mL 无菌具塞锥形瓶内,加富集培养基至瓶颈口,用橡胶塞轻轻盖紧,使多余培养基溢出(注意加塞时不要使瓶内留有气泡),30 ℃、4000 lx 光照强度厌氧培养 7 d。

当整瓶液体颜色变成红色,并且在瓶底淤泥表面有深红色沉积物时,用移液管将红色液体及沉积物吸出 5 mL,转移到 100 mL 无菌具塞锥形瓶内,加入灭菌富集培养基,塞上橡皮塞,继续光照,厌氧培养时保持 30 ℃,至锥形瓶中菌悬液的颜色变红。

待生长良好后,再按上述同样步骤转接富集 2 次,至锥形瓶中菌悬液呈棕红色,光合细菌占优势。

2) 驯化培养

吸取上述 5 mL 培养基,转移到 500 mL 无菌具塞锥形瓶内,加入 95 mL 含苯酚(300 mg/L)的富集培养基,塞上透气硅胶塞,30 ℃、180 r/min 振荡培养 5 d;5 d 后再取 5 mL 培养基转入 95 mL 苯酚浓度为 400 mg/L 的富集培养基中,30 ℃、180 r/min 振荡培养 5 d;5 d 后再重复操作一次,使培养基中的苯酚浓度从 30 mg/L 提高到 500 mg/L。

3) 苯酚降解实验

(1) 将上述培养基置于 50 mL 离心管中,4000 r/min,离心 5 min,弃上清液。

(2) 将菌体沉淀用无菌生理盐水离心洗涤 2～3 次(4000 r/min,每次 5 min),再用无菌生理盐水将菌体配成菌悬液 ($A_{680}=1.2$),备用。

(3) 取 2 个 100 mL 无菌具塞锥形瓶,分别加入 5 mL 菌悬液,并加入 95 mL 含苯酚 (500 mg/L)富集培养基(加满至瓶颈口),用橡胶塞轻轻盖紧,混匀,30 ℃、4000 lx 光照强度,厌氧培养 3d(对照组加 5 mL 无菌生理盐水和 95 mL 含苯酚(500 mg/L)富集培养基)。

(4) 取 2 个 500 mL 无菌具塞锥形瓶,分别加入 5 mL 菌悬液,并加入 95 mL 含苯酚 (500 mg/L)的富集培养基,用透气硅塞轻轻盖紧,混匀,30 ℃、180 r/min 振荡培养 3 d(对照组加 5 mL 无菌生理盐水和 95 mL 含苯酚(500 mg/L)富集培养基)。

(5) 培养 3 d 后,分别取样,用紫外分光光度计在 270 nm 波长下测其吸收值,然后在标准曲线上对应找到其浓度。

4) 苯酚含量的测定

采用紫外吸收光谱法测定各培养瓶内苯酚的含量,根据苯酚标准曲线计算苯酚去除率。

(1) 标准曲线的制作

取 5 个 25 mL 的容量瓶,分别加入 2.0 mL、4.0 mL、6.0 mL、8.0 mL、10.0 mL 的苯酚 (100 mg/L),补加去离子水到刻度,摇匀。用 1 cm 石英比色管,加去离子水作参照,在 270 nm 波长下,分别测定各溶液的吸光度,以吸光度对浓度作图,作出标准曲线。

(2) 定量测定废水中的苯酚含量

准确移取未知液 10 mL 于 25 mL 比色管中,用去离子水稀释到刻度,摇匀。在同样条件下测定其吸光度,根据吸光度在工作曲线上对应出苯酚待测液的浓度,并计算出未知液中苯酚的含量。

苯酚降解率计算如下式:

$$\eta = [1-(C_1-C_2)/C_0] \tag{12-2}$$

式中:η 为苯酚降解率(%);C_0 为苯酚起始浓度(mg/L);C_1 为反应后苯酚浓度(mg/L);C_2 为挥发的苯酚浓度(mg/L)。

5. 注意事项

紫外吸收光谱法在浓度范围 10～250 mg/L 内,吸光度与浓度成良好的线性关系,因此在测定高吸收度有机物时,应适当予以稀释。

6. 实验报告

(1) 将测定结果填入表 12-1。

表 12-1　测定结果

苯酚量/(mg/L)	8.000	16.000	24.000	32.000	40.000	未知液浓度
吸光度						

(2) 比较光合细菌在光照厌氧环境中和在黑暗通气条件下的苯酚降解效果。

7. 问题与思考

光合细菌对高浓度有机废水的净化作用和其他细菌相比有什么优势?

实验 12.2 硝化-反硝化细菌的筛选及其性能测定

硝化细菌(nitrifying bacteria)是一类好氧性细菌,包括亚硝酸菌和硝酸菌。生活在有氧的水中或砂层中,在氮循环水质净化过程中扮演着很重要的角色。硝化细菌分类:硝化细菌属于自养型细菌,原核生物,包括两种完全不同的代谢群:亚硝酸菌属(*Nitrosomonas*)及硝酸菌属(*Nitrobacter*),它们包括形态互异的杆菌、球菌和螺旋菌。反硝化细菌是指一类能将硝态氮还原为气态的细菌,已知的有 10 科、50 个属以上的种类具有反硝化作用。自然界中最普遍的反硝化细菌是假单胞菌属(*Pseudomonas*),其次是产碱杆菌属(*Alcaligenes*)。在土壤氧气不足时,将硝酸盐还原成亚硝酸盐,并进一步把亚硝酸盐还原为氨及游离氮的细菌。能将硝酸盐还原,并产生分子态氮气。

1. 目的要求
(1) 了解硝化-反硝化细菌的反应机理。
(2) 掌握硝化-反硝化细菌的分离技术及性能测定方法。

2. 实验原理
硝化是在好氧条件下,通过亚硝化细菌和硝化细菌的作用,将氨态氮氧化成亚硝酸盐氮和硝酸盐氮的过程,称为生物的硝化作用(nitrification)。

反应过程如下:

第一步铵盐转化为亚硝酸盐:
$$NH_4^+ + 3/2O_2 \longrightarrow NO_2^- + 2H^+ + H_2O \tag{12-3}$$

第二步亚硝酸盐转化为硝酸盐:
$$NO_2^- + 1/2O_2 \longrightarrow NO_3^- \tag{12-4}$$

这两个反应式都是释放能量的过程,氨态氮转化为硝态氮并不是去除氮而是减少它的需氧量。上述两式合起来写成:
$$NH_4^+ + 2O_2 \longrightarrow NO_3^- + 2H^+ + H_2O \tag{12-5}$$

综合氨态氮氧化和细胞体合成反应方程式如下:
$$NH_4^+ + 1.86O_2 + 1.98HCO_3^- \longrightarrow 0.02C_5H_7O_2N + 0.98NO_3^- + 1.04H_2O + 1.88H_2CO_3 \tag{12-6}$$

由上式可知:①在硝化过程中,1 g 氨态氮转化为硝酸盐氮时需氧 4.57 g;②硝化过程中释放出 H^+,将消耗废水中的碱度,每氧化 1 g 氨态氮,将消耗碱度(以 $CaCO_3$ 计)7.1 g。

反硝化是在缺氧条件下,由硝酸盐还原菌(反硝化细菌)将 NO_2^--N 和 NO_3^--N 还原成 N_2 的过程,称为反硝化作用(denitrification)。

反硝化过程中的电子供体(氢供体)是各种各样的有机底物(碳源)。以甲醇作碳源为例,其反应式为:
$$6NO_3^- + 2CH_3OH \longrightarrow 6NO_2^- + 2CO_2 + 4H_2O \tag{12-7}$$
$$6NO_2^- + 3CH_3OH \longrightarrow 3N_2 + 3CO_2 + 3H_2O + 6OH^- \tag{12-8}$$

综合反应式为:
$$6NO_3^- + 5CH_3OH \longrightarrow 5CO_2 + 3N_2 + 7H_2O + 6OH^- \tag{12-9}$$

由上可见,在生物反硝化过程中,不仅可使 $NO_2^- $-N、$NO_3^- $-N 被还原,而且还可使有机物氧化分解。

一般可以用显色反应来判断硝化细菌的存在,将亚硝化细菌和硝化细菌接种到液体培养基中,于 24 ℃培养 5 d,在亚硝化细菌的培养基中加入格里斯试剂(Griess reagent),溶液变红可以判断已出现亚硝酸根。将硝化细菌的培养基取出 1 mL 稀释 100 倍,测定亚硝酸根含量,如果减少,说明亚硝酸盐已经在硝化细菌作用下转化为硝酸盐。

3. 实验器材

(1) 样品:实验用水样或土样。

(2) 培养基:亚硝化细菌培养基、硝化细菌培养基、反硝化细菌培养基、Giltay 培养基、营养肉汤培养基。

(3) 仪器:培养箱、灭菌锅、天平、摇床、摇瓶、锥形瓶、分光光度计、移液枪、玻璃珠、烧杯。

(4) 试剂:Giltay 试剂 A 液、Giltay 试剂 B 液、2%醋酸钠溶液(部分试剂的配制方法见附录 11)。

4. 实验步骤

1) 硝化细菌的分离筛选

将采集到的样品分别加入含有亚硝化细菌悬液体培养基和硝化细菌悬液体培养基的摇瓶中,在 37 ℃的摇床中培养 5 d,然后取出培养基在相应的固体培养基上划线,得到单菌落,重复操作,直至获得单一菌落。

2) 硝化性能测定

(1) 标准曲线的绘制:称取 4.5 g 分析纯亚硝酸钠于干燥小烧杯中,加蒸馏水溶解后移入 100 mL 容量瓶中,加蒸馏水定容,摇匀,溶液中的亚硝酸根浓度为 30 mg/mL,使用时稀释至 0.03 mg/mL。

吸取亚硝酸钠标准溶液 0 mL、1 mL、2 mL、3 mL、4 mL、5 mL;分别加入 50 mL 容量瓶中,每个容量瓶中亚硝酸钠浓度为 0 μg/mL、0.6 μg/mL、1.2 μg/mL、1.8 μg/mL、2.4 μg/mL、3.0 μg/mL;加入 1 mL Giltay 试剂 A 溶液,放置 10 min,再加入 1 mL Giltay 试剂 B 溶液和 1 mL 2%醋酸钠溶液,显色后稀释至刻度。

用分光光度计于 520 nm 处进行比色,以浓度为横坐标,以吸光度值为纵坐标绘制标准曲线。

(2) 亚硝化细菌氨转化作用测定:取 1 mL 培养基于 50 mL 容量瓶中,重复上述操作,用分光光度计于 520 nm 处进行比色。

(3) 硝化细菌硝化作用强度测定:取 1 mL 培养基稀释 100 倍(视培养基中 NO_2^- 浓度而定),重复上述操作,用分光光度计于 520 nm 处进行比色。

(4) 计算结果:标准曲线以浓度为横坐标,以光密度值为纵坐标绘制标准曲线。得到回归方程:

$$A = aC + b \tag{12-10}$$

式中:A 为吸光度;C 为浓度(μg/mL);a 为斜率;b 为截距。

3) 反硝化细菌的分离筛选

(1) 取 1.0 g 反硝化细菌样品于装有 99 mL 无菌水并带有玻璃珠的锥形瓶中振荡,得到悬液。

（2）用移液枪吸取 5 mL 悬液于 100 mL 灭菌后的反硝化培养基中，30 ℃恒温密闭培养 3 d，并扩大培养 3 次。

（3）经平板划线分离数次，得纯菌。将其接种于灭菌后的反硝化细菌培养基富集培养，至菌悬液浑浊，即为菌悬液。

（4）将缠有细线的小试管（ϕ12 mm×75 mm）倒扣于装有 Giltay 培养基的大试管（ϕ20 mm×200 mm）中，并将小试管中的气体排净，塞住大试管，留部分细线在外，便于小试管的拉升，灭菌后待用。

（5）将活化后的菌株接种于 Giltay 培养基中，拉伸细线，使小试管提升一小段距离，以便收集气体。

（6）30 ℃恒温密闭培养 10 d，每天观察培养基的变色情况及小试管中的气泡。根据产气量及培养基变色情况筛选出反硝化性能较强的菌株，并接种于反硝化细菌培养基中，一定时间后检测 TN（总氮）去除率。

5．注意事项

硝化细菌为好氧微生物，反硝化细菌为厌氧微生物，培养时注意培养条件的控制。

6．实验报告

（1）绘制标准曲线。

（2）测定不同培养基中亚硝酸根含量的变化，计算硝酸盐的去除率。

（3）观察亚硝化细菌、硝化细菌和反硝化细菌的形态特征。

7．问题与思考

（1）亚硝酸根比色测定的原理是什么？

（2）发酵后期，硝化细菌的硝化率下降的原因是什么？

实验 12.3　纤维素降解菌的筛选及纤维素降解实验

1．目的要求

（1）掌握纤维素降解菌的分离、筛选方法。

（2）掌握纤维素降解菌的降解性能测定方法。

2．实验原理

纤维素（cellulose）由 β-葡萄糖聚合而成，性质非常稳定。纤维素是光合作用的产物，约占植物组织的 50%。自然界，每年都有大量纤维素随植物残体或有机肥料进入土壤。在通气良好的土壤中，纤维素可被细菌、放线菌和霉菌分解。纤维素降解菌首先分解纤维素物质为含有葡聚糖等结构的多聚糖类物质，而多聚糖与刚果红可以形成多聚糖刚果红复合物，此复合物不仅可以被吸附在菌丝外部，而且能够被进一步转运吸收至菌丝内部。通过进一步的降解，多聚糖被微生物分解而加以利用，而刚果红则被保留在菌丝体内，使菌落呈现红色。

3．实验器材

（1）样品：土壤。

（2）培养基：羧甲基纤维素钠（CMC-Na）平板培养基、牛肉膏蛋白胨（NA）培养基、营养肉汤（NB）培养基。

（3）仪器及其他用品：酒精灯、载玻片、盖玻片、显微镜、滴管、试管、培养皿、锥形瓶、枪头、涂布器、移液枪等。

4. 实验步骤

1）具有降解纤维素能力的细菌的分离

称取土样 10 g 加入 90 mL 无菌水，振荡 10~15 min，使土壤颗粒均匀分散成为土壤悬液，静置数分钟，吸取 1 mL 土壤悬液到 9 mL 稀释液中，依次按 10 倍稀释，稀释到 10^{-4}，制成一系列稀释液。

取 1 mL 土壤悬液接种于羧甲基纤维素钠平板培养基上，用玻璃刮刀将其均匀涂抹于培养基表面，每个稀释度设 3 个重复，置于 28~30 ℃ 恒温培养箱中培养。待菌落长成后，按菌落特征归类和编号，然后将菌落特征不同的细菌转入 NA 斜面培养基培养，纯化后保存备用。

2）供试细菌分解纤维素能力的测定

（1）对 CMC-Na 分解能力的测定：挑取分离的细菌菌落接种到 CMC-Na 平板培养基上，于 25 ℃ 避光培养 7 d，用刚果红染色，记录各菌株的透明圈大小。

（2）对滤纸分解能力的测定：将分离得到的具有纤维素分解能力的菌株，接入 NB 培养基中，20 ℃ 摇床培养 5 d 后制成菌悬液。于盛有 50 mL 液体培养基的 150 mL 锥形瓶中放入 2.6 cm×6.2 cm 的滤纸条，接入 1 mL 菌悬液，100 r/min 恒温振荡培养 8 d，以滤纸条的断裂程度评价降解效果。

5. 注意事项

（1）土壤中的纤维素降解菌分为好氧菌与厌氧菌，因此在筛选过程中可根据需求，设定厌氧或好氧条件进行筛选。

（2）用玻璃涂棒涂抹时，由中间向四周涂布，使微生物分布均匀。

（3）每次用完玻璃涂棒都要用酒精灯灭菌。

（4）从培养皿中挑取菌落时一定要选取单个菌落。

6. 实验报告

（1）纤维素分解菌株的 CMC-Na 分解能力测定（表 12-2）。

表 12-2　纤维素分解菌的 CMC-Na 分解能力

菌株编号	菌落直径/mm	水解圈直径/cm	水解圈直径/菌落直径

（2）培养 8 d 后菌株对滤纸的崩解效果照片。

7. 问题与思考

（1）纤维素降解菌在环境科学与工程领域中有哪些应用？

（2）如果纤维素降解菌筛选不到，应该怎么操作？

实验 12.4   土壤中有机磷农药降解菌的分离及其性能测定

1. 目的要求

(1) 了解分离筛选难降解有机物降解菌的基本方法。

(2) 掌握土壤中有机磷农药降解菌的分离筛选方法。

(3) 掌握利用分光光度法测定有机磷农药的方法。

2. 实验原理

有机磷农药是我国在农业生产过程中曾经广泛使用的环境杀虫剂,其由于杀虫效果明显受到人们的欢迎,在发展过程中逐渐取代了有机氯农药。但在这种农药大范围应用的过程中,其对环境产生的负面影响也日渐突出,在水体和土壤环境当中残留的有机磷农药在物理迁移和化学转化之后,会逐渐随着食物链进入人体和其他生物体内产生影响。作为农业大国,我国每年由于有害昆虫、杂草等病原微生物造成的平均损失达到 25%。化学防治手法通常是农民的首选,主要原因在于这种防治方式具有药品种类多、药效好且见效快的优势,同时应用范围很广,适用于大部分农作物和虫害防治。大量使用有机磷农药在保障病害灭除率,提升粮食产量的同时也导致了比较严重的环境问题。有机磷农药降解技术属于解决农药对食物和环境污染的主要途径,当下可用的方法很多,即化学降解、物理降解和生物降解等。传统的化学和物理降解效果较高,其明显的弊端就是需要投入较高成本,且使用不当很容易产生二次污染。在此种技术的处理下,有机磷农药最终会降解为水、二氧化碳等物质,不仅成本低,且对环境不会产生二次污染。

甲胺磷(methamidophos)是一种高效、剧毒的有机磷杀虫剂,主要用于水稻、棉花等农作物的虫害防治。由于其高效的病虫害防治特点,曾被长期、大量地使用,从而引起水体、土壤污染,严重破坏了生态环境平衡,同时危害到人畜健康。农药在环境中的降解主要通过水解、光降解和微生物降解三种途径,其中微生物降解具有反应条件温和、反应速度快和反应专一性强的特点,因此利用微生物降解甲胺磷农药是解决环境污染的有效途径,并且操作简便,成本低。因此,从土壤中筛选高效的有机磷农药降解菌,对土壤环境中甲胺磷的有效去除具有非常重要的意义。

3. 实验器材

(1) 样品:取自农田的土壤(深度 5~15 cm),去除杂质。

(2) 培养基:LB 培养基、基础无机盐培养基、富集培养基(无机盐培养基灭菌后加入适量的甲胺磷,用于驯化及筛选分离菌株)。

(3) 仪器:分光光度计、振荡培养箱、离心机、天平、烧杯、容量瓶、锥形瓶、移液枪。

(4) 试剂:甲胺磷(MAP)标准品、0.5%氯化钯显色剂、盐酸、甲醇、0.3 mg/mL 的甲胺磷工作液(甲胺磷用甲醇溶解并配成 3.0 mg/mL 储备液,然后用甲醇稀释,配成 0.3 mg/mL 工作液)。

4. 实验方法

1) 降解菌的驯化、富集筛选

(1) 取土壤 10 g 于 250 mL 锥形瓶中,加入含 0.4 g/L 甲胺磷的无机盐培养基 100 mL,

30 ℃、180 r/min 振荡培养 7 d,之后按 10% 的接种量进行驯化、富集培养,每次 7 d,共 6 次,并逐步提高甲胺磷含量至 0.8 g/L、1.5 g/L、2.0 g/L、3.0 g/L。

（2）取最后一次富集培养基梯度稀释至 10^{-3},取稀释液涂布于无机盐固体培养基平板上(不加甲胺磷的无机盐培养基作对照),挑取含甲胺磷的无机盐培养基上生长较好的菌株,用 LB 培养基纯化后保藏备用。

2）降解菌降解性能的测定

（1）标准曲线绘制

利用甲胺磷和钯离子形成稳定黄色络合物的性质采用分光光度法测定。具体操作如下：分别吸取甲胺磷工作液 0 mL、0.25 mL、0.50 mL、0.75 mL、1.0 mL、1.25 mL,依次放入 6 个 10 mL 容量瓶中,加入 1.0 mL 氯化钯显色剂溶液,用盐酸定容,在 311.8 nm 波长处测定吸光度,以甲胺磷浓度为横坐标,以吸光度为纵坐标绘制标准曲线。

（2）菌株降解性能测定

取 LB 培养基 50 mL 于 250 mL 锥形瓶中,接种分离到的菌株,35 ℃、120 r/min 振荡培养 24 h 作为种子液。取无机盐液体培养基 50 mL 于 250 mL 锥形瓶中,灭菌后在无菌条件下加甲胺磷,使其浓度至 1 g/L。按 5% 的接种量接种种子液,以不接菌为对照,35 ℃、120 r/min 振荡培养 7 d,取培养基,4500 r/min 离心 10 min,取上清液,测定甲胺磷浓度,并根据下式计算降解率。

$$\rho = (C_1 - C_2)/C_1 \times 100\% \tag{12-11}$$

式中：ρ 为降解率(%)；C_1 为甲胺磷的原始浓度(g/L)；C_2 为根据标准曲线的线性回归方程计算所得的甲胺磷浓度(g/L)。

5. 注意事项

（1）甲胺磷的中文商品名为多灭灵,毒性强,操作时须戴防护手套,严禁直接接触皮肤。

（2）使用过的玻璃器皿要在 121 ℃高压灭菌 20 min 后,才能洗净、烘干,供下次使用。

6. 实验报告

（1）降解菌的形态观察。

（2）标准曲线的绘制。

（3）降解性能的测定。

7. 问题与思考

分离到的甲胺磷降解菌是否也能降解对硫磷、甲基对硫磷及磷胺等有机磷农药？为什么？

实验 12.5　阴离子表面活性剂烷基苯磺酸盐降解菌的分离及其性能测定

1. 目的要求

（1）了解分离筛选难降解有机物降解菌的基本方法。

（2）分离直链烷基苯磺酸盐降解菌,并对其降解性能进行测定。

2. 实验原理

直链烷基苯磺酸盐(linear-alkylbenzene sulfonates,LAS)是阴离子表面活性剂中最重要的一个类别,也是我国合成洗涤剂的主要活性成分。烷基苯磺酸钠去污力强,起泡力和泡沫稳定性以及化学稳定性好,而且原料来源充足、生产成本低,在民用和工业用清洗剂中有着广泛的用途。

烷基苯磺酸盐不是纯的化合物,其烷基组成部分不完全相同,因此烷基苯磺酸盐性质受烷基部分碳原子数、烷基链支化度、苯环在烷基链的位置、磺酸基在苯环上的位置及数目,以及磺酸盐反离子种类的影响而发生很大变化。

表面活性剂 LAS 应用广泛,且易在环境中残留,形成进一步污染。研究表明,残留在环境中的 LAS 几乎全靠微生物降解。本实验中阴离子表面活性剂 LAS 可与阳离子染料亚甲蓝作用,生成蓝色的盐类(统称亚甲蓝活性物质,MBAS)。该生成物可被氯仿萃取,其吸光度与浓度成正比,用分光光度计在波长 652 nm 处测量氯仿层的吸光度,可进一步得到 LAS 的浓度。

3．实验器材

(1) 样品:土壤或城市污水厂剩余污泥。

(2) 培养基:表面活性剂 LAS 培养基(培养基的配制方法见附录 9)。

(3) 器材:分光光度计、分液漏斗、摇床、锥形瓶、移液管、玻璃珠和石英砂。

(4) 试剂:酚酞指示剂、1 mol/L NaOH、1 mol/L H_2SO_4、氯仿、亚甲蓝溶液、LAS 标准液(10 μ/L,当天配制)。部分试剂的配制方法见附录 11、附录 12。

4．实验方法

1) 采样

从洗涤剂生产厂下水道的泥土、城市污水厂剩余污泥等样品中采集分离原样品,置于无菌采样瓶中备用。

2) 富集

依次取 1~5 g 样品分别加入含 LAS 分解菌培养基的 500 mL 锥形瓶中。28 ℃振荡培养 3~5 d,以富集表面活性剂分解菌。

3) 菌株筛选分离

按照常规的平板分离法,将富集培养物在表面活性剂分解菌固体培养基平板上进行划线或稀释分离,直至出现单菌落。挑取单菌落接入斜面培养基,然后再进行纯化,直至获得单一菌株。

4) 菌株降解能力测定

(1) 制作标准曲线:取一组分液漏斗,分别加入 100 mL、98 mL、95 mL、90 mL、85 mL、80 mL 蒸馏水,然后分别加入 0 mL、2 mL、5 mL、10 mL、15 mL、20 mL LAS 标准溶液,摇匀。以酚酞为指示剂,逐滴加入 1 mol/L NaOH 溶液至呈桃红色,再滴加 1 mol/L H_2SO_4 至桃红色刚好消失。加入 25 mL 亚甲蓝溶液。

(2) 氯仿提取:向上述分液漏斗中加氯仿 10 mL,猛烈振荡 30 s,注意放气。过分的摇动会发生乳化,加入少量异丙醇(少于 10 mL)可消除乳化现象。每组加相同体积的异丙醇。再慢慢旋转分液漏斗,使滞留在内壁上的氯仿液珠降落,静置分层,将氯仿层放入预先盛有 50 mL 洗涤液的第 2 个分液漏斗中,用数滴氯仿淋洗第 1 个分液漏斗的移液管。重复萃取 3 次,每次用 10 mL 氯仿。合并所有氯仿层至第 2 个分液漏斗中,猛烈振荡 30 s。将氯仿层通过玻璃棉或脱脂棉移入 50 mL 容量瓶中,加氯仿定容。

（3）测定 LAS：每次测定前，振荡容量瓶内的氯仿萃取液，并以此液洗 3 次比色皿，然后将比色皿填充满。用纯氯仿做空白对照，在波长 652 nm 处，测定吸光度。以吸光度为纵坐标，以 LAS 浓度为横坐标，绘制标准曲线。

（4）培养基 LAS 测定：在锥形瓶中加入表面活性剂降解菌培养基，然后接入斜面中保存的菌株，在 28 ℃振荡培养 3～5 d，吸取离心后的培养基上清液 1～10 mL，放于 250 mL 分液漏斗中，用蒸馏水稀释至 100 mL，采用上述方法测定培养前后培养基中表面活性剂的含量。

5．注意事项

（1）氯仿易燃、易爆，操作时应远离明火。

（2）氯仿可通过吸入或经皮肤吸收引起急性中毒，用氯仿提取 LAS 时注意个人防护。

（3）实验后将废液倒入废液桶，统一处理。

（4）使用过的玻璃器皿要在 121 ℃高压灭菌 20 min 后，才能洗净、烘干，供下次使用。

6．实验报告

（1）降解菌的形态观察。

（2）分析实验过程中观察到的异常现象。

（3）归纳总结本方法未曾规定的操作，或可能影响结果的操作。

7．问题与思考

表面活性剂的分类有哪些？

附　录

附录1　镜头清洁液和洗液的配制

名　称	试　剂	配制方法及注意点
镜头清洁液	无水乙醚、无水乙醇	将 70 mL 无水乙醚和 30 mL 无水乙醇充分混合
洗液	重铬酸钠(或重铬酸钾)、浓硫酸	将 70 g 重铬酸钠(或 50 g 重铬酸钾)分数次缓缓加入 1000 mL 煮沸的工业用浓硫酸中,待溶解后用玻璃羊毛过滤

附录2　缓冲液的配制

附表 2-1　缓冲液的配制

缓冲液	A 液	B 液
柠檬酸-磷酸盐	0.2 mol/L(35.6 g/L) $Na_2HPO_4 \cdot 2H_2O$	0.1 mol/L(21g/L)柠檬酸·H_2O
醋酸钠-醋酸	0.2 mol/L(27.22 g/L)醋酸钠·$3H_2O$	0.2 mol/L 醋酸(11.5 mL 冰醋酸＋988.5 mL H_2O)
磷酸盐	0.2 mol/L(35.6 g/L) $Na_2HPO_4 \cdot 2H_2O$	0.2 mol/L(31.2 g/L) $NaH_2PO_4 \cdot 2H_2O$
Tris-HCl	0.2 mol/L HCl(17 mL36% HCl＋983 mL H_2O)	0.2 mol/L(24.2 g/L)三羟甲基氨基甲烷(Tris)

附表 2-2　A、B 加液量　　　　　　　　　　　　　　mL

pH	缓冲液加 A 液量			
	1	2	3	4
2.2	0.40	—	—	—
2.4	1.24	—	—	—
2.6	2.18	—	—	—
2.8	3.17	—	—	—
3.0	4.11	—	—	—
3.2	4.94	—	—	—
3.4	5.70	—	—	—

续表

pH	缓冲液加 A 液量			
	1	2	3	4
3.6	6.44	3.7	—	—
3.8	7.10	6.0	—	—
4.0	7.71	9.0	—	—
4.2	8.28	13.2	—	—
4.4	8.82	19.5	—	—
4.6	9.35	24.5	—	—
4.8	9.86	30.0	—	—
5.0	10.30	35.2	—	—
5.2	10.72	39.5	—	—
5.4	11.15	41.2	—	—
5.6	11.60	45.2	—	—
5.8	12.09	—	4.00	—
6.0	12.63	—	6.15	—
6.2	13.22	—	9.25	—
6.4	13.85	—	13.25	—
6.6	14.55	—	18.75	—
6.8	15.45	—	24.50	—
7.0	16.47	—	30.50	—
7.2	17.39	—	36.00	22.10
7.4	18.17	—	40.50	20.70
7.6	18.73	—	43.50	19.20
7.8	19.15	—	45.75	16.25
8.0	19.45	—	47.35	13.40
8.2	—	—	—	10.95
8.4	—	—	—	8.25
8.6	—	—	—	6.10
8.8	—	—	—	4.05
9.0	—	—	—	2.50
加 B 液量/mL	20－A 液量	50－A 液量	50－A 液量	50
共计/mL	—	100	100	100

附录 3　蒸汽压力与温度的关系

压力表读数	温度/℃		
lbf/in^2	纯水蒸气	含 50%空气	不排出空气
0	100		
5.0	109	94	72
6.0	110	98	75

续表

压力表读数	温度/℃		
lbf/in²	纯水蒸气	含50%空气	不排出空气
8.0	112.6	100	81
10.0	115.2	105	90
12.0	117.6	107	93
15.0	121.5	112	100
20.0	126.5	118	109
25.0	131.0	124	115
30.0	134.6	128	121

注：1 lbf/in² = 6.89475×10³ Pa。

附录4　培养基容积与加压灭菌所需时间

min

培养基容积/mL	容　器	
	三角烧瓶	玻璃瓶
10	15	20
100	20	25
500	25	30
1000	30	40

注：如灭菌前是凝固的培养基，121 ℃下所需灭菌时间还应增加5~10 min溶化时间。

附录5　常用消毒剂

名　称	主要性质	质量或体积浓度及使用方法	用　途
氯化汞	杀菌力强，腐蚀金属器械	0.05%~0.1%	植物组织和虫体外消毒
硫柳汞	杀菌力弱，抑菌力强，不沉淀蛋白质	0.01%~0.1%	生物制品防腐，皮肤消毒
甲醛(福尔马林)(市售含量为37%~40%)	挥发慢，刺激性强	10 mL/m² 加热熏蒸，或用甲醛10份+高锰酸钾1份，产生黄色浓烟，密闭房间熏蒸6~24 h	接种室消毒
乙醇	消毒力不强，对芽孢菌无效	70%~75%	皮肤消毒
石炭酸(苯酚)	杀菌力强，有特别气味	3%~5%	接种室(喷雾)、器皿消毒
新洁尔灭	易溶于水，刺激性小，稳定，对芽孢菌无效，遇肥皂或其他合成洗涤剂效果减弱	0.25%	皮肤及器皿消毒
醋酸	浓烈酸味	5~10 mL/m³ 加等量水蒸发	接种室消毒

续表

名　称	主　要　性　质	质量或体积浓度及使用方法	用　途
高锰酸钾溶液	强氧化剂、稳定	0.1%	皮肤及器皿消毒(应随用随配)
硫黄	粉末,通过燃烧产生 SO_2,杀菌,腐蚀金属	15 g 硫黄/m^3 熏蒸	空气消毒
生石灰	杀菌力强,腐蚀性大	1%~3%	消毒地面及排泄物
甲酚皂溶液(来苏水)	杀菌力强,有特别气味	3%~5%	接种室消毒,擦洗桌面及器械
漂白粉	白色粉末,有效氯易挥发,有氯味,腐蚀金属及棉织品,刺激皮肤,易潮解	2%~5%	喷洒接种室或培养室

附录6　标准筛孔

筛　号	筛孔直径		网目/(个·cm^{-1})	网目/(个·in^{-1})
	mm	in		
2.5	8.00	0.315	0.98	2.5
3.0	6.73	0.265	1.18	3.0
3.5	5.66	0.223	1.38	3.5
4.0	4.75	0.187	1.57	4.0
5.0	3.99	0.157	1.97	5.0
6.0	3.35	0.132	2.36	6.0
7.0	2.82	0.111	2.76	7.0
8.0	2.39	0.094	3.15	8.0
10.0	2.00	0.079	3.94	10.0
12.0	1.68	0.066	4.72	12.0
14.0	1.41	0.0557	5.51	14.0
16.0	1.19	0.0468	6.30	16.0
18.0	1.00	0.0394	7.09	18.0
20.0	0.84	0.0331	7.87	20.0
25.0	0.71	0.0278	9.84	25.0
30.0	0.59	0.0234	11.81	30.0
35.0	0.50	0.0197	13.78	35.0
40.0	0.42	0.0166	15.75	40.0
45.0	0.35	0.0139	17.72	45.0
50.0	0.30	0.0117	19.69	50.0
60.0	0.25	0.0098	23.62	60.0
70.0	0.21	0.0083	27.56	70.0
80.0	0.178	0.007	31.50	80.0
100.0	0.15	0.0059	39.37	100.0

续表

筛　号	筛孔直径		网目/(个·cm⁻¹)	网目/(个·in⁻¹)
	mm	in		
120.0	0.124	0.0049	47.24	120.0
140.0	0.104	0.0041	55.12	140.0
170.0	0.089	0.0035	66.93	170.0
200.0	0.074	0.0029	78.74	200.0
230.0	0.064	0.0025	90.55	230.0
270.0	0.053	0.0021	106.30	270.0
325.0	0.043	0.0017	127.95	325.0

附录 7　常用干燥剂

干燥剂的常用范围	种　类
常用于气体的干燥剂	石灰、无水 $CaCl_2$、P_2O_5、浓硫酸、KOH
常用于液体的干燥剂	P_2O_5、浓硫酸、无水 $CaCl_2$、无水 K_2CO_3、KOH、无水 Na_2SO_4、无水 $MgSO_4$、无水 $CaSO_4$、金属钠
干燥器中常用的吸水剂	P_2O_5、浓硫酸、无水 $CaCl_2$、硅胶
常用的有机溶剂蒸汽干燥剂	石蜡片
常用的酸性气体干燥剂	石灰、KOH、NaOH 等
常用的碱性气体干燥剂	浓硫酸、P_2O_5 等

附录 8　常用计量单位

度		量		衡		摩尔浓度		
单位名称	符号	单位名称	符号	单位名称	符号	单位名称	符号	相当量
米	m	升	L	千克	kg	摩尔/升	mol/L	mol/L
分米	dm	分升	dL	克	g	毫摩尔/升	mmol/L	10^{-3} mol/L
厘米	cm	毫升	mL	毫克	mg	微摩尔/升	μmol/L	10^{-6} mol/L
毫米	mm	微升	μL	微克	μg	纳摩尔/升	nmol/L	10^{-9} mol/L
微米	μm	纳升	nL	纳克	ng	皮摩尔/升	pmol/L	10^{-12} mol/L
纳米	nm	皮升	pL	皮克	pg			
皮米	pm							

注：① 根据国际单位系统(International System of Units,SI 单位)，为了统一标准，便于文献资料上数据比较对照，国际上于 1974 年开始试行 SI 单位，不再用克当量浓度和百分浓度。

② 物质的相对分子质量未确切了解时，采用质量浓度(质量/升)。

附录 9 环境微生物实验部分常用培养基

9.1 麦氏(MacConkey)培养基(葡萄糖醋酸钠培养基)

葡萄糖	1 g
KCl	1.8 g
酵母膏	2.5 g
醋酸钠	8.2 g
琼脂	20 g
蒸馏水	1000 mL

115 ℃高压灭菌 20 min。

9.2 麦芽汁琼脂培养基(malt extract agar medium)

麦芽汁粉	130 g
氯霉素	0.1 g
琼脂	20 g
蒸馏水	1000 mL

pH 6.0~6.4,115 ℃高压灭菌 20 min(灭菌完冷却后加氯霉素)。

9.3 改良乳酸细菌(MRS)培养基

蛋白胨	10 g
牛肉浸取物	10 g
酵母提取液	5 g
葡萄糖	5 g
乙酸钠	5 g
柠檬酸二胺	2 g
吐温 80	1 g
K_2HPO_4	2 g
$MgSO_4 \cdot 7H_2O$	0.2 g
$MnSO_4 \cdot 4H_2O$	0.05 g
$CaCO_3$	20 g
琼脂	20 g
蒸馏水	1000 mL

pH 6.8,115 ℃高压灭菌 20 min。

9.4 PTYG 培养基

胰蛋白胨	5 g
大豆蛋白胨	5 g
酵母粉	10 g
葡萄糖	10 g
吐温 80	1 mL

琼脂	20 g
L-半胱氨酸盐酸盐	0.05 g
盐溶液	4 mL
蒸馏水	1000 mL

pH 6.8～7.0,115 ℃高压灭菌 20 min。

盐溶液制备:无水氯化钙 0.2 g,K_2HPO_4 1 g,$MgSO_4 \cdot 7H_2O$ 0.48 g,Na_2CO_3 10 g, NaCl 2 g,蒸馏水 1000 mL,溶解后备用。

9.5　范尼尔氏液体培养基(van Niel's yeast medium)

酵母膏	1～2 g
NH_4Cl	1 g
$MgSO_4 \cdot 7H_2O$	0.2 g
K_2HPO_4	0.5 g
NaCl	0.5 g
$NaHCO_3$	2 g
蒸馏水	960 mL

pH 7.0～7.2,121 ℃高压灭菌 20 min。

除 $NaHCO_3$ 外,各成分溶解后,121 ℃高压灭菌 20 min,然后再分别加入 $NaHCO_3$ 溶液(5% $NaHCO_3$ 水溶液,过滤除菌,取 40 mL 加入无菌培养基中)。

9.6　亚硝化细菌培养基

$(NH_4)_2SO_4$	0.5 g
NaCl	0.3 g
$FeSO_4 \cdot 7H_2O$	0.03 g
K_2HPO_4	1 g
$MgSO_4 \cdot 7H_2O$	0.03 g
$CaCl_2$	7.5 g
蒸馏水	1000 mL

自然 pH,固体培养基添加 2%的琼脂,121 ℃高压灭菌 20 min。

9.7　Giltay 培养基

A 液:

KNO_3	1 g
天冬酰胺	1 g
1% BTB 乙醇溶液	5 mL
蒸馏水	500 mL

B 液:

柠檬酸钠	8.5 g
$MgSO_4 \cdot 7H_2O$	1 g
$FeCl_3 \cdot 6H_2O$	0.05 g
KH_2PO_4	1 g

| CaCl$_2$ · 2H$_2$O | 0.2 g |
| 蒸馏水 | 500 mL |

以 1∶1 比例混合 A、B 溶液,调节 pH 为 7.0～7.2,121 ℃高压灭菌 20 min。

9.8　营养肉汤培养基(nutrient broth medium,NB)

牛肉膏	3 g
蛋白胨	10 g
NaCl	5 g
蒸馏水	1000 mL

pH 为 7.0～7.4,121 ℃高压灭菌 20 min。

9.9　羧甲基纤维素钠培养基(CMC-Na)

NaNO$_3$	2 g
K$_2$HPO$_4$	1 g
KCl	0.5 g
MgSO$_4$ · 7H$_2$O	0.5 g
FeSO$_4$ · 7H$_2$O	0.01 g
CMC-Na	10 g
琼脂	20 g
蒸馏水	1000 mL

pH 9.5,121 ℃高压灭菌 20 min。

9.10　滤纸培养基(filter paper medium)

(NH$_4$)$_2$SO$_4$	1 g
KH$_2$PO$_4$	1 g
CaCl$_2$ · 6H$_2$O	0.1 g
MgSO$_4$ · 7H$_2$O	0.5 g
NaCl	0.1 g
酵母膏	0.1 g
滤纸条	10 g
蒸馏水	1000 mL

自然 pH,121 ℃高压灭菌 20 min。

9.11　表面活性剂 LAS 培养基

Na$_2$HPO$_4$ · 2H$_2$O	0.07 g
NH$_4$NO$_3$	6.0 g
KCl	0.1 g
KH$_2$PO$_4$	1 g
K$_2$HPO$_4$	1 g
MgSO$_4$ · 7H$_2$O	0.5 g
CaCl$_2$ · 2H$_2$O	0.05 g

表面活性剂	0.03 g
蒸馏水	1000 mL

pH 7.0,121 ℃高压灭菌 20 min,冷却后加阴离子表面活性剂烷基苯磺酸盐。

9.12 基础培养基(basic medium)

K_2HPO_4	0.6 g
KH_2PO_4	0.4 g
NH_4NO_3	0.5 g
$MgSO_4 \cdot 7H_2O$	0.2 g
$CaCl_2$	0.025 g
蒸馏水	1000 mL

pH 7.0~7.5,121 ℃高压灭菌 20 min,冷却后视需要添加适量的碳源。

9.13 品红亚硫酸钠琼脂培养基(fuchsin basic sodium sulfite agar medium)

蛋白胨	10 g
乳糖	10 g
K_2HPO_4	3.5 g
5%碱性品红乙醇溶液	20 mL
Na_2SO_3	5 g
琼脂	20~30 g
蒸馏水	定容至 1000 mL

先将 20~30 g 琼脂加入 900 mL 蒸馏水中,加热溶解,然后加入 3.5 g K_2HPO_4 及 10 g 蛋白胨,混匀,使其溶解,再用蒸馏水补充到 1000 mL,调节溶液 pH 为 7.2~7.4。趁热用脱脂棉或绒布过滤,再加 10 g 乳糖,混匀,121 ℃高压灭菌 15 min。

按 1:50 比例吸取 5%碱性品红乙醇溶液,置于灭菌空试管中;再按 1:200 比例称取无水 Na_2SO_3,置于另一支灭菌空试管内,加灭菌水少许使其溶解,再置于沸水浴中煮沸 10 min(灭菌)。用灭菌吸管吸取已灭菌的 Na_2SO_3 溶液,滴加于碱性品红乙醇溶液内至深红色再褪至淡红色为止(不宜加多)。

将混合液全部加入已溶化的储备培养基内,并充分混匀(防止产生气泡),倾入已灭菌的平皿内,冷却凝固后置于冰箱内备用,但保存时间不宜超过 2 周。如培养基由淡红色变成深红色则不能再用。

9.14 油脂培养基

蛋白胨	10 g
牛肉膏	5 g
NaCl	5 g
香油或花生油	10 g
1.6%中性红水溶液	1 mL
琼脂	20 g
蒸馏水	1000 mL

pH 7.2,121 ℃高压灭菌 15 min。

9.15　明胶培养基（gelatin medium）

生肉膏	3 g
蛋白胨	10 g
明胶	120 g
NaCl	5 g
蒸馏水	1000 mL

在水浴锅中将上述成分溶化，不断搅拌。溶化后调节 pH 为 7.2～7.4，112.6 ℃高压灭菌 30 min。

9.16　尿素琼脂培养基（urea agar medium）

蛋白胨	1 g
D-葡萄糖	1 g
NaCl	5 g
$Na_2HPO_4 \cdot 2H_2O$	1.2 g
KH_2PO_4	0.8 g
酚红	0.012 g
40%尿素溶液	50 mL
琼脂	20 g
蒸馏水	定容至 1000 mL

先将培养基其他成分加热煮沸至完全溶解，调节 pH 为 6.6～7.0，115 ℃高压灭菌 20 min。冷却至 50 ℃左右，加入 50 mL 无菌 40%尿素溶液。由于尿素受热十分容易分解，不要过度加热也不要重新加热。

9.17　蛋白胨水培养基（peptone water medium）

蛋白胨	10 g
NaCl	5 g
蒸馏水	1000 mL

pH 7.6，121.3 ℃高压灭菌 20 min。

9.18　糖发酵培养基

蛋白胨水培养基	1000 mL
酸性石炭酸复红水溶液	2～5 mL

pH 7.6

另配 20%糖溶液（葡萄糖、乳糖、蔗糖等）各 10 mL。将上述含指示剂的蛋白胨水培养基分装于试管中，在每管内放一倒置的小玻璃管（杜氏小管），使之充满培养基。将已分装好的蛋白胨水和 20%的各种糖溶液分别灭菌，蛋白胨水 121.3 ℃高压灭菌 20 min，糖溶液 112.6 ℃灭菌 30 min。分别按 1%的最终浓度加入 20%的无菌糖溶液。

9.19　葡萄糖蛋白胨水培养基

蛋白胨	5 g
葡萄糖	5 g
K_2HPO_4	2 g
蒸馏水	1000 mL

pH 7.0～7.2,过滤,112.6 ℃灭菌 30 min。

9.20　H₂S 试验用培养基

蛋白胨	20 g
NaCl	5 g
柠檬酸铁铵	0.5 g
Na₂S₂O₃	0.5 g
琼脂	20 g
蒸馏水	1000 mL

pH 7.2,先将琼脂、蛋白胨溶化,冷至 60 ℃加入其他成分。112.6 ℃灭菌 15 min。

9.21　硝酸盐培养基

KNO₃	0.2 g
蛋白胨	5 g
蒸馏水	1000 mL

pH 7.4,121 ℃高压灭菌 15 min。

附录 10　常用染色液的配制

10.1　革兰氏(Gram)染色液(革兰氏染色)

(1) 草酸铵结晶紫染色液

A 液:结晶紫(crystal violet)2 g,95％乙醇 20 mL。

B 液:草酸铵(ammonium oxalate)0.8 g,蒸馏水 80 mL。

将 A、B 两种溶液混合并过滤,静置 48 h 后使用。该溶液放置过久会产生沉淀,不能再用。

(2) 助染剂卢戈氏(Lugol)碘液

碘片 1 g,碘化钾 2 g,蒸馏水 300 mL。

先将碘化钾溶解在少量蒸馏水中,再将碘片溶解在碘化钾溶液中,溶解时可稍加热,待碘全溶后,加水补足至 300 mL。此溶液 2 周内有效。为易于储存,可将上述碘与碘化钾溶于 30 mL 蒸馏水中,临用前再加水稀释。

(3) 脱色剂

脱色剂为 95％的乙醇溶液。

(4) 番红复染液

番红 2.5 g,95％乙醇 100 mL,将 10 mL 番红乙醇溶液加到 90 mL 蒸馏水中混合。

10.2　硝酸银染色液(鞭毛染色)

A 液:单宁酸 5 g,FeCl₂·4H₂O 1.5 g,蒸馏水 100 mL,15％甲醛 2 mL,NaOH(1％) 1 mL。配好后,宜当日使用,次日效果差,第三日则不宜使用。

B 液:AgNO₃ 2 g,蒸馏水 100 mL。

待 AgNO₃ 溶解后,取出 10 mL 备用,向其余的 90 mL AgNO₃ 中滴入浓 NH₄OH,使之成为浓厚的悬浮液,再继续滴加 NH₄OH,直到新形成的沉淀又重新刚刚溶解为止。再将备用的 10 mL AgNO₃ 慢慢滴入,则出现薄雾,但轻轻摇动后,薄雾状沉淀又消失,再滴入

$AgNO_3$,直到摇动后仍呈现出轻微而稳定的薄雾状沉淀为止。如所呈雾不重,此染剂可使用一周,如雾重,则银盐沉淀析出,不宜使用。

10.3　费氏及康氏(Fisher and Cohn)染色液(鞭毛染色)

原液Ⅰ:单宁酸(即鞣酸)3.6 g,无水三氯化铁 0.75 g,蒸馏水 50 mL。

原液Ⅱ:95%乙醇 10 mL,碱性石炭酸复红 0.05 g。

应用液:A 液为原液Ⅰ;B 液为原液Ⅰ 27 mL,原液Ⅱ 4 mL,浓盐酸 4 mL,37%甲醛 15 mL。染色前用滤纸过滤后,取清液备用。

10.4　改良的利夫森(Leifson)染色液(鞭毛染色)

A 液:20%单宁酸 2 mL。

B 液:饱和钾明矾液(20%)2 mL。

C 液:5%石炭酸 2 mL。

D 液:碱性石炭酸复红乙醇(95%)饱和液 1.5 mL。

B 液加到 A 液中,C 液加到 A、B 混合液中,D 液加到 A、C 混合液中,混合均匀,过滤 15~20 次,2~3 d 内使用。

10.5　Schaeffer 和 Fulton 氏染色液(芽孢染色)

(1) 孔雀绿染色液:孔雀绿(malachite green)5 g,蒸馏水 100 mL。取 5 g 孔雀绿,加入少量蒸馏水,溶解后,用蒸馏水稀释到 100 mL,即成孔雀绿染液。

(2) 番红水溶液:番红 0.5 g,蒸馏水 100 mL。

取番红 0.5 g,加入少量蒸馏水,溶解后,用蒸馏水稀释到 100 mL,即成番红水溶液。

(3) 苯酚品红溶液:碱性品红(fuchsin basic)1 g,无水乙醇 100 mL。

取上述溶液 10 mL 与 100 mL 5%的苯酚溶液混合,过滤备用。

10.6　荚膜染色液(夹膜染色)

(1) 黑色素(nigrosin)水溶液:黑色素 10 g,蒸馏水 100 mL,40%甲醛 0.5 mL。将黑色素溶于 100 mL 蒸馏水中,置沸水浴中 30 min 后,滤纸过滤两次,补加水到 100 mL,再加 0.5 mL 甲醛作防腐剂。

(2) 墨汁染色液:国产绘图墨汁 40 mL,甘油 2 mL,液体石炭酸 2 mL。

先将墨汁用多层纱布过滤,加甘油混匀后,水浴加热,再加石炭酸搅匀,冷却后备用。

(3) 番红染液:与革兰氏染色液中番红复染液相同。

10.7　甲基紫染液(夹膜染色)

取甲基紫(methyl violet)0.5 g,加到 100 mL 生理盐水中,溶解后加入冰醋酸 0.02 mL。

10.8　Tyler 法染色液(夹膜染色)

A 液:取结晶紫 0.1 g,溶于少量蒸馏水后,加水稀释到 100 mL,再加入 0.25 mL 冰醋酸-结晶紫染液。

B 液:取硫酸铜 31.3 g,溶于少量蒸馏水后,加水稀释到 100 mL,即制成 20%硫酸铜脱色剂。

10.9　石炭酸复红染色液(细菌夹膜、放线菌、酵母菌染色)

A 液:碱性石炭酸复红(basic fuchsin)0.3 g,95%乙醇 10 mL。

B 液:石炭酸(苯酚)5 g,蒸馏水 95 mL。

将碱性石炭酸复红在研钵中研磨后,逐渐加入 95％乙醇,继续研磨使之溶解,配成 3％石炭酸复红乙醇溶液。将石炭酸溶解于水中配成 5％石炭酸水溶液。取 A 液 10 mL、B 液 90 mL 混合过滤即成石炭酸复红染色液。使用时将混合液稀释 5～10 倍,稀释液易变质失效,一次不宜多配。

10.10　0.1%吕氏(Loeffler)碱性亚甲蓝染色液(放线菌、酵母菌染色)

A 液:亚甲蓝 0.3 g,95％乙醇 30 mL。

B 液:KOH 0.01 g,蒸馏水 100 mL。

分别配制 A 液和 B 液,配好后混合即可。

10.11　乳酸石炭酸棉蓝染色液(霉菌染色)

石炭酸 10 g,乳酸 10 mL,甘油 20 mL,蒸馏水 10 mL,棉蓝(cottonblue)0.02 g。

将石炭酸加在蒸馏水中加热溶解,然后加入乳酸和甘油,最后加入棉蓝,使其溶解即可。

附录 11　常用试剂及溶液的配制

11.1　3%酸性乙醇溶液

量取 3 mL 浓 HCl,缓慢加入 95％乙醇中,定容至 100 mL。

11.2　中性红指示剂

称取 0.1 g 中性红(neutral red)溶于 70 mL 95％乙醇中,再用蒸馏水定容至 100 mL。

11.3　甲基红试剂

先将 0.04 g 甲基红(methyl red)溶于 60 mL 95％乙醇中,然后加入 40 mL 蒸馏水。

11.4　1% 孟加拉红水溶液

将 1 g 孟加拉红(rose bengal)溶解在蒸馏水中,再定容至 100 mL。

11.5　5% 碱性品红乙醇溶液

取 5 g 碱性品红(magenta red),用少量乙醇溶解后,再用蒸馏水定容至 100 mL。

11.6　吲哚试验试剂

将 2 g 对二甲基氨基苯甲醛(4-dimethylamino benzaldehyde)溶于 190 mL 95％的乙醇中,再缓慢加入 40 mL 浓盐酸。

11.7　4 mg/mL 的 TTC 溶液

取 400 mg 2,3,5-氯化三苯基四氮唑(TTC)和 2 g 葡萄糖溶于少量蒸馏水中,再定容至 100 mL,储存于棕色瓶中,一周更换一次。

11.8　Tris-HCl 缓冲液(pH 8.4)

称取 6.037 g 三羟甲基氨基甲烷(Tris),加入约 800 mL 去离子水中,充分搅拌溶解,再加入 20 mL/L HCl,再定容至 1000 mL。

11.9　10%硫化钠溶液

称取 10 g Na_2S(分析纯),用蒸馏水定容至 100 mL。

11.10　无氧水

称取 0.36 g Na_2SO_4,用蒸馏水定容至 100 mL。

11.11　2 mol/L NaOH 溶液

称取 8 g NaOH 溶解于蒸馏水中,冷却后转移至 100 mL 容量瓶中定容。

11.12　0.05 mol/L HCl 溶液

量取 4.2 mL 浓盐酸,先用蒸馏水稀释,再用容量瓶配制成 1000 mL 溶液即可。

11.13　1% 酚酞溶液

称取 1 g 酚酞(phenolphthalein),先用少量 75% 乙醇溶解,再用 75% 乙醇定容至 100 mL。

11.14　洗涤液

称取 50 g $NaH_2PO_4 \cdot H_2O$ 置于 300 mL 蒸馏水中,转移至 1000 mL 容量瓶,缓慢加入 6 mL 浓硫酸,用水稀释至标线。

11.15　亚甲蓝溶液

称取 50 g $NaH_2PO_4 \cdot H_2O$ 溶于 300 mL 蒸馏水中,转移至 1000 mL 容量瓶,缓慢加入 6.8 mL 浓硫酸,摇匀。另称取 30 mg 亚甲蓝,用 50 mL 水溶解后也移入容量瓶,用水稀释至标线,摇匀,储存于棕色试剂瓶中。

11.16　0.1% 甲基橙溶液

称取 0.1 g 甲基橙(methyl orange)定容于 100 mL 60% 乙醇溶液中。

11.17　1.6% 溴甲酚紫乙醇溶液

将 1.6 g 溴甲酚紫(bromocresol purple)溶于 100 mL 95% 乙醇溶液中,储存于棕色瓶中。

11.18　2% 伊红水溶液

称取伊红(eosin)2 g,用 70%～75% 乙醇溶液溶解,再用蒸馏水定容至 100 mL。

11.19　0.5% 亚甲蓝水溶液

称取 0.5 g 亚甲蓝溶于 100 mL 蒸馏水中。

11.20　1% 草酸铵溶液

称取 1 g 草酸铵于 90 mL 蒸馏水中,待完全溶解后,用蒸馏水定容至 100 mL。

11.21　0.5% 氯化钯显色剂

称取氯化钯 0.5 g,用 1 mL 浓盐酸溶液溶解,加蒸馏水稀释至 100 mL。

11.22　硝酸盐还原试剂

Giltay 试剂

A 液:将 0.5 g 对氨基苯磺酸(sulfanilic acid)溶于 150 mL 5 mol/L 乙酸中,于棕色瓶中保存。

B 液:将 0.1 g α-萘胺(a-naphthyl amine)加入 20 mL 蒸馏水,煮沸后,慢慢加入 5 mol/L 乙酸定容至 150 mL,于棕色瓶中保存。

二苯胺试剂:

称取二苯胺 0.5 g 溶于 100 mL 浓硫酸中,再用 20 mL 蒸馏水稀释。在培养基中滴加 A、B 液后溶液如变为粉红色、玫瑰红色、橙色或棕色等表示有亚硝酸盐被还原,反应为阳性。如无颜色出现可加 1~2 滴二苯胺试剂；如溶液呈蓝色表示培养基中仍存在硝酸盐，证明该菌无硝酸盐还原作用；如溶液不呈蓝色，则表明形成的亚硝酸盐已进一步被还原成其他物质，故硝酸盐还原反应仍为阳性。

11.23 0.1%的刃天青

称取刃天青钠盐(resazurin sodium salt)0.1 g 溶解于 100 mL 蒸馏水中。

11.24 5% α-萘胺

称取 α-萘胺 5 g 溶解于乙醇中，定容至 100 mL。

11.25 LAS 标准溶液

称取纯直链烷基苯磺酸盐 0.5 g，溶于蒸馏水中，稀释至 500 mL(浓度为 1 mg/mL)。取此溶液 10 mL 稀释至 1000 mL，得到浓度为 0.01 mg/mL 的标准溶液。

11.26 $Na_2B_4O_7$ 饱和溶液

称取 $Na_2B_4O_7$ 40 g，溶于 1000 mL 蒸馏水中，冷却后使用。

11.27 苯酚标准溶液

称取分析纯苯酚 1 g，溶于蒸馏水中，并定容至 1000 mL。测定标准曲线时再将 1000 mg/L 苯酚溶液稀释至 100 mg/L。

11.28 3% 4-氨基安替比林溶液

称取分析纯 4-氨基安替比林 3 g，溶于蒸馏水中，并稀释至 100 mL，置于棕色瓶中，放冰箱保存，可用两周。

11.29 2%$(NH_4)_2S_2O_8$ 溶液

称取分析纯$(NH_4)_2S_2O_8$ 2 g，溶于蒸馏水中，并稀释至 100 mL，置于棕色瓶中，放冰箱保存，可用两周。

11.30 6×DNA 上样缓冲液

取 0.5 mol/L EDTA(pH 8.0) 6 mL，甘油 40 mL，溴酚蓝 0.05 g，充分溶解后，用无菌水定容至 100 mL，室温储存。

11.31 荧光原位杂交实验试剂

(1) 20×柠檬酸钠缓冲液(SSC)：175.3 g NaCl，88.2 g 柠檬酸钠，加水至 1000 mL(用 10 mol/L NaOH 调 pH 至 7.0)。

(2) 去离子甲酰胺(DF)：将 10 g 混合床离子交换树脂加入 100 mL 甲酰胺中。电磁搅拌 30 min，用 Whatman 1 号滤纸过滤。

(3) 70%甲酰胺/2×SSC：35 mL 甲酰胺，5 mL 20×SSC，10 mL 水。

(4) 50%甲酰胺/2×SSC：100 mL 甲酰胺，20 mL 20×SSC，80 mL 水。

(5) 50%硫酸葡聚糖(DS)：65 ℃ 水浴中溶解，4 ℃ 或 −20 ℃ 保存。

(6) 杂交液：40 μL 体积分数 50% DS，20 μL 20×SSC，40 μL 双氧去离子水(ddH_2O)混合，取上述混合液 50 μL，与 50 μL DF 混合即成。其终浓度为体积分数 10% DS，2×SSC，体积分数 50% DF。

(7) PI/antifade 溶液(抗褪色溶液)：

PI 原液：先以双蒸水配制溶液，浓度为 100 μg/mL，取出 1 mL，加 39 mL ddH_2O，使终浓度为 2.5 μg/mL。

antifade 原液：以 PBS 缓冲液(磷酸缓冲液)配制该溶液,使其浓度为 10 mg/mL,用 0.5 mol/L 的 NaHCO₄ 调 pH 为 8.0。取上述溶液 1 mL,加 9 mL 甘油,混匀。

PI/antifade 溶液：PI 原液与 antifade 原液按体积比 1∶9 比例充分混匀,-20 ℃保存备用。

(8) DAPI(4,6-联脒-2-苯基吲哚＝盐酸盐)/antifade 溶液：用去离子水配制 1 mL/mg DAPI 储存液,按体积比 1∶300,以 antifade 溶液稀释成工作液。

(9) 封闭液Ⅰ：5%BSA(牛血清白蛋白溶液)3 mL,20×SSC(柠檬酸钠缓冲液)1 mL, ddH₂O 1 mL,吐温(聚山梨酯)205 μL 混合。

封闭液Ⅱ：5%BSA 3 mL,20×SSC 1 mL,山羊血清原液 250 μL,ddH₂O 750 μL,吐温 205 μL 混合。

(10) 荧光检测试剂稀释液：5% BSA 1 mL,20×SSC 1 mL,ddH₂O 3 mL,吐温 20 5 μL 混合。

(11) 洗脱液：100 mL 20×SSC,加水至 500 mL,加吐温 20 500 μL。

11.32　活性污泥中微生物总 DNA 提取试剂

(1) CTAB 分离缓冲液(十六烷基三甲基溴化铵缓冲液)：(体积分数)2% 的 CTAB, 1.4 mol/L NaCl,20 mmol/L EDTA(乙二胺四乙酸),100 mmol/L Tris-HCl(三羟甲基氨基甲烷盐酸盐)(pH 8.0),体积分数 0.2% 的巯基乙醇共 100 mL。具体配制方法为：称取 2 g CTAB,8.18 g NaCl,0.74 g EDTA·2Na,加入 10 mL 的 Tris-HCl (pH 8.0), 0.2 mL 巯基乙醇,定容至 100 mL。

(2) TE(Tris-EDTA)缓冲液

1 mol/L Tris-HCl(pH 8.0)的配制：称取 Tris 碱 6.06 g,加超纯水 40 mL 溶解,滴加浓 HCl 约 2.1 mL,调 pH 为 8.0,定容至 50 mL。

0.5 mol/L EDTA(pH 8.0)的配制：称取 EDTA·2Na 9.306 g,加超纯水 35 mL,剧烈搅拌,用约 1 g NaOH 颗粒调 pH 至 8.0,定容至 50 mL。(EDTA·2Na 盐需加入 NaOH 将 pH 调至接近 8.0 时,才会溶解)。

10 mmol/L Tris-HCl,1 mmol/L EDTA 的配制：1 mol/L Tris-HCl 5 mL,0.5 mol/L EDTA 1 mL,ddH₂O 400 mL,均匀混合,定容至 500 mL 后,高温高压灭菌,室温保存。

(3) TAE 缓冲液(50×)(pH 8.0)：每升溶液中含有 242 g Tris,57.1 mL 冰乙酸,100 mL 0.5 mol/L EDTA。电泳时稀释 50 倍使用。

(4) 溴酚蓝-甘油指示剂：先配制 0.1% 溴酚蓝水溶液,然后取 1 份 0.1% 溴酚蓝溶液与等体积的甘油混合即成。

(5) 0.5 μg/mL 溴化乙锭染色液：称取 5 mg 溴化乙锭,用 ddH₂O 溶解定容到 10 mL, 取 1 mL 此溶液用 1×TAE 缓冲液稀释至 1000 mL,最终浓度为 0.5 μg/mL。

11.33　2% 醋酸钠溶液

称取 20 g 醋酸钠放入 800 mL 蒸馏水中,待完全溶解后,用蒸馏水定容至 1000 mL。

附录 12　酸碱指示剂的配制

精确称取指示剂粉末 0.1 g,移至研钵中,分数次加入适量的 0.01 mol/L NaOH 溶液(附表 12-1),仔细研磨直至溶解为止,最终用蒸馏水稀释至 250 mL,从而配成 0.04% 指示剂溶液。但甲基红及酚红溶液应稀释至 500 mL,故最终质量浓度为 0.02%。

附表 12-1

指示剂/(0.1 g)		0.01 mol/L NaOH 加入量/mL	颜色变化		有效 pH 范围
中文名	英文名		酸	碱	
间甲酚紫	meta-cresol purple	26.2	红	黄	1.2~2.8
麝香草酚蓝(百里酚蓝)	thymol blue	21.5	红	黄	1.2~2.8
溴酚蓝	bromophenol blue	14.9	黄	蓝	3.0~4.6
溴甲酚绿	bromocresol green	14.3	黄	蓝	3.8~5.4
甲基红	methyl red	37.0	红	黄	4.2~6.8
氯酚红	chlorophenol red	23.6	黄	红	4.8~6.4
溴酚红	bromophenol red	19.5	黄	红	5.2~6.8
溴甲酚紫	bromocresol purple	18.5	黄	紫	5.2~6.8
溴麝香草酚蓝	bromothymol blue	16.0	黄	蓝	6.0~7.6
酚红	phenol red	28.2	黄	红	6.8~8.4
甲酚红	cresol red	26.2	黄	红	7.2~8.8
间甲酚紫	meta-cresol purple	26.2	黄	紫	7.4~9.0
麝香草酚蓝	thymol blue	21.5	黄	蓝	8.0~9.6

参 考 文 献

[1] 陈坚,刘和,李秀芬,等.环境微生物实验技术[M].北京:化学工业出版社,2008.

[2] 陈倩,刘思彤.环境微生物实验教程[M].北京:北京大学出版社,2022.

[3] 边才苗.环境工程微生物学实验[M].杭州:浙江大学出版社,2019.

[4] 张小凡,袁海平.环境微生物学实验[M].北京:化学工业出版社,2021.

[5] 周群英,王士芬.环境工程微生物学[M].4版.北京:高等教育出版社,2015.

[6] 杨金水.资源与环境微生物学实验教程[M].北京:科学出版社,2014.

[7] 池振明.现代微生物生态学[M].北京:科学出版社,2005.

[8] 郑莉,黄绍松.环境微生物学实验[M].广州:华南理工大学出版社,2012.

[9] 丁林贤,盛贻林,陈建荣.环境微生物学实验[M].北京:科学出版社,2016

[10] 王秀菊,王立国.环境工程微生物学实验[M].青岛:中国海洋大学出版社,2019.

[11] 林海,吕绿洲.环境工程微生物学实验教程[M].北京:冶金工业出版社,2020.

[12] 王海涛,王兰.环境工程微生物学实验[M].北京:化学工业出版社,2020.

[13] 徐德强,王英明,周德庆.微生物学实验教程[M].4版.北京:高等教育出版社,2019.

[14] 朱联东.环境微生物实验教程[M].北京:化学工业出版社,2022.

[15] 中国实验室国家认可委员会.实验室认可与管理基础知识[M].北京:中国计量出版社,2003.

[16] 国家认证认可监督管理委员会.实验室资质认定工作指南[M].北京:中国计量出版社,2006.

[17] 王陇德.实验室建设与管理[M].北京:人民卫生出版社,2005.

[18] 祁国明.病原微生物实验室生物安全[M].2版.北京:人民卫生出版社,2006.

[19] 邓勃,王庚辰,汪正范.分析仪器与仪器分析概论[M].北京:化学工业出版社,2005.

[20] 陈郎滨,王廷和.现代实验室管理[M].北京:冶金工业出版社,1999.

[21] 武桂珍.实验室生物安全个人防护装备基础知识与相关标准[M].北京:军事医学科学出版
社,2012.

[22] 夏玉字.化验员实用手册[M].北京:化学工业出版社,1999.

[23] 郑平.环境微生物学实验指导[M].杭州:浙江大学出版社,2005.

[24] 钱存柔,黄仪秀.微生物学实验教程[M].北京:北京大学出版社,1999.

[25] 王家玲.环境微生物学实验[M].北京:高等教育出版社,1988.

[26] 中华人民共和国国家卫生和计划生育委员会.病原微生物实验室生物安全通用准则:WS 233—
2017[S].北京:中国标准出版社,2017.

[27] 中华人民共和国国家质量监督检验检疫总局.实验室生物安全通用要求:GB 19489—2008[S].北
京:中国标准出版社,2008.

[28] 李海霞.防护手套的选用[J].中国个体防护设备,2004(6):37.

[29] 蔡新,周铭.防护手套的基本特性及选择标准[J].中国个体防护装备,2003(3):27-29.

[30] 侯廷平,李钰,汪汝武,等.扫描电子显微镜虚拟仿真实验设计与教学实践[J].物理实验,2023,
43(7):41-49.

[31] 张娴,王士芬,唐贤春,等.环境微生物观察实验的研究与探索[J].实验室研究与探索,2014,33(5):
141-143,174.

[32] 裴正胜,张宁,邢国庆,等.菌种保藏管法和冷冻真空干燥保藏法对金黄色葡萄球菌抗力的影响[J].
中国医学工程,2023,31(7):125-127.

[33] 刘建伟,王志良.生物滴滤塔处理有机废气的填料选择研究[J].环境污染与防治,2012,34(4):
17-21,27.

[34] 唐沙颖稼,徐校良,黄琼,等.生物法处理有机废气的研究进展[J].现代化工,2012,32(10):29-33.

[35] 魏在山,刘小红,孙建良,等.PCR-DGGE技术用于处理苯乙烯废气的生物滴滤塔中微生物优势菌种

解析[J].环境工程学报,2012(6):571-576.

[36] 崔建升,马莉,王晓辉,等.BOD微生物传感器研究进展[J].化学传感器,2005,25(1):6-10.

[37] 张丽.稀释与接种法测定五日生化需氧量的影响因素分析[J].山西化工,2023,43(11):65-67.

[38] 许佳,张东阳,张文府,等.基于宏基因组技术对犬猫益生菌产品的检测及分析[J].中国饲料,2023(17):104-110.

[39] 张树玲,王军威,左鲁玉,等.基于16S rRNA测序技术研究口服益生菌对结肠癌皮下瘤小鼠肠道菌群结构的影响[J].中国实验动物学报,2023,12:1564-1572.

[40] 王启彤,周永召,黄敏,等.宏基因组测序技术对隐球菌感染的诊断价值[J].中华医院感染学杂志,2024(2):220-225.

[41] 张傲洁,李青云,宋文红,等.基于苯酚降解的粪产碱杆菌 *Alcaligenes faecalis* JF101 的全基因组分析[J].生物技术通报,2023,39(10):292-303.

[42] 张泽锟,闫勇,黄霞,等.竹炭固定化施氏假单胞菌 *Pseudomonas stutzeri* ZH-1 降解苯酚的研究[J].微生物学杂志,2022,42(6):54-60.

[43] 李东彧,赵国峥,李长波,等.活性污泥法降解石油化工废水的微生物群落研究进展[J].环境污染与防治,2023,45(9):1294-1299.

[44] 王佳佟,张喜宝,翁福宽,等.活性污泥-生物膜法处理制丝废水工艺研究[J].广东化工,2022,49(23):138-142.

[45] 王大伟.有机固体废物好氧堆肥化处理过程中的酶解活性变化状况研究[J].现代化农业,2021(10):19-21.